Digital Natives

Wolfgang Appel • Birgit Michel-Dittgen
(Hrsg.)

Digital Natives

Was Personaler über die Generation Y
wissen sollten

Herausgeber
Wolfgang Appel
Saarbrücken
Deutschland

Birgit Michel-Dittgen
Saarbrücken
Deutschland

ISBN 978-3-658-00542-9   ISBN 978-3-658-00543-6 (eBook)
DOI 10.1007/978-3-658-00543-6

Die Deutsche Nationalbibliothek verzeichnet diese Publikation in der Deutschen Nationalbibliografie; detaillierte bibliografische Daten sind im Internet über http://dnb.d-nb.de abrufbar.

Springer Gabler
© Springer Fachmedien Wiesbaden 2013

Lektorat: Ulrike Vetter, Renate Schilling

Gedruckt auf säurefreiem und chlorfrei gebleichtem Papier

Springer Gabler ist eine Marke von Springer DE. Springer DE ist Teil der Fachverlagsgruppe Springer Science+Business Media
www.springer-gabler.de

Für Hans-Walter Scheurer:
ein Vorbild als Personaler und Vorgesetzter
Wolfgang Appel

Vorwort

Unter Praktikern der schulischen und beruflichen Bildung ist eine gewisse Verunsicherung zu spüren über vermeintliche und tatsächliche Veränderungen von Werthaltungen und Verhaltensweisen junger Menschen. Was treibt die nachwachsende Generation an? Welche Leistungsbereitschaft bringt sie noch mit? Wird sie zukünftig den Wohlstand erwirtschaften wollen, den wir für die Lösung vieler sozialer, ökonomischer und ökologischer Herausforderungen benötigen? Viele Praktiker, ob Ausbilder, Firmeninhaber oder Personalleiter, sind mitunter irritiert durch Auftreten und Verhaltensweisen junger Leute, die den Eindruck erwecken, wenig motiviert und strebsam, unangepasst oder auch schlicht uninteressiert zu sein. Die Reaktionen in den Betrieben sind dann oft von Pessimismus und einer eher kritischen Sichtweise auf junge Menschen geprägt.

In den Unternehmen suchen über 40-jährige Entscheider (die sogenannte „Generation Golf" bzw. die „Baby Boomer") nach dem rechten Umgang mit Jugendlichen und jungen Erwachsenen, die sie, teilweise mangels eigener Kinder, vermittelt über die Medien als problembeladene Randgruppe erfahren.

Viel gewonnen wäre schon, wenn die geschilderten Vorurteile kritisch hinterfragt würden. Eine realistische Sicht auf die jungen Leute scheitert aber bei vielen Praktikern auch daran, dass sie zu wenig über die jungen Leute wissen.

Unsere Stiftungen wollten an diesem Punkt nicht stehen bleiben und haben darum nach Wegen zur Förderung junger Menschen gesucht. Unter den für uns besonders wichtigen potentiellen Ausbildungsstellenbewerbern fallen insbesondere die männlichen Jugendlichen verstärkt durch eine geringere Bildungsbeteiligung, schwächere Schulleistungen und mangelnde Leistungsmotivation auf. Um zukünftig den Bedarf an Auszubildenden decken zu können, besteht aus Sicht der Unternehmen dringender Handlungsbedarf. Um diese Jugendlichen gezielt anzusprechen, ist es wichtig zu wissen, was sie in ihrem Alltag bewegt, was ihre Interessen und Lebensrealitäten sind. In einem durch uns geförderten Projekt wurden viele Erkenntnisse gewonnen und Maßnahmen abgeleitet – etwa ein Trainingsprogramm für Jungen, das hier in diesem Buch auch vorgestellt wird.

Diese Publikation greift über die engere Zielgruppe der männlichen Jugendlichen hinaus und will einen ganzheitlichen Blick auf „Digital Natives" sowohl aus der Perspektive der Praktiker als auch der Wissenschaftler vermitteln. Bei der Lektüre werden Sie auf viele überraschende Sichtweisen, Daten und Informationen treffen, die zeigen, dass man sich der Vielschichtigkeit des Phänomens öffnen sollte. Wenn im Ergebnis viele Leser nicht nur über junge Menschen ein Stück weit anders reden als zuvor, sondern auch mit jungen Menschen ins Gespräch kommen, dann haben wir viel erreicht. Denn das zeigen die Beiträge deutlich: Wenn Jugendlichen mit echtem Interesse und nicht mit Vorurteilen begegnet wird, dann sind sie auch bereit, sich zu öffnen und uns Etablierten zuzuhören. In diesem Sinne wünschen wir eine gute Lektüre.

Joachim Malter
Hauptgeschäftsführer VSU Saar

Rudolf Schäfer
Vorsitzender des Kuratoriums Stiftungs Europrofession

Die Herausgeber danken Frau Christina Rathmann für die aufmerksame und gründliche Erstellung des Manuskripts und die selbstständige und zuverlässige Abwicklung der vielen administrativen Aufgaben mit Autoren und Verlag.

Inhaltsverzeichnis

Teil I Digital Natives: Chimäre oder reales Phänomen?

1   **Personaler und Digital Natives** 3
     Wolfgang Appel

Teil II Digital Natives und ihre Lebenswelten

2   **Über die Jugend und andere Krankheiten – Jugendkulturen heute** 11
     Klaus Farin

3   **Jugendliche Lebenswelten: reale und virtuelle Netzwerke** 27
     Birgit Michel-Dittgen, Wolfgang Appel und Stefanie Hahl

Teil III Digital Natives am Übergang von Schule und Beruf

4   **Mangelnde Ausbildungsreife – ein umstrittenes Thema** 49
     Verena Eberhard und Joachim Gerd Ulrich

5   **Irrungen und Wirrungen bei Schülern und Unternehmen** 63
     Volker Mayer

6   **Jugendliche und Leistung: Probleme und Lösungen** 79
     Karl Josef Boussard

Teil IV Digital Natives und die Bedeutung des Geschlechts

7   **Mädchen sind anders! Jungen auch?** 97
     Birgit Michel-Dittgen und Wolfgang Appel

8   Geschlechtsaspekte am Übergang von der Schule in den Beruf   119
     Jürgen Budde

Teil V Digital Natives: Förderung spezifischer Zielgruppen

9   Migration und Berufsausbildung   137
     Stephan Kroll und Mona Granato

10   „Meine Chance – ich starte durch"   151
     Nancy Schütze

11   Entwicklung sozialer Kompetenzen bei Jugendlichen:
     Ein geschlechts-spezifisches Training für Jungen   163
     Nico Kuhn und Birgit Michel-Dittgen

Teil VI Digital Natives und neue Medien: Nutzungsverhalten
         und Rekrutierungschancen

12   12 Irrtümer, die Sie womöglich schon immer über junge
     Mediennutzende pflegten und nun zu hinterfragen wagen   179
     Frank Schwab, Astrid Carolus und Micheal Brill

13   Mutmaßungen über die Tiefenwirkung der digitalen Vernetzung   205
     Thomas Ziehe

14   Moderne Online Recruiting-Kanäle   213
     Wolfgang Jäger und René Hempe

15   Digital Natives rekrutieren   225
     Peer Bieber

Autorenverzeichnis

Prof. Dr. Wolfgang Appel Geboren 1965 in Mainz. Ausbildung in der gesetzlichen Unfallversicherung. Von 1989 bis 1993 Studium der Betriebswirtschaftslehre an der Johannes Gutenberg-Universität Mainz. 1999 Promotion zu Fragen der computergestützten Gruppenarbeit. Von 1999 bis 2007 bei der BASF Aktiengesellschaft im Personalwesen. Seit 1. Oktober 2007 Professor für Personalmanagement an der Hochschule für Technik und Wirtschaft (HTW) des Saarlandes. Vortrags- und Beratungstätigkeiten insbesondere zur Organisation der Personalfunktion, zu Arbeitszeitfragen und Talent Management.

Peer Bieber Experte für alternative und kreative Recruiting-Möglichkeiten. Er hilft Unternehmen, neue Blickwinkel auf den Bewerbermarkt zu werfen und das Bewerberpotential dadurch nachhaltig zu verbreitern. Als Geschäftsführer und Gründer von TalentFrogs.de und Headhunter-light.de hat er innovative Möglichkeiten geschaffen, die das Recruiting im Web optimieren und verbessern. Er berät zahlreiche namhafte Konzerne im Bereich Recruiting und in der Bekämpfung des Fachkräftemangels.

 **Karl Josef Boussard** Boussard Geboren 1948 in Merchweiler. Ausbildung zum Kraftfahrzeugmechaniker. 1972–1975 kombiniertes Studium an der Fachhochschule für Bergbau und Energie Saarbrücken, Fachrichtung Maschinentechnik. 1974 REFA Grundschein für Arbeitsstudien. 1975 Diplom-Ingenieur (FH). Von 1975–1979 Bauleiter und Kraftwerksplanung. 1979 Wechsel in die betriebliche Ausbildung als Leiter der Metallberufe. 1980 Ausbilderprüfung, Fortbildung Arbeits- und Berufspädagogik 1990 bei der Ruhrkohle AG. Von 1994–2001 Leiter der betrieblichen Ausbildung der Saarbergwerke und Ausbildungslotse der IHK. Veröffentlichung von Sachbüchern: „Auf die Zukunft einlassen" (2007) und „Den Absprung wagen" (2010). Thematische Schwerpunkte: Perspektiven der Jugend und Übergang Schule/Beruf.

 **Michael Brill** Geboren 1983, studierte in Saarbrücken Psychologie mit Schwerpunkt Medien- und Organisationspsychologie. Seit 2010 ist er Wissenschaftlicher Mitarbeiter am Lehrstuhl für Medienpsychologie der Universität Würzburg und betreut dort auch die technische Ausstattung und das Labor. Seine Forschungsinteressen liegen bei Medien- und Rezipientenfaktoren der Computerspielnutzung sowie dem Einsatz peripherphysiologischer Messmethoden.

 **Prof. Dr. Jürgen Budde** Geboren 1968 in Minden. Von 1992 bis 2001 Studium der Behindertenpädagogik und der Erziehungswissenschaft an den Universitäten Bremen und Hamburg. 2004 Promotion zu Männlichkeit im gymnasialen Alltag. Von 2005 bis 2012 wissenschaftlicher Mitarbeiter an der Universität Hamburg sowie am Zentrum für Schul- und Bildungsforschung der Martin-Luther-Universität Halle-Wittenberg. Seit 1. Oktober 2013 Professor für die Theorie der Bildung, des Lehrens und Lernens an der Universität Flensburg. Forschungsschwerpunkte in den Bereichen Heterogenität in Bildungsinstitutionen, Praxeologie neuer Lernkulturen sowie qualitative pädagogische Organisationsentwicklungsforschung.

Dr. Astrid Carolus Geboren 1982, studierte Psychologie an der Universität des Saarlandes, war Mitarbeiterin in einer Personal- und Unternehmensberatung und wissenschaftliche Mitarbeiterin an der Fachrichtung Psychologie (Medien- und Organisationspsychologie) der Universität des Saarlandes. Seit 2010 als wissenschaftliche Mitarbeiterin am Lehrstuhl Medienpsychologie der Universität Würzburg. 2012 Abschluss der Promotion mit dem Titel „Gossip 2.0 – Mediale Kommunikation in Sozialen Netzwerkseiten". Zu ihren Arbeits- und Forschungsschwerpunkten zählen: Web 2.0, Soziale Netzwerkseiten; Klatsch und Tratsch (Gossip); Personaldiagnostik und Personalentwicklung.

Dr. Verena Eberhard Geboren 1979 in Bonn, wissenschaftliche Mitarbeiterin im Bundesinstitut für Berufsbildung (BIBB). 2000 bis 2005 Studium der Psychologie an der Rheinischen Friedrich-Wilhelms Universität in Bonn mit den Schwerpunkten Methodenlehre, Pädagogische Psychologie und Arbeits- und Organisationspsychologie. 2012 Promotion zu Determinanten des Übergangs in die Berufsausbildung. Seit 2004 im Bundesinstitut für Berufsbildung, Arbeitsbereich 2.1 „Berufsbildungsangebot und -nachfrage/Bildungsbeteiligung". Aktuelle Arbeitsschwerpunkte: Übergänge im Bildungssystem, Jugendliche mit Migrationshinterground am Übergang in Ausbildung, Entwicklungen auf dem Ausbildungsstellenmarkt.

Klaus Farin Klaus Farin, geboren 1958 in Gelsenkirchen, war von 1998 bis 2011 Leiter des auch von ihm gegründeten Archivs der Jugendkulturen, das als einzige Einrichtung dieser Art in Europa Materialien jeglicher Art (Fanzines, Flyer, Tonträger, Bücher, wissenschaftliche Studien usw.) über und aus Jugendkulturen sammelt, analysiert, archiviert und der interessierten Öffentlichkeit zur Verfügung stellt (siehe www.jugendkulturen.de). Seit 2011 ist er Vorsitzender der Stiftung Respekt – Die Stiftung zur Förderung von jugendkultureller Vielfalt und Toleranz, Forschung und Bildung (siehe www.stiftung-respekt.de). Nach Tätigkeiten als Konzertveranstalter und -Security, Buchhändler und Journalist für Presse, Hörfunk und Fernsehen arbeitet er heute als Lektor sowie Lehrbeauftragter und Vortragsreisender in Schulen und Hochschulen, Akademien und Unternehmen zum Fokus Jugend(kulturen).

Dr. Mona Granato   Dr. Mona Granato hat Sozialwissenschaften studiert und ist wissenschaftliche Mitarbeiterin im Arbeitsbereich „Kompetenzentwicklung am Bundesinstitut für Berufsbildung (BIBB) in Bonn. Ihre Forschungsschwerpunkte sind: Berufliche Bildungsforschung und Übergangsforschung an der Schnittstelle von Gender-, Migrations- und sozialer Ungleichheitsforschung. Ausgewählte Veröffentlichungen: Granato, Mona 2013: Jugendliche mit Migrationshintergrund auf dem Ausbildungsmarkt: Die(Re)Produktion ethnischer Ungleichheit in der beruflichen Ausbildung. Sozialer Fortschritt. 62 (2013) 1, S. 14–23. Granato, Mona (zusammen mit Joachim Gerd Ulrich) 2013: Soziale Ungleichheit beim Übergang in Berufsausbildung, Zeitschrift für Erziehungswissenschaften, Sonderheft 16. Granato, Mona (zusammen mit Christian Imdorf, Gilles Moreau und George Waardenburg) (Hrsg.) 2010: Sociology of Vocational Education and Training in Switzerland, France und Germany, Schweizerische Zeitschrift für Soziologie.

Stefanie Hahl   Geboren 1983 in Niedersachsen. Ausbildung zur Verlagsbuchhändlerin bei Vandenhoeck & Ruprecht in Göttingen. Von 2004 bis 2008 Buchhändlerin bei der Sack Mediengruppe in Frankfurt am Main. 2008 bis 2011 Studium der BWL an der Hochschule für Technik und Wirtschaft (HTW) des Saarlandes mit Schwerpunkt Personalmanagement. Seit Juli 2012 Ausbildungsreferentin bei der prego services GmbH in Saarbrücken.

René Hempe   Geboren 1982 in Darmstadt. Medien Design Studium (Bachelor) an der Hochschule Darmstadt und dem Cork Institute of Technologie (Abschluss 2007), sowie Medien und Design Management (Master) an der Hochschule RheinMain (Abschluss 2011). Seit 2011 ist er als Junior Strategic Planner bei der DJM Consulting GmbH tätig.

Prof. Dr. Wolfgang Jäger Geboren 1952 in Göttingen. Dipl.-Kfm., Dr. phil. Seit 1995 Professor für Betriebswirtschaftslehre, insb. Personal- und Unternehmensführung sowie Medienmanagement an der Hochschule RheinMain. 1991 bis 1995 Professor für Unternehmenskultur und Personalführung (Organisationsentwicklung) an der Hochschule für Bankwirtschaft in Frankfurt a. M., gleichzeitig Gründungsdekan und Mitglied des Rektorats. Davor mehrjährige praktische Erfahrung als leitender Mitarbeiter im Versandhandel in den Bereichen Personal, Marketing und Werbung. Seit 1990/1991 Gesellschafter der Dr. Jäger Management-Beratung und der DJM Consulting GmbH, beide mit Sitz in Königstein im Taunus. Wie in den Jahren zuvor (2003, 2005, 2007) wurde Prof. Jäger auch in 2009 von der Fachzeitschrift „Personalmagazin" wieder zu einem der „führenden Köpfe des Personalwesens" gewählt. Prof. Dr. Jägers Arbeitsschwerpunkt liegt auf der Optimierung personalwirtschaftlicher und kommunikationsbezogener Prozesse und Strukturen. Er führt zu diesen Themen viele Beratungs- und Praxisprojekte durch, leitet regelmäßig Kongresse und Fachtagungen und schreibt zahlreiche Fachartikel und Bücher.

Stephan Kroll Geboren 1976 in Düsseldorf, 2006 Abschluss des Studiums der Soziologie, Politik und Philosophie an der Heinrich-Heine-Universität Düsseldorf. Von 2006 bis 2008 Mitarbeiter am Sozialwissenschaftlichen Institut der Universität Düsseldorf – Lehrstuhl für Empirische Sozialforschung. Seit 1.Juni 2008 Wissenschaftlicher Mitarbeiter am Bundesinstitut für Berufsbildung in Bonn im Arbeitsbereich 2.1 „Berufsbildungsangebot und -nachfrage/Bildungsbeteiligung". Vorwiegend befasst mit wissenschaftlichen Analysen zum Ausbildungsstellenmarkt sowie deren Aufbereitung für spezifische Fragestellungen. Politikberatung, Vortrags- und Publikationstätigkeit.

Nico Kuhn Geboren 1983, Diplom-Sozialpädagoge, lizensierter Anti-Aggressivitäts-Trainer (AAT)® und Coolness-Trainer (CT)® (ISS Frankfurt a. M.), arbeitet seit 2004 in der stationären Kinder- und Jugendhilfe bei einem kirchlichen Träger in der Südwestpfalz. Seit 1998 ist er im Bereich der (verbandlichen) Kinder- und Jugendarbeit tätig und hat in diesem Rahmen zahlreiche Projekte, u. a. zu den Themenfeldern Gewaltprävention, Schulmediation und Prävention sexualisierter Gewalt, begleitet. Darüber hinaus ist er nebenberuflich seit 2003 als Referent und Berater für unterschiedliche Auftraggeber tätig (u. a. Hochschule für Technik und Wirtschaft des Saarlandes, Saarbrücken; Deutsches Rotes Kreuz, Berlin und Landesverband Rheinland-Pfalz, Mainz).

Dr. Volker Mayer Geboren 1965 in Mannheim. Von 1985 bis 1991 Studium der Betriebswirtschaftslehre an der Universität Mannheim mit den Schwerpunkten Marketing, Wirtschaftsinformatik und Psychologie. Nach seiner wissenschaftlichen Ausbildung in Deutschland und der Schweiz war er rund 15 Jahre in Privatbanken, Wirtschaftsprüfungs- und Beratungsgesellschaften mit zum Teil weltweiter Verantwortung tätig. Dr. Volker Mayer ist seit dem Jahr 2007 Verwaltungsratspräsident und CEO der STRIMgroup AG mit Sitz in Zürich. Daneben ist er Wissenschaftler am Conference Board in New York und Dozent im MBA-Studiengang Human Capital Management an der Lake Constance Business School. Seine Reisen und Lehrtätigkeiten führten ihn während der letzten Jahre nach Ashridge, Boston, Duke, Shanghai und St. Gallen. Zu seinen aktuellen Themenschwerpunkten in Lehre und Praxis zählen: Internationale Unternehmensführung, Strategien zum Employer Branding und Personalmarketing, Strategien zur Organisationsentwicklung, Strategien für eine nachhaltige Personalplanung und -steuerung sowie die Rolle des Humankapitals bei Fusionen und Akquisitionen.

Dr. Birgit Michel-Dittgen Geboren 1975 in Saarbrücken. Studium der Psychologie und der Betriebswirtschaftslehre an der Universität des Saarlandes in Saarbrücken mit den Schwerpunkten Organisations- und Medienpsychologie sowie Marketing. Wissenschaftliche Mitarbeiterin an der Universität des Saarlandes (Organisations- und Medienpsychologie), an der Universität Genf (Emotionspsychologie) und an der Fachhochschule für Technik und Wirtschaft des Saarlandes (Personalmanagement). Promotionsstipendiatin des Schweizer Nationalfonds in Genf. 2011 Dissertation zum Thema Emotionsmanagement im Spannungsfeld von Geschlecht und organisationaler Hierarchieebene. Seit 2012 Koordinatorin der Personalentwicklung an der Universität des Saarlandes. Tätigkeit als freiberufliche Trainerin und Dozentin sowie als Systemische Beraterin, Therapeutin und Supervisorin (SGST) für verschiedene Organisationen in Deutschland, Luxemburg und der Schweiz. Themenschwerpunkte: Emotionale Kompetenz, Kommunikation und Gesprächsführung, persönliche, soziale und methodische Kompetenzen.

Nancy Schütze Geboren 1982 in Lutherstadt Wittenberg. Von 2002 bis 2005 duales Studium der Betriebswirtschaftslehre an der Fachhochschule der Wirtschaft in Bielefeld. Seit 2005 im Personalwesen der Deutschen Telekom tätig. Bis 2008 Tätigkeit als Referentin für Bildung im Ausbildungsbereich. Mitte 2008 Übernahme der Leitung des Bereiches Zentrales Ausbildungsmanagement (ZAM) innerhalb der Telekom Ausbildung. In dieser Position u. a. verantwortlich für Planung, Regionalisierung und Kommunikation der Konzernauszubildendenquote, Strategieentwicklung sowie Konzeption und Steuerung zentraler Projekte für lernbeeinträchtigte und sozial benachteiligte Jugendliche sowie Alleinerziehende zum Ziel der Integration in Ausbildung. 2008–2012 berufsbegleitendes Masterstudium der Pädagogik mit dem Schwerpunkt pädagogische Praxisforschung an der Alanus Hochschule für Kunst und Gesellschaft in Alfter bei Bonn.

Prof. Dr. Frank Schwab Frank Schwab (* 1963) studierte Psychologie in Saarbrücken und war wissenschaftlicher Mitarbeiter in der Klinischen Psychologie und der Medien- und Organisationspsychologie sowie freier Mitarbeiter am Medienpsychologischen Forschungsinstitut Saarland (mefis). Er promovierte in Saarbrücken und habilitierte sich im Juni 2008 mit dem Thema „Lichtspiele – Eine Evolutionäre Medienpsychologie der Unterhaltung". Seit 2010 hat er den Lehrstuhl Medienpsychologie am Institut Mensch-Computer-Medien der Julius-Maximilians-Universität Würzburg inne. Zu seinen Interessens- und Forschungsschwerpunkten gehören: Evolutionäre Medienpsychologie (emotionale Medienwirkung) und Emotionsforschung, insbesondere Fragen der Unterhaltung und des Spiels (Film, Kino, PC-Spiele). Er ist Mitglied der DGPs, der DGPuK sowie der ISHE (Internat. Soc. Human Ethology) und im Editorial Board des Journals of Media Psychology.

Dr. Joachim Gerd Ulrich Geboren 1957, Dr. rer. pol.; Dipl.-Psychologe, wissenschaftlicher Direktor im Bundesinstitut für Berufsbildung (BIBB). 1977 bis 1985 Studium der Psychologie, Sozialwissenschaften und Ev. Theologie an der Rheinischen Friedrich-Wilhelms Universität Bonn. Von 1986 bis 1989 wissenschaftlicher Mitarbeiter im Sonderforschungsbereich 214 „Identität in Afrika" der Universität Bayreuth. 1990 bis 1992 wissenschaftlicher Assistent am betriebswirtschaftlichen Lehrstuhl für Personalwesen und Führungslehre der Universität Bayreuth. 1992 Wechsel in das Bundesinstitut für Berufsbildung (BIBB). 1997 bis 1998 Abordnung in das Bundesministerium für Bildung und Forschung (BMBF).

 **Prof. Dr. Thomas Ziehe** Geboren 1947, studierte Soziologie und Geschichte in Berlin und Hannover. 1974 wurde er an der (damaligen) TH Hannover zum Dr. phil. promoviert und habilitierte dort 1985; 1986-1987 dortige Berufung auf eine C2-Professur für Erziehungswissenschaft. 1988 Berufung auf eine C3-Professur für Erziehungswissenschaft an der Goethe-Universität Frankfurt am Main. Seit 1993 C4-Professur für Erziehungswissenschaft an der Universität Hannover. 1996 Ernennung zum Dr. h.c. durch die Jyväskylä Universität, Finnland.

Teil I
Digital Natives: Chimäre oder reales Phänomen?

Personaler und Digital Natives

Wolfgang Appel

Inhaltsverzeichnis

Literatur 7

Wer in den Morgenstunden öffentliche Verkehrsmittel benutzt, der kennt die äußeren Attribute der Digital Natives zur Genüge: halbwüchsige Jungen und Mädchen, scheinbar nachlässig gekleidet und mit desinteressiertem Blick, mit Kopfhörern, aus denen scheppernde Musik dringt, und die Augen auf ein Smartphone in der Hand gerichtet. Sie erscheinen abgekapselt, fremd, oft abweisend. Als Mitglied der arrivierten „Baby Boomer"-Generation wird man sich fragen: Sind das die Menschen, die in zwanzig, dreißig Jahren meinen Platz im Unternehmen einnehmen können? Werden diese so andersartigen jungen Leute in einer Generation für meine Pflege sorgen und aufkommen? Oder ist die nachwachsende Generation nicht bloß Nutznießer der gewaltigen Wohlstands- und Bildungsexpansion der letzten 60 Jahre, „die gar nicht weiß, wie gut es ihr geht"?

Wir wollten uns mit diesem ersten, zugegebenermaßen oft verwirrenden Eindruck und einer häufig von Pessimismus geprägten öffentlichen Diskussion über die Werte und Interessen junger Menschen nicht zufrieden geben, sondern hinter die selbstgewählte Fassade von Coolness und Überheblichkeit schauen. Ein Ergebnis unserer wissenschaftlichen Auseinandersetzung mit den Jungen und Mädchen heute ist dieses Buch, das einen Beitrag zur Versachlichung der Diskussion leisten soll, aber auch mit überraschenden Befunden und provokanten Thesen aufwartet.

W. Appel (✉)
Fakultät für Wirtschaftswissenschaften, Hochschule für Technik und Wirtschaft des Saarlandes, Waldhausweg 14, 66123 Saarbrücken, Deutschland
E-Mail: wolfgang.appel@htw-saarland.de

W. Appel, B. Michel-Dittgen (Hrsg.), *Digital Natives*,
DOI 10.1007/978-3-658-00543-6_1, © Springer Fachmedien Wiesbaden 2013

Tab. 1.1 Abgrenzung der Generationsbegriffe

Begriff [2]	Jahrgangskohorten	Situation
Baby-Boomer	1955 bis 1965	Aufgewachsen in Zeiten wirtschaftlichen Aufschwungs, heute stark in Führungsebenen von Verwaltung und Unternehmen
Generation X	1966 bis 1985	Erste Verunsicherung durch Ölkrise und Stagnation auf dem Arbeitsmarkt, aber auch durch gesellschaftliche Veränderungen wie steigende Scheidungsraten und vermehrte Migration
Generation Y (auch „Millennials")	1986 bis 2000	Wandel von Industriegesellschaft zur globalisierten Informationsgesellschaft, aufgewachsen mit Informationstechnologie
Generation V	Nach 1990 Geborene	Wahrnehmung von persönlicher und ökonomischer Unsicherheit wird mit dem Wunsch nach Stabilität begegnet, „V" steht für „Vertrauen" als zentrales Handlungsmotiv dieser Generation [7]
Generation Z	Ab 1995 Geborene	Hohes Wohlstandsniveau bei subjektiv verstärkter Wahrnehmung von Unsicherheit infolge von Globalisierung und einem „Anything goes" [9]

Bevor wir aber in die Materie eintauchen können, ist eine Abgrenzung des Betrachtungsgegenstands notwendig. Die Generationenbegriffe erfuhren in den letzten Jahren eine gewisse Inflation, weswegen eine überblicksartige Darstellung zu Beginn dieses Beitrags Sinn macht (Tab. 1.1).

Es hat eine gewisse Tradition, dass die jeweils etablierte Generation der nachfolgenden Werteverfall und Degeneration unterstellt. Wer kennt nicht die Inschrift auf einer 3000 Jahre alten babylonischen Tontafel: „Die heutige Jugend ist von Grund auf verdorben, sie ist böse, gottlos und faul. Sie wird niemals so sein wie die Jugend vorher und es wird ihr niemals gelingen, unsere Kultur zu erhalten."[6]. In diesem Zitat kommt zum einen zum Ausdruck, dass das Verhältnis der Generationen zueinander stets von Spannungen geprägt war. In dem Diskurs zwischen Jung und Alt werden überkommene Handlungsmuster hinterfragt und überprüft. Im Ergebnis werden etablierte Verhaltensweisen von den Jungen aber meist nur zu Teilen verworfen, denn soziale Geschichte geschieht eben selten revolutionär, sondern viel häufiger evolutionär. Auseinandersetzungen zwischen den Generationen sind notwendig zum Abnabeln und Reifen, zum Erwachsen werden. Zum anderen wird unterschätzt, dass Werte und Verhaltensweisen dynamisch zu betrachten sind und sich im Verlauf eines Lebens verändern. Menschen sind im Alter häufig konservativer als in ihrer Jugend, was vor allem aus veränderten ökonomischen Lebenssituationen resultiert. Wer Haus und Karriere aufgebaut hat, der scheut vor dem Risiko der Veränderung und damit dem Risiko des Status- und Kapitalverlusts eher zurück als junge, ungebundene Menschen.

Zu Ende gedacht könnte dies bedeuten, dass die heute bei den jungen Menschen gespürten Veränderungen bestenfalls ein im Lebenszyklus bedingtes Phänomen sind, das sich mit fortschreitender Etablierung der Generation Y in der modernen Arbeitswelt verlieren wird. Im Beitrag der Personalwissenschaftler Biemann und Weckmüller finden sich empirische Belege für diese Sichtweise [1]. Die Autoren haben verschiedene Langzeitstudien ausgewertet, in denen Einstellungen heute 20-Jähriger mit den Einstellungen der heute 40-Jährigen verglichen wurden, die diese vor 20 Jahren hatten. Gestützt auf Erhebungen aus den USA aus den Jahren 1976, 1991 und 2006 kommen sie zu dem Ergebnis, dass die Unterschiede zwischen den 1966 bis 1980 Geborenen und den zwischen 1981 und 2000 Geborenen gering sind. Untersucht wurden in der Studie die Bedeutung intrinsischer sowie extrinsischer Belohnung, der Grad der Freizeitorientierung sowie das Vorhandensein altruistischer Motive. Lediglich bei Freizeitorientierung und extrinsischer Belohnung gab es signifikante Unterschiede. Hinsichtlich der Wirkung intrinsischer Belohnung und dem Vorhandensein altruistischer Motive unterschieden sich sowohl Generation X und Generation Y als auch die Baby-Boomer nicht voneinander. Also: „Generation Y: Viel Lärm um nichts", wie Biemann und Weckmüller [1] provokativ titelten?

Dem stehen plakative, kritische Aussagen in den Medien gegenüber. Der ehemalige Chef von McKinsey-Deutschland, Herbert Henzler, forderte im Handelsblatt, dass junge Nachwuchskräfte herauskommen müssten aus der „Komfortzone" [4]. In einem spannenden Dialog des Personalvorstands von McDonald's-Deutschland mit einer jungen HR-Nachwuchskraft wundert sich dieser, dass seine neue, hochqualifizierte Mitarbeiterin nach 19.30 Uhr keine E-Mails mehr beantwortete. Darauf angesprochen entgegnete diese, dass der „Feierabend doch zum Abschalten da sei". Der Personalvorstand gab sich über diese Antwort etwas erstaunt, erwartete er doch, dass die jungen Leute ständig online seien: „Strebten die Uniabsolventen nicht alle nach einer steilen Karriere im Schnelldurchlauf?" [3]. Die FAZ-Sonntagszeitung überschrieb einen umfangreichen Beitrag mit „Generation Weichei: Freizeit statt Karriere, Sabbatical statt Stress: Die jungen Leute geben für den Beruf nicht mehr alles" [10]. Es werden darin Bespiele gebracht, dass jungen Nachwuchskräften in der Wirtschaftsprüfung Jobs in New York angeboten werden und sie diese ablehnen als zu stressig oder nicht mit der Lebensplanung vereinbar. „Karriere ja, aber nicht um jeden Preis", lautet das Fazit.

Den Baby-Boomern könnten diese Beispiele ein Beleg für fehlenden Einsatz und mangelnde Leistungsbereitschaft der Angehörigen der Generation Y sein. Ein wenig Selbstkritik der Etablierten könnte angebracht sein. Werden erfolgreiche Manager am Ende ihrer Karriere befragt, was sie in ihrem Leben gerne anders gemacht hätten, so wird oft geantwortet, dass sie mehr Zeit mit ihren Kindern verbringen würden. Könnte es sein, dass die Generation Y nicht auf den nie eintretenden Höhepunkt des Berufswegs wartet, um sich Auszeiten für Familie und Freunde zu gönnen, sondern diese bereits hier und heute einfordert? Könnte diese Haltung dann nicht statt Verfall vielmehr ein Fortschritt sein?

Wir möchten in diesem Buch aber die eher marketinggetriebene Diskussion um Generationsbegriffe nicht weiter verfolgen und uns von der ohnehin nicht trennscharfen Abgrenzung über Geburtsjahrgänge lösen. Wir haben uns für einen anderen Überbegriff entschieden, der sich an der Art und Weise der Informationsverarbeitung orientiert – den der „Digital Natives". In diesem Begriff kommt nämlich das prägendste Element der Lebenswelt junger Menschen zum Ausdruck: der Einfluss neuer Kommunikationstechnologien auf Kommunikationsstil, Selbstinszenierung und soziales Leben.

Der Begriff Digital Natives wurde erstmals im Jahr 2001 von dem amerikanischen Hochschullehrer, Berater und Publizisten Marc Prensky eingesetzt. Zehn Jahre nach dem Start des Internets beschrieb er den fundamentalen Wandel, der für die Generation der Jugendlichen einsetzte. „Our students today are all ‚native speakers' of the digital language of computers, video games and the Internet", so Prensky [8]. Alle Älteren erlernen den Umgang mit modernen Technologien wie eine Fremdsprache. Sie können damit zwar durchaus erfolgreich sein, aber sie werden immer einen Akzent in der Sprache haben und mit einem Fuß in der Vergangenheit stehen. Sie bleiben „Digital Immigrants". Prensky bringt dafür schöne Beispiele: Die digitalen Einwanderer drucken Dokumente oder E-Mails noch aus, um sie zu bearbeiten oder in eine Wiedervorlagemappe einzuordnen. Außerdem lesen sie noch Gebrauchsanweisungen neuer elektronischer Geräte, während Digital Natives sie nach dem Trial & Error-Prinzip einfach ausprobieren. Natürlich kommt es zu Verständigungsschwierigkeiten zwischen Muttersprachlern und Einwanderern – sowohl syntaktisch als auch inhaltlich. Es kann aber auch zur Umkehrung des Lehrer-Schüler-Verhältnisses kommen, wie ein Praxisbeispiel der Merck KGaA in Darmstadt zeigt. Dort weisen Auszubildende (als Mentoren) Führungskräfte (als Mentees) in die Nutzung von Social-Media-Anwendungen wie Twitter, Flickr und Blogs ein [5].

Aber selbst der Begriff der Digital Natives wird der Vielschichtigkeit der Lebenswelten junger Menschen nur begrenzt gerecht. Wir haben es auf der einen Seite nämlich mit sehr gut ausgebildeten jungen Menschen zu tun, die aufgrund ihrer familiären Herkunft und dem Zugang zu Bildung hervorragende Möglichkeiten haben auf einem globalen Arbeitsmarkt in herausgehobenen und lukrativen Positionen zu bestehen. Internationalität bedeutet für diese jungen Menschen nicht Wettbewerb im Inland mit Migranten, die bereit sind, gleichwertige Arbeit zu schlechteren Bedingungen zu verrichten. Internationalität ist für diese Gruppe ein Wachstums- und Entwicklungsthema, das wahrlich grenzenlose Chancen mit sich bringt. Für den Erfolg in dieser Umgebung sind sie in der Lage, eine hohe räumliche und mentale Mobilität einzusetzen. Auf der anderen Seite steht diesen Globalisierungsgewinnern aber ein immer noch wesentlicher Anteil eines jeden Jahrgangs gegenüber, der mit einem einfachen oder mittleren Schulabschluss in die berufliche Laufbahn startet. Diese Zielgruppe ist oft räumlich verhafteter und auch weniger an mentaler und fachlicher Mobilität interessiert. Diese Gruppe kommt aber in der öffentlichen Diskussion des Phänomens der Digital Natives zu kurz, weil zu stark auf die hochqualifizierten jungen Menschen als begehrte und knappe Führungsnachwuchsressource geschaut wird.

Wir haben darum versucht, diesen Band auf die Zielgruppe der 15- bis 20-jährigen auszurichten, die eine berufliche Ausbildung anstreben, zumeist in ihren Herkunftsregionen wohnen bleiben und ihren sozialen Beziehungen einen hohen Stellenwert einräumen, ohne deswegen auf beruflichen Erfolg und Sicherheit verzichten zu wollen. Denn dies hat uns die Arbeit an diesem Buch gezeigt: Der zweite Blick auf die Digital Natives lohnt sich!

Literatur

1. Biemann T, Weckmüller H (2013) Generation Y: Viel Lärm um nichts. PERSONALquarterly 65(1):46–48
2. Böhlich S (2009) Personalmarketing umkrempeln. Personal 61(11):42–44
3. Goebel W, Ochs C (2013) Im Dialog in die Arbeitswelt von morgen. Personalwirtschaft (2):43–45
4. Henzler H (2013) Raus aus der Komfortzone. Handelsblatt, Ausgabe vom 11.3.2013, S 48
5. Hiltmann H (2013) Wenn Azubis den Chef anleiten. Personalmagazin (3):38–40
6. Manzel J, Griese H, Scheer A (Hrsg) (2003) Theoriedefizite der Jugendforschung: Standortbestimmung und Perspektiven. Weinheim, S 170
7. Opaschowski HW (2009) Wohlstand neu denken. Gütersloh 22–24
8. Prensky M (2001) Digital Natives, Digital Immigrants. On the Horizon 9(5):1–6
9. Scholz C (2012) Generation Z als Nachfolger der Generation Y? Standard, Ausgabe vom 7./8.2012, Seite K18
10. Weiguny B (2012) Generation Weichei. FAZ Sonntagszeitung, Ausgabe vom 23.12.2012, S 27

Teil II
Digital Natives und ihre Lebenswelten

Über die Jugend und andere Krankheiten – Jugendkulturen heute

Klaus Farin

Inhaltsverzeichnis

2.1   Eine notwendige Vorbemerkung: 11
2.2   Nicht „die Jugend", sondern das Menschenbild der Erwachsenen hat sich gewandelt ... 13
2.3   Die gegenwärtige Jugend ist die bravste seit Jahrzehnten 13
2.4   „Die Jugend" ist heute politischer und engagierter als die
       „Achtundsechziger-Generation" 15
2.5   Jugendkulturen: eine den Mainstream prägende Minderheit 16
2.6   Der Körper als Performanceraum 17
2.7   Körper und Geschlecht 18
2.8   Der Kick des Risikos 19
2.9   Die Explosion der Stile und Zeichen 19
2.10   Zwischen Rebellion und Markt 22
2.11   Jugendkulturen liefern Sinn, Spaß und Identität(en) 23
2.12   Jugendkulturen in Schule und Ausbildung 25
Literatur 26

„Ja, so ist die Jugend heute, schrecklich sind die jungen Leute." Wilhelm Busch

2.1   Eine notwendige Vorbemerkung:

Fast alles, was wir über „die Jugend" und deren Kulturen wissen, erfahren wir aus den Medien. Diese sind aber vor allem an dem Extremen und dem Negativen interessiert. Sie leben nun einmal davon, stets das Außergewöhnliche, Nicht-Alltägliche in den Vorder-

K. Farin (✉)
Archiv der Jugendkulturen e. V., Fidicinstraße 3,
10965 Berlin, Deutschland
E-Mail: klaus.farin@jugendkulturen.de

W. Appel, B. Michel-Dittgen (Hrsg.), *Digital Natives,*
DOI 10.1007/978-3-658-00543-6_2, © Springer Fachmedien Wiesbaden 2013

grund zu rücken und zur Normalität zu erheben: Drei betrunkene Rechtsradikale, die „Sieg heil!" grölend durch ein Dorf laufen, erfahren so eine bundesweite Medienresonanz; eine Jugendgruppe, die sich monatelang aktiv gegen Rassismus und Rechtsextremismus engagiert, ist in der Regel kaum der Lokalzeitung ein paar Zeilen wert. Die „gute Nachricht" ist keine. Und was nicht in den Medien stattfindet, gibt es nicht. Zudem neigen Popularmedien in Zeiten härterer Konkurrenzkämpfe um Auflagen und Einschaltquoten dazu, ihre Themen weiter zuzuspitzen. „Keine Jugendgewalt" oder „immer weniger" Gewalt ist auch kein Thema. Und so heißt es tagtäglich: „Immer mehr" Jugendgewalt, „immer brutaler" die Täter. Da ist Sensation statt Information gefragt, immer schneller, immer schriller, immer billiger. Da veröffentlicht das Kriminologische Forschungsinstitut Hannover eine 131-seitige Studie „Jugendliche als Opfer und Täter von Gewalt" [2], deren Hauptfazit lautet: Jugendgewalt und Jugendkriminalität insgesamt sind in den letzten zehn Jahren zurückgegangen. Auf acht Seiten dieser Studie behaupten sie: 3,8 % der Neuntklässler seien Mitglied in rechtsextremen Organisationen. In absolute Zahlen umgerechnet und die Siebt-, Acht- und Zehntklässler mitberücksichtigt, bedeutete dies, dass etwas mehr als 100.000 Unter-18-Jährige in Deutschland organisierte Rechtsextreme sind – schon ein kurzer kritischer Blick offenbart, dass dies Unsinn ist. Die befragten Neuntklässler hatten den in der Frage verwendeten Begriff der „Kameradschaft" nicht im Sinne einer neonazistischen Gruppe verstanden, sondern als „Kumpel" übersetzt. Dennoch wird dieser hanebüchene Unsinn in den nächsten Tagen zum in der Regel unreflektierten Hauptthema der Berichterstattung über diese Studie, der Rest ist vergessen.

Dieser kurze Exkurs zu Beginn sollte noch einmal in Erinnerung rufen, dass das, was wir über „die Jugend" zu wissen glauben, nicht unbedingt der Realität entspricht, sondern der veröffentlichten Realität, dem, was Medien aus der unendlichen Fülle täglicher Ereignisse auf Basis ihrer eigenen subjektiven Perspektive und Interessenlage für uns vorsortieren und auf die Agenda setzen. Medien präsentieren uns nur einen kleinen – negativen! – Ausschnitt von „Jugend" (zudem mit oft haarsträubend schlecht recherchierten „Fakten" (vgl. [4], S. 233–256), den wir pars pro toto nehmen.

„Die Jugend" gilt heute als unengagiert, konsum- und markenverliebt; sie raucht und trinkt zu viel und engagiert sich zu wenig; statt gute Bücher zu lesen, verstümmelt sie die deutsche Sprache in Chatrooms und SMS-Botschaften; statt reale Beziehungen zu knüpfen, sitzt sie autistisch vor dem PC und sammelt virtuelle „Freunde" in den sogenannten sozialen Netzwerken. Dass diese Botschaft von der ewig schlimmeren Jugend auf so fruchtbaren Boden fällt, ist allerdings kein neuer Trend: Seit Sokrates (469–399 vor Christus) heißt es über jede Jugend, sie sei schlimmer, respektloser, unpolitischer als die letzte – sprich: wir selbst. Dies ist jedoch mehr einer Rosarot-Weichzeichnung und idealisierenden Glorifizierung unserer eigenen Jugendphase geschuldet. Nehmen wir nur einmal als Beispiel die berühmten „68er", die nachfolgenden Generationen seitdem stets als leuchtendes Vorbild vorgehalten werden: scheinbar eine ganze Generation auf den Barrikaden, politisiert und engagiert, Aktivisten einer sexuellen und kulturellen Revolution. In der Realität gingen damals nur 3–5 % der Studierenden demonstrierend auf die Straße (heute sind es rund 10 % der Jugendlichen) und die BRAVO-Charts der Jahre 1967 bis 1970 verzeichnen als mit großem Abstand beliebtesten Künstler der Jugend jener Jahre nicht die rebellischen Rolling Stones, Jimi Hendrix oder die Doors, sondern Roy Black.

2.2   Nicht „die Jugend", sondern das Menschenbild der Erwachsenen hat sich gewandelt

Bis in die 70er Jahre hinein dominierte in der Medienöffentlichkeit und den damit den „Zeitgeist" prägenden bürgerlichen, (links)liberalen Milieus eine trotz Faschismus aus den Aufbruchsjahren des 20. Jahrhunderts hinübergerettete naiv-romantische Sicht das Menschen- und damit auch das Jugendbild: „Der Mensch ist gut" (Leonhard Frank 1918) – man muss ihm nur die geeigneten Rahmenbedingungen bieten, damit sich das Gute auch entfalten kann. Das hat sich in den letzten Jahrzehnten deutlich gewandelt: Der Mensch ist nicht mehr Hoffnungsträger, Motor und Wegbereiter von Fortschritt und Utopia, sondern in erster Linie zum Sicherheitsrisiko mutiert. Je weniger Grenzen die Staaten trennen, desto höher sprießen die Gartenzäune. Individualisierung bedeutet Chancen und Risiken, großstädtische Anonymität und die Flexibilisierung von Lebensplänen und -modellen sind ein Segen für selbstbewusste Menschen, erwecken aber auch kleinbürgerliche Ängste und Xenophobien jeglicher Art.

Die sich so auf der Basis globaler Unsicherheiten verbreitende skeptizistische Grundhaltung der Erwachsenenbevölkerung bekommt insbesondere die Jugend zu spüren, die seit jeher gerne als Blitzableiter für gesamtgesellschaftliche Fehlentwicklungen genommen wurde. Ob Rechtsextremismus, Gewalt, Kriminalität, Medien- oder Alkohol- und Drogenkonsum – stets konzentrier(t)en sich sowohl die Popularmedien als auch die Forschung auf die junge Generation. Man muss kein Psychoanalytiker sein, um zu erkennen, dass die Gesellschaft hier ihre eigenen Sündenfälle und Problemlagen auf „die Jugend" überträgt. So beschäftigen sich zum Beispiel Drogenkonsumstudien in der Regel mit Menschen bis zu 25 Jahren. Danach fallen sie aus der Statistik, als würden sie von einem Tag auf den anderen keine Rauschmittel mehr konsumieren. Vergleiche mit älteren Jahrgängen sind so nicht möglich – das ist offensichtlich auch der Sinn.

2.3   Die gegenwärtige Jugend ist die bravste seit Jahrzehnten

Das Image der Jugend ist also nicht gut. In der Realität allerdings haben wir es derzeit mit der bravsten Jugend seit Jahrzehnten zu tun. Aktuell rauchen 15,4 % der Jugendlichen (14,7 % der Jungen, 16,2 % der Mädchen). 60,6 % der Unter-18-Jährigen haben nie in ihrem Leben geraucht – so viele wie nie zuvor. „Seit 2001 hat sich die Raucherquote sowohl bei männlichen als auch bei weiblichen Jugendlichen halbiert und erreicht aktuell einen historischen Tiefstand." siehe BZgA [3]. Das Gleiche gilt für den Alkoholkonsum. Tranken 1979 noch 44 % der 12–25-Jährigen mindestens einmal pro Woche Alkohol (53 % der Jungen/Männer, 35 % der Mädchen/Frauen), so sind es derzeit nur noch 29 % (40 % der

Jungen/Männer, 17 % der Mädchen/Frauen). „Im Durchschnitt gibt es Jahr für Jahr etwa
0,5 Prozentpunkte weniger Jugendliche, die mindestens einmal pro Woche Alkohol trin-
ken" siehe BZgA [3]. Die Mehrheit der Unter-18-Jährigen trinkt heute niemals Alkohol.

Und wie sieht es mit den illegalisierten Rauschmitteln aus? Die auch für diesen The-
menkreis aussagekräftigste Langzeitstudie, die Drogenaffinitätsstudie der Bundeszentrale
für gesundheitliche Aufklärung, besagt, dass jede/r Dritte (32 %) der 12–25-Jährigen mindestens einmal im Leben illegalisierte Rauschmittel genommen hat, zumeist Haschisch
oder Marihuana. Fast die Hälfte (44 %) derjenigen mit Drogenerfahrungen, 14 % aller 12-
bis 25-Jährigen, haben nur ein- oder zweimal probiert und es dann wieder gelassen. Nur
2,3 % der 12–19-Jährigen kiffen derzeit regelmäßig (häufiger als 10-mal pro Jahr), sind also
im eigentlichen Sinn DrogenkonsumentInnen.

Immer mehr? Bei der Befragung 1997 hatten 12 % der 12–25-Jährigen innerhalb der
letzten zwölf Monate illegalisierte Rau(s)chmittel konsumiert, seit 2001 sind es konstant 13
Prozent. Zieht man diejenigen ab, die innerhalb der letzten zwölf Monate nur mal probiert
haben, aber zum Befragungszeitpunkt keine illegalen Drogen mehr konsumierten, ergibt
sich seit Beginn der Untersuchungsreihe der BZgA im Jahre 1973 ein „langfristig konstan-
ter Anteil von Jugendlichen, die Drogen nehmen, von durchschnittlich 5 Prozent" siehe
BZgA (2008) [3]. Lediglich zwischen 1993 und 1997 stieg der Konsum illegaler Drogen auf
bis zu 10 % an, offensichtlich eine Begleiterscheinung der damals boomenden Techno-Ra-
ve- und -Partykultur. Mit dem Image-Niedergang von Techno ab 1997/1998 aufgrund der
Überkommerzialisierung und -vermassung der Szene verlor auch Ecstasy an Akzeptanz
und Gebrauchswert. Dies ist der faktische Kern der schreienden Schlagzeilen von Spiegel
bis Morgenpost, die von „immer mehr" jugendlichen DrogenkonsumentInnen bramar-
basieren und schon wahlweise „ein Drittel" oder gar „jeden Zweiten" der Jugendlichen als
Drogenkonsumenten outen. Der gängigste Medientrick, um hohe Fallzahlen zu generieren
(wenn diese nicht gleich wild erfunden werden): Man nennt nicht die niedrigen Zahlen
der realen KonsumentInnen, sondern die natürlich wesentlich höheren Zahlen der „Le-
benszeitprävalenz", also diejenigen, die „schon mal probiert" haben, auch wenn diese nach
dem Ausprobieren nie wieder gekifft, geraucht oder Alkohol getrunken haben.

Auch die Jugendgewalt und -kriminalität sinkt seit Jahren. „Besonders signifikant ist
– wie schon in den Vorjahren – der erneute Rückgang bei den jugendlichen Tatverdächtigen im Alter von 14 bis 18 Jahren. Zurückgegangen sind in dieser Altersgruppe insbesondere die Anzahl der Tatverdächtigen bei der Gewaltkriminalität um fast 9 % (2008,
43.574, 2009, 39.722) sowie bei der in der Gewaltkriminalität enthaltenen gefährlichen
und schweren Körperverletzung um 9,4 % (2008, 35.384, 2009, 32.072). Die Zahl der jugendlichen Tatverdächtigen bei Körperverletzungsdelikten ist um 7,2 % von 66.719 Fällen
im Jahr 2008 auf 61.940 im Jahr 2009 zurückgegangen. Bei Sachbeschädigungsdelikten ist
die Zahl der jugendlichen Tatverdächtigen um 10,1 % von 47.730 Delikten im Jahr 2008
auf 42.907 Delikte im Jahr 2009 gesunken", erläuterte das Bundeskriminalamt im Mai 2010
in der Bundespressekonferenz der versammelten Journaille die polizeiliche Kriminalsta-
tistik 2009 – haben Sie in den nächsten Tagen überall die Schlagzeilen gelesen: „Jugend-
gewaltkriminalität dramatisch gesunken!"?

Rauschmittelkonsum, Jugendgewalt und -kriminalität sinken und selbst der erste Geschlechtsverkehr findet heute fast ein Jahr später statt als noch bei der letzten Generation. Brave Jugend! – Konservative Jugend?

2.4   „Die Jugend" ist heute politischer und engagierter als die „Achtundsechziger-Generation"

Ein beständig wiederholter Mythos besagt, „die Jugend" sei „unpolitisch". Und befragt man Jugendliche selbst, bestätigen diese den Verdacht. Wer weiter nachhakt, stellt jedoch bald fest, dass Jugendliche offenbar „Politik" nur anders definieren: „Politik" wird von ihnen selten als Prozess und Chance der Gestaltung ihres eigenen Lebensalltags gesehen, sondern auf Partei- und Regierungspolitik reduziert, auf etwas Unangenehmes oder zumindest Abstraktes, das auf für sie unerreichbaren und undurchschaubaren Ebenen stattfindet. Die Privatisierung einstmals staatlicher Dienstleistungen (Telefon, Post, öffentlicher Verkehr, weite Bereiche der Polizei, Wasser- und Stromversorgung, Renten- und Krankenversicherung, zahlreiche Universitäten, Bibliotheken, große Teile des Schulwesens usw.) hat zu einem realen Bedeutungsverlust des Staates für den jugendlichen Alltag geführt, die zunehmende Verlagerung von Entscheidungsstrukturen auf die internationale Ebene bei gleichzeitig nicht abreißenden Berichten über gewaltige Ausmaße ökonomischer Misswirtschaft (Verschwendung, Fehlplanungen, Korruption), für deren Beseitigung in Krisensituationen von Seiten der Politik plötzlich Milliarden Euro zur Verfügung gestellt werden, nachdem es immer hieß, für die Renovierung des maroden Bildungssystems oder die lokale Jugendarbeit sei kein Geld da, hat die Distanz von Jugendlichen gegenüber der Politik weiter verstärkt. Der Begriff Politik ruft heute Assoziationen wie Korruption, Egoismus, Doppelmoral, Langeweile und Uneffektivität hervor; Politiker gelten als unehrlich oder unfähig und schon allein kulturell/ästhetisch als jugendfreie Berufsgruppe.

Dies alles führte zu dem seltsamen Ergebnis, dass sich heute – etwa in den alle zwei Jahren neu aufgelegten Shell-Jugendstudien – weniger als 10 % der Jugendlichen selbst als „politisch engagiert" einschätzen, gleichzeitig aber jede/r dritte Jugendliche schon „mindestens einmal" an Demonstrationen teilgenommen hat und jede/r vierte Jugendliche sich sogar regelmäßig unentgeltlich zum Beispiel in der sozialen Arbeit, im Umweltschutz, in antirassistischen Gruppen, Internet-Magazinen oder jugendkulturellen und Musik-Projekten betätigt.

Jugendliche engagieren sich immer dann, wenn sie sich persönlich betroffen fühlen und daran glauben, durch ihre Aktivitäten wirklich etwas bewirken zu können. Kritischer als ihre Vorgänger-Generationen prüfen sie sehr genau, ob die Engagementangebote Sinn machen, das heißt, das anvisierte Ziel realistischerweise zu erreichen ist, ihnen von Anfang an weitreichende Möglichkeiten der Partizipation geboten werden (sie wollen nicht nur Flugblätter verteilen, sondern auch formulieren dürfen) und der Weg zum Ziel nicht zur Tortur wird, weil man gezwungen ist, ständig mit Langweilern und Unsympathen zu kommunizieren. Da jede/r Vierzehnjährige weiß, dass Menschen ab 30 in der Regel ziemlich uncool werden, bevorzugen Jugendliche von vornherein Gleichaltrigen-Strukturen, in denen ihnen (möglichst wenige) Erwachsene allenfalls mit Rat und Tat, Geld und Infrastruktur zur Seite stehen. So existiert heute ein dichtes Netzwerk jugendlichen Engagements, das schon allein aufgrund seiner Kommunikationswege (Flyer, Handy, Internet, Party-Zentralen als News Boxes) weitgehend unbemerkt von älteren Jahrgängen, stets spontan, aber sehr effektiv, eine Vielzahl von Aktivitäten entfaltet.

In diesen überwiegend jugendkulturellen Netzwerken kommt oft alles zusammen, was Jugendliche fasziniert: Musik, Mode, Körperkult, Gleichaltrigen-Strukturen und selbstbestimmtes Engagement. Natürlich könnten engagementwillige Jugendliche auch bei den Pfadfindern, im christlichen Chor oder bei der Freiwilligen Feuerwehr landen (und viele tun das ja auch). Ihr Engagement ist nicht grundsätzlich antiinstitutionell gemeint. Dass der Aufschwung jugendlichen Engagements bisher an Parteien, Gewerkschaften, Amtskirchen und zahlreichen traditionellen Jugendverbänden spurlos vorbeiweht, hat seine Ursache nicht in der Politik- und Institutionenfeindlichkeit der Jugend, sondern in der Jugendfeindlichkeit der Politik und der Institutionen – in ihrer autistischen Erstarrung zwischen taktischem Geplänkel, tradierten Alt-Herren-Ritualen, bürokratischen Endlosschleifen und der Forderung nach bedingungsloser Anerkennung einer Autorität, die nicht oder nur historisch begründet wird und nicht tagtäglich neu verdient werden muss.

Trotzdem: Es waren Minderheiten, die sich „'68" engagierten, auch wenn es ihnen gelang, einer ganzen Generation ihren Stempel aufzudrücken, und nicht anders ist es heute: Die Mehrheit jeder Generation ist bieder, spießig, konsumtrottelig und unengagiert. Das ist bei den Jungen kaum besser als bei den Alten. Denn nur so funktioniert eine Konsumgesellschaft: Nicht selber machen, sondern kaufen, was andere produziert haben. Es sind immer Minderheiten, die etwas bewegen (wollen) und dabei manchmal sogar die Gesamtgesellschaft verändern. Deshalb lohnt es sich, sich auch diese Minderheiten einmal näher anzusehen.

2.5   Jugendkulturen: eine den Mainstream prägende Minderheit

Etwa 20 % der Jugendlichen in Deutschland gehören aktiv und engagiert Jugendkulturen an; sie sind also Punks, Gothics, Emos, Skinheads, Fußballfans, Skateboarder, Rollenspieler, Cosplayer, Jesus Freaks usw.[1] und identifizieren sich mit ihrer Szene. Minderheiten, sicherlich, die allerdings – am deutlichsten sichtbar im Musik- und Modegeschmack – die große Mehrheit der Gleichaltrigen beeinflussen. Rund 70 % der übrigen Jugendlichen orientieren sich an Jugendkulturen. Sie gehören zwar nicht persönlich einer Jugendkultur an, sympathisieren aber mit mindestens einer jugendkulturellen Szene, besuchen am Wochenende entsprechende Szene-Partys, Konzerte oder andere Events, hören bevorzugt die

---

[1] Zur Definition, historischen Genese und heutigen Ausprägung der ca. 30 relevantesten Jugendkulturen findet jeder, dem Wikipedia nicht reicht, knappe, fundierte Informationen auf der von jungen WissenschaftlerInnen und Szene-Angehörigen am Lehrstuhl für Soziologie der TU Dortmund (Ronald Hitzler) konzipierten Homepage www.jugendszenen.com.

szene-eigene Musik, wollen sich aber nicht verbindlich festlegen. Jeder Szene-Kern wird so von einem mehr oder weniger großen Mitläuferschwarm umkreist, der zum Beispiel im Falle von Techno/elektronischer Musik und HipHop mehrere Millionen Jugendliche umfassen kann. So sind die Aktiven der Jugendkulturen wichtige „opinion leader" oder „role models" ihrer Generation.

Musik ist für fast alle Jugendlichen so ziemlich das Wichtigste auf der Welt. So ist auch die Mehrzahl der Jugendkulturen, von denen heute die Rede ist, musikorientiert: Techno, Heavy Metal, Punk, Gothics, Indies; auch Skinheads gäbe es nicht ohne Punk und Reggae/Ska; selbst für die Angehörigen der Boarderszenen, eigentlich ja eine Sportkultur, spielt Musik eine identitätsstiftende Rolle. Dabei geht es nie nur um Melodie und Rhythmus, sondern immer auch um Geschichte, Politik, grundlegende Einstellungen zur Gesellschaft, die nicht nur die Texte und Titel der Songs/Tracks vermitteln, sondern auch die Interviews, Kleidermarken, nonverbalen Gesten und Rituale der KünstlerInnen. Musik ist für viele Jugendliche, vor allem, aber nicht nur für jene in Szenen, ein bedeutender Teil der Identitätsfindung.

2.6   Der Körper als Performanceraum

„Alle Menschen sind gleich." Eine tolle Utopie. Doch wollen wir das wirklich? So sein wie Nachbarin Müller und Lehrer Meier, die eigenen Eltern oder die Alpha-Männchen in Aldous Huxleys „Schöne neue Welt"? Wohl kaum. Vor allem Jugendliche rund um die Pubertät nicht, deren gesamtes Trachten eigentlich darauf ausgerichtet ist, gerade nicht so zu sein wie alle anderen, ihren eigenen Weg, ihre eigene Persönlichkeit zu finden. Doch was tun, wenn Standes- und andere traditionell definierte Grenzen in der (post)modernen, individualisierten Mittelschichtgesellschaft nicht mehr existieren? Der Rückzug auf die letzte Bastion der individuellen Selbstgestaltung ist angesagt: den Körper. Die bewusste Selbstinszenierung des Körpers als Visitenkarte des eigenen Ich wird gesamtgesellschaftlich und für alle Generationen immer wichtiger. Wer sich eindrucksvoll davon überzeugen will, möge sich einfach um die Mittagszeit herum bei RTL, SAT.1 oder Pro 7 aufs Talkshowsofa setzen und kann dort die gesamte Vielfalt heutiger Körpergestaltungsoptionen bestaunen.

Jugendliche gehen naturgemäß weiter als Erwachsene – Grenzen sprengen, um Grenzen zu erkennen, ist ihr Privileg; noch am unteren Ende der gesellschaftlichen Karriereleiter stehend, ist der Körper oft ihr einziges Mittel zur Selbstinszenierung. Sie haben zudem vor den Erwachsenen einen einmaligen Vorsprung: Sie entsprechen in Zeiten eines ausufernden Jugendkultes von Natur aus dem Ideal, müssen sich nicht erst durch Styling „verjüngen". Und sie sind körperlich fitter: Techno-Raves, Ollis auf dem Skateboard, Black-Metal-Konzerte oder auch Hooliganismus funktionieren bei Menschen über 30 nicht mehr so gut.

Jugendkulturen sind Körperkulturen. Für die Angehörigen der jugendkulturellen Stämme bedeutet der Körper mehr als die naturgegebene Basis für ein oberflächliches

Repertoire an Verhaltensweisen und Kostümierungen. Für sie stellt er einen komplexen Performanceraum dar, ein hoch differenziertes semantisches System, das der Außenwelt, so sie denn in der Lage ist, den Code zu entschlüsseln, von den persönlichen Ideen und Träumen, vom Selbstbewusstsein und Wissen seiner Träger erzählt.

Arroganz und Offenheit, Introvertiertheit und Kontaktfreude, Aggressivität und sexuelle Orientierung und vieles mehr drücken sich in der Körpersprache aus: in der Haltung der Hände und der Art des (Nicht-)Lächelns ebenso wie in der Auswahl der Tätowierungen (ein strahlendes Clownsgesicht – kindlich-naiv oder bösartig?, eine bluttriefende Axt, ein Peace-Zeichen, ein Kreuz – aufrecht oder auf den Kopf gestellt, ein Hakenkreuz). Der Körperstil buhlt um Aufmerksamkeit oder will unangenehme Aufmerksamkeit von seinem Träger ablenken, will signalisieren: Ich bin anders als du! oder: Ich bin nur ein harmloser, mit Sicherheit niemals aus meiner Rolle fallender, braver Bürger.

Während Mode und die gesamte Körpergestaltung bei den „Stinos" („Stinknormalen") der (erwachsenen) Mehrheitsgesellschaft vorrangig das Ziel verfolgt, sie bei einer möglichst großen Zahl von MitbürgerInnen als attraktiv, sympathisch und anpassungsfähig erscheinen zu lassen, verfolgt der Körperstil der jugendlichen Szene-Angehörigen, aber auch vieler anderer Jugendlicher das gegenteilige Ziel: Er soll ihnen Respekt und Attraktivität innerhalb des eigenen Stammes bzw. der eigenen Alterskohorte verleihen, den langweiligen, spießigen (erwachsenen) Rest der Welt jedoch verschreckt auf Distanz halten.

Dabei hat jede Jugendkultur ihre eigene Weise entwickelt, dieses Ziel zu erreichen, ihre Szene-Identität in Körpersprache zu übersetzen. Da fast alle Jugendkulturen männlich dominiert sind, wird in diesem Zusammenhang die hohe Bedeutung des Geschlechtes offensichtlich.

2.7   Körper und Geschlecht

Männer des 21. Jahrhunderts haben es wirklich schwer. Das einzige, was sie zehntausende von Jahren über die Frauen gestellt hat – ihre Körperkraft –, ist nicht mehr wirklich gefragt. In Zeiten, in denen die Mehrzahl aller Jobs von computergesteuerten Maschinen erledigt wird und zwei Drittel aller Arbeitnehmer in „Weiße-Kragen"-Branchen beschäftigt sind, wird der „kleine Unterschied" bedeutungslos. Selbst die letzten Bastionen der Männlichkeit – Bundeskanzler, Militär, Polizei und Fußball – sind gefallen.

Das Gesellschaftssystem, in dem wir leben, bietet einem Großteil der Männer einen adäquaten Ersatz für die unnütz gewordene Körperkraft: Macht. Doch nicht alle können daran partizipieren. Die Machtlosen haben verschiedene Möglichkeiten, die Gefährdung ihrer Männerrolle (Ernährer, Beschützer) zu kompensieren. Eine Variante ist die demonstrative Inszenierung von Männlichkeit. Gewalt, aber auch andere risikobehaftete Lebensweisen, zum Beispiel der Besitz/Diebstahl eines PKW, extrem gefährliches Fahren, exzessiver Alkohol- und anderer Rauschmittelkonsum, sind „Beweise" für Männlichkeit. Je knapper die ökonomischen, sozialen und Bildungsressourcen, desto mehr reduziert sich die Installation von Männlichkeit auf Risiko- und Kampfbereitschaft, Gewalt- und andere Kriminalität – auf den Einsatz und die Inszenierung des eigenen Körpers.

Hooligans, Extremsport, U-Bahn-Surfen, Migranten- und Neonazi-Gangs sind so gesehen hinter den Kulissen verschiedene Facetten des immergleichen Bildes: Rituale zur Inszenierung traditioneller Männlichkeit, Formen des männlichen Körpererlebens. So sind etwa „Hooliganschlachten" weniger ernsthafte, auf Feindbildern beruhende Gewalthandlungen, sondern im Kern ritualisierte Schaukämpfe. Hier versuchen männliche Großstadtjugendliche auf traditionelle Art, Körpergrenzen zu sprengen, das Ende ihrer Jugendphase hinauszuzögern.

2.8   Der Kick des Risikos

Den Körper herauszufordern, „zu spüren, dass man noch lebt", ist eine der spannendsten Herausforderungen in einer großstädtischen, bürokratisierten Welt, in der man gegen alles präventiv versichert zu sein scheint und reale Risiken scheinbar nicht mehr existieren. So inszenieren Jugendliche sich den notwendigen Kick eben selbst: „Ich brauche immer einen Kick. Jeder Jugendliche hat das. Das gehört zum Leben dazu. Ein Kick ist gefährlich, etwas Heimliches oder Verbotenes. Das Herz muss einem in die Hose rutschen, man fängt an zu zittern oder kriegt Schweißausbrüche oder das Herz fängt an, total zu klopfen, der Puls ist auf 500. Lebensgefährlich muss es sein. Ich muss wissen, dass da irgendwas passieren kann. Aber trotzdem muss ich auch wissen, dass das sicher ist, dass da nix so schlimm ist, dass es tödlich enden kann oder dass das den Rest meines Lebens verändert. Wenn Jugendliche keinen Kick haben, kosten sie ihr Leben gar nicht aus. Was sollen sie denn später erzählen?" (Julia, 15, in: ([5], S. 9 f.) Aufregend soll es sein, aber letztendlich doch eine Inszenierung wie beim Bungeejumping, ein (Rollen-)Spiel, das es (pubertierenden) Jugendlichen ermöglicht, wenigstens für einen kurzen Moment aus der für sie vorgesehenen Rolle zu fallen, nicht mehr Kind, sondern Vamp, nicht mehr brave Schülerin, sondern „bitch" zu sein. Die 13-Jährige mit dem „Schlampe"-T-Shirt oder dem bauchnabelfreien Top oder dem „Bill fick mich"-(darunter ihre Handy-Nummer)-Transparent beim Tokio-Hotel-Konzert signalisiert scheinbar sexuelle Verruchtheit und will in der Realität eher kuscheln und reden. Doch mit dem trotzigen (sexualisierten) Outfit hält sie sich die Utopie offen, eines Tages doch Vamp statt treu sorgende Hausfrau, Popstar wie Lady GaGa statt Arzthelferin zu werden – zumindest für eine kurze, aufregende Saison.

2.9   Die Explosion der Stile und Zeichen

Jugendkulturen erwecken heute bei den meisten Menschen – übrigens oft auch bei Jugendlichen selbst – einen sehr diffusen Eindruck: Scheinbar gibt es davon immer mehr, in immer schnelleren Intervallen, in immer schrilleren Präsentationsformen. Sicherlich ist es richtig, dass heute im Vergleich zu den 50er, 60er, 70er Jahren sehr viele Jugendkulturen existieren, deren Angehörige zudem nicht mehr leicht einzuordnen sind. Gab es zu meiner Jugendzeit – ich bin Jahrgang 1958 – eigentlich nur die Mofa-Cliquen, die Fußball-Fans, die Hardrock/Heavy-Metal-Fans, uns Langhaarige und die Spießer von der Schüler-Union, wobei jeder sein Gegenüber gleich am Äußeren erkennen und einordnen konnte, so existieren heute einige hundert Stilvariationen und Untergruppen – da gibt es nicht den Heavy-Metal-Fan, sondern den Black Metaller und den Thrash Metaller und den New-Wave-of-British-Heavy-Metal-Fan und eben auch noch die Traditionalisten von der ACDC-Fraktion usw., nicht den Techno-Fan, sondern rund ein Dutzend Techno-Spielarten von Gabber bis Goa. Und deren Angehörige erfüllen zudem nicht immer unsere visuellen Erwartungen und Vorurteile: Da ist der Popper mit dem Silberköfferchen in Wirklichkeit ein anarchistischer Computerhacker, der rassistische Neonazi kommt langzottelig und im Style von Lemmy von Motörhead daher. Die zentrale Botschaft heutiger Jugendkulturen scheint zu sein: Wenn du glaubst, mich mit einem Blick einschätzen zu können, täuscht du dich gewaltig. Oder andersherum: Wer wissen möchte, was sich hinter dem bunten oder auch schwarzen Outfit verbirgt, muss schlicht mit dem Objekt der Begierde reden. [Und wenn dies wirklich mal geschieht, ist die Überraschung oft auf beiden Seiten groß: Der Jugendliche wundert sich, dass sich ein Erwachsener überhaupt für seine Kultur interessiert, der Erwachsene wundert sich bisweilen über die freundliche Bereitschaft zu erzählen – vorausgesetzt natürlich, er/sie hat freundlich gefragt und mit deutlich erkennbarer Neugierde und eigenem Lerninteresse und nicht mit der kaum verhüllten pädagogischen Intention, dem/der Jugendlichen beizubringen, was er/sie alles an sich ändern müsse …]

Die Vielfalt der gegenwärtigen Jugendkulturen entsteht zum einen dadurch, dass nichts mehr verschwindet: Fast alle Jugendkulturen, die es jemals gab, ob Swing Kids oder Rock'n'Roller, Hippies oder Mods, existieren heute noch. Sie sind vielleicht nicht mehr so groß, so bedeutend, so medienwirksam wie zur Zeit ihrer Geburt, aber sie leben.

Wenn man sich die großen Szenen der Gegenwart ansieht, stellt man schnell fest, dass mitnichten alljährlich neue bedeutende Jugendkulturen entstehen. Die größte Jugendkultur der 90er Jahre war ohne Zweifel Techno. Bis zu fünf Millionen – jede/r vierte Unter-Dreißigjährige – identifizierte sich seinerzeit mit dieser elektronischen Musik-Party-Kultur. Doch Techno entstand bereits 1988/89 und hat Vorläufer (z. B. House), die weitere zehn Jahre zurückreichen. Heute ist HipHop – Oberbegriff für Graffiti, Tanz (Breakdance bzw. B-Boying/-Girling) und die Musik: Rap/MCs, DJing, Producing – weltweit die mit Abstand größte Jugendkultur. Mit keinem anderen Musikgenre wird so viel Umsatz bei Unter-Zwanzigjährigen gemacht; in jeder Stadt in Deutschland – sei sie noch so klein – existieren HipHop-Kids. Doch auch HipHop ist keine Erfindung der späten 90er Jahre, sondern bereits Anfang der 70er Jahre in der Bronx/New York geboren worden. Bereits 1979 erschien auch auf dem deutschen Markt die erste HipHop-Single „Rapper's Delight" von der Sugarhill Gang. Punk – eine weitere der historisch bedeutenden „Stammkulturen"[2]

---

[2] Das Archiv der Jugendkulturen hat einmal den Versuch gemacht, in einer vierteiligen Plakatedition die Stammbäume der Jugendkulturen zu rekonstruieren; siehe http://shop.jugendkulturen.de/sonderangebote/210-paket-stammbaum-der-jugendkulturen.html).

(nicht von der Menge her: Punk ist ein Minderheitenphänomen mit wenigen hundert-tausend Szene-Angehörigen, aber von der Kreativität und dem Einfluss auf andere Szenen her) – entstand 1975/1976. Die Skateboarder lassen sich bis auf die Surfer der 50er/60er Jahre zurückführen (Beach Boys!), und auch die ersten wirklichen Skateboards tauchten in Kalifornien bereits Ende der 50er Jahre auf, das erste fabrikgefertigte Skateboard kam 1963 auf den (US-) Markt. Gothics – früher auch Grufties, Dark Waver, New Romantics etc. genannt – erlebten ihre Geburt bereits um 1980/1981 als Stilvariante des Punk: eine in-trovertierte, melancholische neue Blüte, geprägt vor allem von Jugendlichen mit bildungs-bürgerlichem familiären Hintergrund, denen Punk zu „aggressiv" und zu „prollig" war. Die ersten Emos, eine immer wieder als neue Jugendkultur des 21. Jahrhunderts titulierte Szene, wurden in Wahrheit schon Mitte der 80er Jahre als musikalisch melodiösere, ich-bezogenere (EMOtional) Abspaltung der Hardcore-Szene gesichtet (Kultbands: Rites of Spring, Fugazi etc.). Das typische Kennzeichen heutiger Jugendkulturen scheint zu sein, dass sie alt sind.

Dass dies nicht jedem sofort auffällt, liegt an einem Stilprinzip, das sich seit den 90er Jahren als dominant herausgebildet hat: Crossover. Der ständige Stilmix, die Freude an der „Bricolage" (Claude Lévi-Strauss), dem Sampling eigentlich unpassender Stilelemente zu immer neuen, bunteren (oder eben düsteren) Neuschöpfungen. Dies gilt sowohl für die Mode als auch für die Musik: Aus Punk und Heavy Metal entstehen Hardcore und Grunge. Punk und Techno gemischt ergibt Prodigy, Body Count vereint HipHop und Heavy Metal, der Musiktherapeut Guildo Horn macht mit nur einem Schuss Ironie aus spießiger Schla-germusik Jugendkultpartys.

Man kann sich Jugendkulturen bildlich wie ein Meer vorstellen: Es regnet selten neue Jugendkulturen, aber innerhalb des Meeres mischt sich alles unaufhörlich miteinander. Immer wieder erfasst eine große (Medien-)Welle eine Jugendkultur, die dann für eine kurze Zeit alle anderen zu dominieren scheint wie in den Neunzigern die Techno- und Rave-Kultur und derzeit (noch[3]) HipHop. Doch die Küste naht und auch die größte Welle zerschellt. Ein Großteil des Wassers verdampft dabei, doch viele Bestandteile fließen wie-der ins offene Meer zurück – zersprengt in viele kleine Jugendkulturen, artverwandt und doch verschieden.

Diese ständige Vermischung hat insgesamt die Grenzen zwischen den Szenen seit den 90er Jahren deutlich offener gestaltet. Selbstverständlich ist jeder Szene-Angehörige im-mer noch zutiefst davon überzeugt, der einzig wahren Jugendkultur anzugehören (Ar-roganz ist seit jeher ein wichtiges Stilmittel von Jugendkulturen), doch die Realität zeigt:

---

[3] Seit 2009 schrumpft der Markt für HipHop-Produkte (Musik, Mode) bereits deutlich. Die Über-kommerzialisierung durch sexistischen und wenig authentischen Möchtegern-Gangsta- und Porno-Rap vor allem aus Berlin und die damit einhergehende „Verprollung" hat zu einer zunehmenden Distanzierung von Jugendlichen beiderlei Geschlechts ab 14 Jahren geführt. Konsequenterweise schreibt der Rapper Frauenarzt jetzt als „Atze" Mallorca-Hits und Bushido und Sido vertonen heute Ethikunterricht-kompatible Lyrics.

Kaum jemand verbleibt zwischen dem 13. und 20. Lebensjahr in einer einzigen Jugendkultur; typisch ist der regelmäßige Wechsel: heute Punk, in der nächsten Saison Gothic,
ein Jahr später vielleicht Skinhead oder Skateboarder. Oder gleich Punk und Jesus Freak,
Skateboarder und HipHopper etc. Oder: an diesem Wochenende Gothic, am nächsten
Brit-Popper, der Montag gehört der Liebsten, Dienstag und Donnerstag geht's ins Fitness-
studio, am Freitag zur THW-Jugend. Oder auch zur Jungen Gemeinde. Für eine wachsende Gruppe der Jüngeren ist eine Identität, eine Rolle zu wenig. Ambivalenz und Flexibilität
sind die Lebensprinzipien immer mehr jüngerer Menschen, nicht Heimatverbundenheit
und eine starre Identität. Was der (Arbeits-)Markt sie zwangsweise lehrt – sei flexibel! –,
pflanzt sich in den selbstbestimmten Freizeitwelten fort.

2.10   Zwischen Rebellion und Markt

So unterschiedlich all diese Szenen auch sein mögen, sie haben eins gemeinsam: Jugendkulturen sind grundsätzlich vor allem Konsumkulturen. Sie wollen nicht die gleichen Produkte konsumieren wie der Rest der Welt, sondern sich gerade durch die Art und Weise ihres Konsums von dieser abgrenzen; doch der Konsum vor allem von Musik, Mode,
Events ist ein zentrales Definitions- und Identifikationsmerkmal von Jugendkulturen. Das
bedeutet auch: Wo Jugendkulturen sind, ist die Industrie nicht fern.

Vielleicht ist dies einer der deutlichsten Generationenbrüche: Jugendliche haben mit
großer Mehrheit ein positives Verhältnis zum Markt, sie lieben die moralfreie Kommerzialisierung ihrer Welt. Sie wissen: Ohne die Industrie keine Musik, keine Partys, keine Mode,
kein Spaß. Sie fühlen sich zu Recht von der Industrie geliebt und respektiert – anders als
von der üblichen erwachsenen Umgebung, die eher Forderungen stellt als Angebote offe-
riert. Schließlich gibt die Industrie Milliarden Euro jährlich aus, nur um sie zu umwerben,
ihre Wünsche herauszufinden und entsprechende Produkte auf den Markt zu bringen.

Selbstverständlich verläuft der Prozess der Kommerzialisierung einer Jugendkultur
nicht, ohne Spuren in dieser Jugendkultur zu hinterlassen und sie gravierend zu verändern. Die Verwandlung einer kleinen Subkultur in eine massenkompatible Mode bedingt
eine Entpolitisierung dieser Kultur, eine Verallgemeinerung und damit Verdünnung ihrer
zentralen Message. So mündete der „White Riot" (The Clash) der britischen Vorstadtpunks
in der neugewellten ZDF-Hitparade; HipHop, ursprünglich eine Partykultur afro- und la-
tinoamerikanischer Ghettojugendlicher gegen den weißen Rassismus, mutierte zu einem
Musik-, Mode- und Tanzstil für jedermann; aus dem illegalen, antikommerziellen Par-
tyvergnügen der ersten Techno-Generation wurde ein hochpreisiges Disco-Eventangebot
etc.

Die Industrie – Nike, Picaldi, Sony, MTViva und wie sie alle heißen – erfindet keine
Jugendkulturen. Das müssen immer noch Jugendliche selbst machen, indem sie eines Tages beginnen, manchmal unbewusst, sich von anderen Gleichaltrigen abzugrenzen, indem
sie etwa die Musik leicht beschleunigen, die Baseballkappe mit dem Schirm nach hinten
tragen oder nur noch weiße Schnürsenkel benutzen – „Wir sind anders als ihr!" lautet die

Botschaft, und das wollen sie natürlich auch zeigen. Das bekommen nach und nach andere Jugendliche mit, oft über erste Medienberichte, manche finden es cool und machen es nach. Eine „Szene" entsteht. Die nun verstärkt einsetzenden Medienberichte schubladisieren die neue Jugendkultur, machen Unerklärliches ein Stück weit erklärlicher, heben zu stigmatisierende und/oder markttaugliche Facetten hervor, definieren die Jugendkultur (um) und beschleunigen den Verbreitungsprozess. Ab einer gewissen Größenordnung denkt auch die übrige Industrie – allen voran die Mode- und die Musikindustrie – darüber nach, ob sich diese neue Geschichte nicht irgendwie kommerziell ausbeuten lässt. Aus einer verrückten Idee wurde eine Subkultur, wird nun eine Mode, ein Trend.

Will man ein neues Produkt auf dem Markt platzieren, muss es zunächst einmal auffallen. Spektakulär daherkommen. Es muss scheinbar noch nie Dagewesenes präsentieren. Das bedeutet, so paradox es auch klingen mag: Je rebellischer eine Jugendkultur ausgerichtet ist, desto besser lässt sie sich vermarkten. Nicht die Partei- oder Verbandsjugend, nicht der Kirchenchor oder der Schützenverein, sondern Punks und Gothics, Skateboarder und HipHopper, Emos und Cosplayer sind die wahren Jungbrunnen für die Industrie. Denn schließlich lässt sich nur das Neue verkaufen, nicht die Hosen und CDs von gestern. „Konservative" Jugendliche, die sich aktuellen Trends verweigern, die kein Interesse daran haben, sich von den Alten abzugrenzen, die nicht stets die neue Mode suchen, sondern gerne mit Vati Miles Davis oder die Stones hören, mit Mutti auf der Wohnzimmercouch bei der ARD in der letzten Reihe sitzen, statt im eigenen Zimmer ihre eigenen Geräte und Programme zu installieren, die bereitwillig die Hosen und Shirts des großen Bruders übernehmen, statt sich vierteljährlich mit den jeweils neuen Kreationen einzudecken, sind der Tod der jugendorientierten Industrie.

Jugendkulturen sind also teuer, zeitintensiv und mitunter extrem anstrengend. Szene-Angehörige müssen ständig auf dem Laufenden sein über die neuen „Hits" und Moden ihrer Kultur, regelmäßig „präsent" sein, nicht nur bei den wichtigen Highlights wie die normalen Konsumenten; sie müssen zu Beginn oft eine eigene Sprache aus Worten, Gesten, Ritualen und äußeren Kennzeichen lernen, deren Grammatik und Vokabular nirgendwo schriftlich fixiert sind, aber doch punktgenau eingehalten werden müssen, um mit den anderen Eingeweihten adäquat kommunizieren zu können und nicht gleich als uninformierter Mitläufer dazustehen. Warum eigentlich die ganze Mühe, was macht Jugendkulturen für Jugendliche so attraktiv?

2.11   Jugendkulturen liefern Sinn, Spaß und Identität(en)

Die Zahl der Jugendkulturen explodierte in den späten 70er, frühen 80er Jahren – exakt in dem Moment, in dem der Prozess der „Individualisierung" seinen vorläufigen Höhepunkt erreichte. „Individualisierung" bedeutet Vielfalt, aber auch die Notwendigkeit, sich in einer zunehmend komplexeren und widersprüchlicheren Welt eigenständig zurechtzufinden, aus der Fülle an Identitäts- und Lebensstilangeboten sein eigenes Ding herauszufiltern, sich seine eigene Umwelt inklusive verbindlicher Beziehungen und Freundeskreise selbst zusammenzustellen. Jugendkulturen befriedigen dieses Bedürfnis nach temporären Beziehungsnetzwerken, sie bringen Ordnung und Orientierung in die überbordende Flut neuer Erlebniswelten und füllen als Sozialisationsinstanzen das Vakuum an Normen, Regeln und Moralvorräten aus, das die zunehmend unverbindlichere, entgrenzte und individualisierte Gesamtgesellschaft hinterlässt. Sie sind Beziehungsnetzwerke, bieten Jugendlichen eine soziale Heimat, eine Gemeinschaft der Gleichen. Wenn eine Gothic-Frau aus Saarlouis durch Hamburg oder Rostock läuft und dort einen anderen Gothic trifft, wissen die beiden enorm viel über sich. Sie (er)kennen die Musik-, Mode-, politischen und eventuell sexuellen Vorlieben des anderen, haben mit Sicherheit eine Reihe derselben Bücher gelesen, teilen ähnliche ästhetische Vorstellungen, wissen, wie der andere zum Beispiel über Gewalt, Gott, den Tod und Neonazis denkt. Und falls die Gothic-Frau aus Saarlouis eine Übernachtungsmöglichkeit in Hamburg oder Rostock sucht, kann sie mit hoher Sicherheit davon ausgehen, dass ihr der andere weiterhilft, selbst wenn die beiden sich nie zuvor gesehen haben. Jugendkulturen sind artificial tribes, künstliche Stämme und Solidargemeinschaften, deren Angehörige einander häufig bereits am Äußeren erkennen (und ebenso natürlich ihre Gegner). Selbst gewählte Grenzziehungen halten die verwirrende Außenwelt auf Distanz und schaffen zugleich unter den Gleichgesinnten und -gestylten der eigenen Szene ein Gefühl der Sicherheit und Zugehörigkeit. Menschen, die sich nie zuvor begegnet sind, gehören von einem Tag zum anderen durch den Anschluss an ein Zeichenensemble, eine Veränderung ihrer Haare, eine knapp über den Kniekehlen sitzende Hose, einer Sinn-Gemeinschaft an. Körpersprache ersetzt die verbale Kommunikation (bzw. entscheidet vorab, mit wem ein Gespräch überhaupt sinnvoll erscheint), macht lange Prozesse der Vorsicht, des Abtastens, überflüssig. Dadurch, dass sie sich ähnlich machen, finden binnen Sekunden die Kurz- oder Langhaarigen, die Bunten oder die Schwarzen, soziale Zugehörigkeit.

Und: Jugendkulturen sind trotz aller Kommerzialisierung zumindest für die Kernszene-Angehörigen vor allem eine attraktive Möglichkeit des eigenen kreativen Engagements. Denn weil die Kommerzialisierung ihrer Freizeitwelten auch negative Folgen hat und die Popularisierung ihrer Szenen ein wichtiges Motiv der Zugehörigkeit zu eben diesen Szenen aushebelt – nämlich die Möglichkeit, sich abzugrenzen –, schafft sich die Industrie automatisch eine eigene Opposition, die sich über den Grad ihrer Distanz zum kommerziellen Angebot definiert: Wenn alle bestimmte Kultmarken tragen, trage ich eben nur No-Name-Produkte. Sag mir, welche Bands auf Viva laufen, und ich weiß, welche Bands ich garantiert nicht mehr mag.

Wer wirklich dazugehören will, muss selbst auf dem Skateboard fahren, nicht nur die „richtige" teure Streetwear tragen, selbst Graffiti sprühen, nicht nur cool darüber reden, selbst Musik machen, nicht nur hören, usw. Es sind schließlich die Jugendlichen selbst, die die Szenen am Leben erhalten. Auch hier sind es wieder Minderheiten, doch diese gehören oft zu den Kreativsten ihrer Generation. Sie organisieren die Partys und andere Events, sie produzieren und vertreiben die Musik, sie geben derzeit in Deutschland (trotz der zunehmenden Bedeutung des Internets immer noch) mehrere tausend szene-eigene, nicht-kommerzielle Zeitschriften – sogenannte Fanzines – mit einer Gesamtauflage von mehr als einer Million Exemplaren jährlich heraus – und sie gestalten wesentliche Teile der Social Media aktiv mit (noch nie hat eine Generation so viel und intensiv miteinander kommuniziert und so aktiv Medien selbst gestaltet und nicht nur passiv rezipiert wie die heutige). Für sie sind Jugendkulturen Orte der Kreativität und der Anerkennung, die sie nicht durch Geburt, Hautfarbe, Reichtum der Eltern etc. erhalten, sondern sich ausschließlich durch eigenes, freiwilliges, selbstbestimmtes und in der Regel ehrenamtliches Engagement verdienen.

2.12 Jugendkulturen in Schule und Ausbildung

„Auf den müssen Sie besonders achtgeben", warnt uns der Lehrer freundlich. „Der stört gerne. Und erwarten Sie nicht zu viel. Der kriegt keine zwei ordentlichen Sätze hintereinander zusammen." Wir sind an einer ganz normalen Hauptschule, um dort im Rahmen des Projektes „Culture on the Road"(siehe [6]) mit 80 Schülern und Schülerinnen einen Projekttag zu Jugendkulturen durchzuführen. Der, vor dem sein Lehrer uns warnen zu müssen meinte, hat sich für den Rap-Workshop eingetragen. Vier Schulstunden lang wird er nun mit zwölf anderen Rap-Texte schreiben, ausprobieren und schließlich produzieren. Er macht sich überraschend gut. In einer Pause von uns darauf angesprochen, verrät er uns, dass er bereits über 20 Rap-Songs geschrieben und zum Teil bei MySpace und YouTube veröffentlicht hat.

Noch nie waren so viele Jugendliche kreativ engagiert wie heute – in jeder Stadt in Deutschland gibt es heute RapperInnen, B-Boys und -Girls und DJs. Tausende von Jugendlichen produzieren Woche für Woche an ihren PCs Sounds – der einzige Lohn, den sie dafür erwarten und bekommen, ist Respekt. Noch nie gab es so viele junge Punk-, Hardcore-, Metal-Bands wie heute. Das Web 2.0 ist nicht nur ein Ort der Jugendgefährdung, sondern auch ein Tummelplatz enormer jugendkultureller Aktivitäten, mit denen bereits 14-, 15-, 16-Jährige eine Medienkompetenz zeigen und sich erwerben, über die manch hauptberuflicher Jugendschützer nicht ansatzweise verfügt. Auch die Sportszenen jenseits der traditionellen Vereine – von den Boarderszenen über Parcours bis zu den Juggern – boomen. Die Bereitschaft von Jugendlichen, sich ehrenamtlich zu engagieren, steigt – im Gegensatz zur Generation ihrer Eltern.

Doch noch nie war die Erwachsenenwelt derart desinteressiert an der Kreativität ihrer „Kinder". Respekt ist nicht zufällig ein Schlüsselwort fast aller Jugendkulturen. – Respekt, Anerkennung ist das, was Jugendliche am meisten vermissen, vor allem von Seiten der Erwachsenen. Viele Erwachsene, klagen Jugendliche, sehen Respekt offenbar als Einbahnstraße an. Sie verlangen von Jugendlichen, was sie selbst nicht zu gewähren bereit sind, und beharren eisern auf ihrer Definitionshoheit, was anerkennungswürdig sei und was nicht: Gute Leistungen in der Schule werden belohnt, dass der eigene Sohn aber auch ein exzellenter Hardcore-Gitarrist ist, die Tochter eine vielbesuchte Emo-Homepage gestaltet, interessiert zumeist nicht – es sei denn, um es zu problematisieren: „Bleibt da eigentlich noch genug Zeit für die Schule?" „Musst du immer so extrem herumlaufen, deine Lehrer finden das bestimmt nicht so gut …"

Dabei weiß jeder gute Lehrer/jede gute Lehrerin doch eigentlich, welche SchülerInnen am meisten Stress verursachen: die Gleichgültigen, die, die sich für gar nichts interessieren, keine Leidenschaft kennen, für nichts zu motivieren sind. Schule und Ausbildung brauchen heute nicht nur motivierte LehrerInnen, sondern auch engagierte, kreative, selbstbewusste SchülerInnen und Auszubildende. Leider haben immer noch sehr viele Jugendliche wenig Anlass und Chancen, Selbstbewusstsein zu erwerben. Viele fühlen sich schon mit 13, 14 Jahren „überflüssig" in dieser Gesellschaft. Deshalb sind Projekte wie „Culture on the Road", die „Soundtruck-Rockschulen" und ähnliche (siehe [1]), die die jugendkulturellen Leidenschaften und Skills der Jugendlichen ernst nehmen, aufgreifen und stärken, indem sie sie in die Schule und Ausbildung integrieren, so wichtig: Hier können Jugendliche zumindest an einigen Tagen einmal selbst erleben, dass in ihnen noch etwas steckt, dass sie kreative Fähigkeiten haben, die ihnen ihre Umwelt selten zutraut – bis sie sich selbst auch nichts mehr zutrauen.

Literatur

1. Archiv der Jugendkulturen e. V. (Hrsg) (2012) Jugendkulturelle Projekte in Jugendarbeit und Schule. Archiv der Jugendkulturen, Berlin
2. Baier D, Pfeiffer C, Simonson J, Rabold S (2009) Jugendliche in Deutschland als Opfer und Täter von Gewalt: Erster Forschungsbericht zum gemeinsamen Forschungsprojekt des Bundesministeriums des Innern und des KFN (KFN-Forschungsbericht; Nr.: 107). KFN, Hannover. http://www.kfn.de/versions/kfn/assets/fb107.pdf
3. Bundeszentrale für gesundheitliche Aufklärung: Die Drogenaffinität Jugendlicher in der Bundesrepublik Deutschland. www.bzga.de/studien. [Alle zwei Jahre aktualisiert]
4. Farin K (2001) „Die mit den roten Schnürsenkeln …" Skinheads in der Presseberichterstattung. In: Farin K (Hrsg) Die Skins. Mythos und Realität. Thomas Tilsner, Bad Tölz
5. Tuckermann A, Becker N (1999) Horror oder Heimat? Jugendliche in Berlin-Hellersdorf. Thomas Tilsner/Archiv der Jugendkulturen, Bad Tölz
6. www.culture-on-the-road.de abgerufen am 09.11.2013

Jugendliche Lebenswelten: reale und virtuelle Netzwerke

3

Birgit Michel-Dittgen, Wolfgang Appel und Stefanie Hahl

Inhaltsverzeichnis

3.1 Eine Studie zu Lebensrealitäten und Berufswahlmotiven Jugendlicher 28
3.2 Lebensrealitäten und Berufswahlmotiven von Jugendlichen 28
    3.2.1 Befragte Jugendliche 28
    3.2.2 Positive Situationseinschätzung und optimistische Zukunftserwartungen 28
    3.2.3 Freizeitaktivitäten der Jugendlichen 30
    3.2.4 Internetnutzung 32
    3.2.5 Informationsquellen der Jugendlichen bei der Ausbildungsplatzsuche 35
    3.2.6 Berufswahlmotive der Jugendlichen 37
    3.2.7 Kompetenz- und Kontrollüberzeugung der Jugendlichen 40
3.3 Konsequenzen für ein zielgruppengerechtes Recruiting 41
Literatur 44

B. Michel-Dittgen (✉)
Personalentwicklung, Universität des Saarlandes,
Campus, 66123 Saarbrücken,
Deutschland
E-Mail: michel-dittgen@univw.uni-saarland.de

W. Appel
Fakultät für Wirtschaftswissenschaften, Hochschule für Technik und Wirtschaft des Saarlandes,
Waldhausweg 14,
66123, Saarbrücken, Deutschland
E-Mail: wolfgang.appel@htw-saarland.de

S. Hahl
Neunkircher Straße 2,
66113, Saarbrücken, Deutschland
E-Mail: stefanie.hahl@gmx.net

W. Appel, B. Michel-Dittgen (Hrsg.), *Digital Natives,*
DOI 10.1007/978-3-658-00543-6_3, © Springer Fachmedien Wiesbaden 2013

3.1 Eine Studie zu Lebensrealitäten und Berufswahlmotiven Jugendlicher

Der immer deutlicher werdende Mangel an jugendlichen Ausbildungsplatzbewerbern, die den Anforderungen der Unternehmen entsprechen, ist ein wohlbekanntes Problem in Industrie und Wirtschaft. Um geeignete Jugendliche gezielt rekrutieren zu können, aber auch aus einer gesellschaftspolitischen Verantwortung der Unternehmen heraus ist es heute mehr denn je wichtig für die Unternehmen, die Lebensrealitäten der Jugendlichen zu kennen, zu wissen, wo und wie diese sich über potentielle Ausbildungsunternehmen informieren und welche Motive den Jugendlichen bei der Berufswahl wichtig sind. Die hier vorgestellte Studie widmet sich diesen Fragestellungen. Darüber hinaus werden aus den Befunden dieser Studie Handlungsempfehlungen für die betriebliche Praxis des Ausbildungsrecruitings abgeleitet.

3.2 Lebensrealitäten und Berufswahlmotiven von Jugendlichen

Ziel dieser Studie war die Erfassung der berufswahlrelevanten Lebensrealitäten der befragten Jugendlichen, um somit deren Erreichbarkeit für den Ausbildungsmarkt zu verbessern. Gegenstand der Studie waren insbesondere die Freizeitgestaltung (hier vor allem die Internetnutzung), die Berufswahlprozesse und -motive, die Zukunftsplanung und das Selbstkonzept im Sinne einer Kompetenz- und Kontrollüberzeugung im Hinblick auf die eigene Lebensgestaltung der Jugendlichen.

3.2.1 Befragte Jugendliche

Insgesamt nahmen 646 Schüler saarländischer Schulen aus städtischen und ländlichen Einzugsgebieten an der Umfrage teil, davon waren 357 Jungen (55 %) und 289 Mädchen (45 %) im Alter zwischen 12 und 18 Jahren. Das Durchschnittsalter lag bei 14,78 Jahren. Die Teilnehmer waren Jugendliche der 8. bis 10. Jahrgangsstufen aus Schulen, die vorrangig auf eine gewerbliche, kaufmännische oder soziale Berufsausbildung vorbereiten (Erweiterte Realschule, Private Realschule, Gesamtschule, Berufsschule, hier die Schüler im Berufsgrundbildungsjahr). Gymnasialschüler wurden nicht befragt, da diese zu einem hohen Prozentsatz nach dem Schulabschluss ein Hochschulstudium beginnen und somit seltener als Bewerber für Berufsausbildungsstellen zur Verfügung stehen. Die Befragungen wurden im Klassenverband in Anwesenheit einer Studienleiterin durchgeführt.

3.2.2 Positive Situationseinschätzung und optimistische Zukunftserwartungen

Hoher Bildungsehrgeiz der Befragten Ein hoher schulischer Bildungsabschluss scheint für die befragten Jugendlichen ein wichtiges Ziel zu sein. So streben mehr als die Hälfte der Jugendlichen (57 %) die Allgemeine Hochschulreife oder die Fachhochschulreife an, obwohl sie an der von ihnen besuchte Schulform meist nicht die Hochschulreife erlangen können. Mädchen möchten insgesamt höhere Bildungsabschlüsse erreichen als ihre Mitschüler.[1] Zudem spielt hier auch die Nationalität der Eltern eine wichtige Rolle: So streben Jugendliche mit Migrationshintergrund insgesamt niedrigere Bildungsabschlüsse an als deutschstämmige Jugendliche. Viele Jugendliche verfolgen damit Bildungsziele, die über ihre aktuelle Schulform hinausgehen. Diese ehrgeizigen Ziele zeigen, welch hohe Bedeutung die schulische Ausbildung heute für die Jugendlichen hat und wie stark ihr Bewusstsein ausgeprägt ist, mit niedrigen Schulabschlüssen schlechtere Chancen auf dem Arbeitsmarkt zu haben [7].

Positive Selbsteinschätzung der schulischen Leistungen   Ein ähnlich optimistisches Bild zeigt sich auch bei der Selbsteinschätzung der schulischen Leistungen der Jugendlichen. So schätzt rund die Hälfte der Jugendlichen (49 %) die eigenen schulischen Leistungen als gut ein, weitere 44 % halten diese für ganz o.k. Erwartungsgemäß wirkt sich eine starke Überzeugung, das eigene Schicksal beeinflussen zu können, wie es bei der Gruppe der selbstbewusst-selbstsicheren Jugendlichen vorliegt (erfasst mithilfe eines auf dem Fragebogen zur Kompetenz- und Kontrollüberzeugungen (FKK) von Krampen (1991) basierenden Inventars [6]), positiv auf die Einschätzung der eigenen schulischen Leistungen aus. Jugendliche, die glauben, dass ihr Schicksal vom Zufall oder anderen Personen abhängt, und die unsicher in Bezug auf ihre Kompetenzen sind, streben demgegenüber formal niedrigere Schulabschlüsse an. Mädchen halten ihre Leistungen dabei im Fach Deutsch für besser als Jungen, Jungen beurteilen ihre Leistungen im Fach Mathematik im Vergleich zu Mädchen als besser.

Gute Chancen auf Traumberuf bei geschlechtsstereotypischer Berufswahl   Auch in Bezug auf ihre Zukunft zeigen sich die Jugendlichen optimistisch. So schätzen fast drei Viertel der Befragten (73 %) ihre Chancen, später einmal in ihrem Traumberuf zu arbeiten, als sehr gut beziehungsweise gut ein. Dies gilt insbesondere für die Gruppe der selbstbewussten und selbstsicheren Jugendlichen im Gegensatz zu den unsicheren und personenbeziehungsweise schicksalsabhängigen. Bei der Frage nach ihrem Traumberuf fällt auf, dass die Jugendlichen hier eine große Bandbreite an Tätigkeiten nennen, bei denen es sich überwiegend um die Berufe handelt, die mit hoher Präferenz später tatsächlich ergriffen werden. Die Mädchen möchten vor allem Erzieherin oder Lehrerin werden, die Jungen nennen besonders häufig Berufe wie KFZ-Mechatroniker, Architekt, Polizist, Elektroniker oder Ingenieur. Allerdings äußern Jungen – vor allem jene, die angeben, keinem Ferienjob nachzugehen und damit vermutlich noch nie selbst mit der Arbeitswelt in Berührung gekommen sind – auch weniger realistische Berufswünsche, wie zum Beispiel Profifußballer. Insgesamt sind die Traumberufe, die die befragten Jugendlichen nennen, stark geschlechtsstereotypisch geprägt. Jungen nennen also eher männertypische Ausbildungsberufe und Mädchen eher typisch weibliche Berufe. Das gleiche Bild zeigt sich – trotz der immer wieder geäußerten Forderung, Jungen für typisch weibliche Berufe zu gewinnen

---

[1] Alle Unterschiede, über die berichtet wird, sind signifikant, das heißt nicht zufällig.

und Mädchen für klassische Männerberufe –, wenn man die tatsächlich von Jungen und Mädchen gewählten Ausbildungsberufe betrachtet [3].

Hohe Zufriedenheit und optimistische Zukunftseinschätzung Fast zwei Drittel (61 %) der Befragten stehen ihrer Zukunft positiv gegenüber, rund ein Viertel (25 %) verbindet mit der eigenen Zukunft neutrale Erwartungen, und lediglich zwei Prozent der Befragten haben negative Zukunftserwartungen. Auch mit ihrer aktuellen Lebenssituation zeigen sich die Jugendlichen mehrheitlich zufrieden (42 %) oder zumindest eher zufrieden (42 %). Nur jeder zehnte Befragte ist mit seiner jetzigen Lebenssituation unzufrieden, wobei Jugendliche mit Migrationshintergrund unzufriedener sind als deutschstämmige Jugendliche mit ihrer aktuellen Situation. Das Gefühl, die Fähigkeit und Möglichkeit zu haben, das eigene Schicksal beeinflussen zu können, wirkt sich dabei positiv auf die Zufriedenheit der Jugendlichen mit ihrer aktuellen Lebenssituation und auf ihre Zukunftserwartungen aus. Demgegenüber sind die Jugendlichen, die sich in ihrem Leben stark abhängig von anderen Personen oder dem Zufall erleben, deutlich unzufriedener mit ihrer Situation und schauen auch weniger optimistisch in ihre Zukunft.

Die Jugendlichen schätzen also sowohl ihre aktuelle Lebenssituation als auch ihre Zukunftsaussichten als überwiegend positiv ein. Doch was bewegt die Jugendlichen nun in ihrer Freizeit, womit verbringen sie bevorzugt ihre Zeit?

3.2.3 Freizeitaktivitäten der Jugendlichen

Um die häufigsten Freizeitaktivitäten der Jugendlichen zu ermitteln, wurden diese gebeten, für 16 Aktivitäten jeweils zu entscheiden, ob sie diesen sehr häufig, häufig, selten oder nie nachgehen. Die Ergebnisse zeigen, dass Musik hören beziehungsweise machen, sich mit Leuten treffen, im Internet surfen und Chillen die beliebtesten Freizeitaktivitäten der Jugendlichen sind. Die neuen Medien haben das Fernsehen in seiner Attraktivität als Freizeitaktivität längst überholt, auch wenn immerhin noch 8 von 10 Jugendlichen angeben, häufig oder sehr häufig in ihrer Freizeit fernzusehen. Erfreulich ist, dass immerhin mehr als jeder zweite Jugendliche angibt, häufig beziehungsweise sehr häufig Vereins- oder Freizeitsport zu betreiben. Interessant ist auch, dass diese Jugendlichen deutlich zufriedener mit ihrer aktuellen Lebenssituation sind als sportlich nicht oder kaum aktive Jugendliche. Hier muss allerdings berücksichtigt werden, dass die Bedeutung von Sport als Freizeitaktivität mit dem Alter der Jugendlichen abnimmt (Vergleich der bis 14-Jährigen mit den über 14-Jährigen). Eine gegenläufige Entwicklung ist bei den neuen Medien zu sehen. Ihre Bedeutung für die Freizeitgestaltung der Jugendlichen nimmt mit dem Alter der Befragten noch zu. Nicht sehr überraschend hingegen ist, dass etwas mehr als jeder zweite befragte Jugendliche angibt, häufig oder sehr häufig seine Freizeit mit „Shoppen" zu verbringen. Bereits vor rund 10 Jahren stellte das Institut der deutschen Wirtschaft in Köln [5] fest, dass noch nie eine junge Generation so viel Geld zur Verfügung hatte. Im Schnitt erhielten die Jugendlichen zwischen 13 und 17 Jahren rund 40 € Taschengeld im Monat. Zusammen hatte diese Generation eine Kaufkraft von rund 7,5 Mrd. €.

Tab. 3.1 Prozent der befragten Jugendlichen, die angeben, einer Freizeitaktivität häufig bzw. sehr häufig nachzugehen

Rang	Freizeitaktivität	% der Befragten, die dieser Tätigkeit häufig oder sehr häufig nachgehen
1	Musik hören/machen	92
2	Sich mit Leuten treffen	92
3	Im Internet surfen	85
4	Chillen	81
5	Fernsehen	80
6	Freitzeitsport	68
7	Vereinssport	56
8	Shoppen	52
9	Etwas mit der Familie unternehmen	52
10	Computerspiele	37
11	Zeitschriften lesen	37
12	Kreatives/Künstlerisches	30
13	Sich sozial engagieren	29
14	Party machen	26
15	Bücher lesen	26
16	Jugendzentren besuchen	10

Entsprechend der hohen Bedeutung der Familie für die Jugendlichen [7] gibt jeder zweite Befragte an, in der Freizeit häufig oder sehr häufig etwas mit der Familie zu unternehmen. Die Bedeutung der Familie für die Freizeitgestaltung der Jugendlichen nimmt allerdings mit steigendem Alter der Jugendlichen, also mit dem beginnenden Abnabelungsprozess von zu Hause, ab. Auffällig ist auch, dass es den Aussagen der Befragten zufolge nicht so schlecht um das soziale Engagement der Jugendlichen bestellt ist, wie so häufig vermutet wird. Immerhin knapp jeder dritte der Befragten gibt an, sich häufig oder sehr häufig in der Freizeit sozial zu engagieren. Computerspiele haben nur für rund ein Drittel der Jugendlichen eine hohe Bedeutung und liegen ungefähr gleich auf mit dem Lesen von Zeitschriften. Tabelle 3.1 stellt die unterschiedlichen Freizeitaktivitäten der Jugendlichen mit ihrer jeweiligen Bedeutung für die Befragten in einer Übersicht dar.

Für Jungen hat Sport in ihrer Freizeit eine höhere Bedeutung als für Mädchen. Zudem besuchen sie häufiger Jugendzentren als ihre Geschlechtsgenossinnen. Demgegenüber hat für Mädchen anscheinend die soziale Komponente eine noch höhere Bedeutung in ihrer Freizeitgestaltung als für Jungen. Sie geben an, sich häufiger mit Freunden zu treffen und mit der Familie etwas zu unternehmen als Jungen. Zudem geben Mädchen an, häufiger zu lesen (Bücher oder Zeitschriften) als Jungen und kreativen Tätigkeiten in ihrer Freizeit nachzugehen.

Jugendliche, die stark davon überzeugt sind, die Fähigkeiten und Möglichkeiten zu haben, die Ereignisse in ihrem Leben kontrollieren zu können, sind in ihrer Freizeitgestaltung stärker peer- und familienorientiert, sie sind aktiver (Chillen hat für sie eine geringere Bedeutung) und weniger an neuen Medien und Konsum orientiert als Jugendliche, die sich überwiegend dem Schicksal und mächtigen dritten Personen ausgeliefert sehen.

Zusammenfassend lässt sich also sagen, dass das Freizeitverhalten der Jugendlichen stark geprägt ist durch

- **neue Medien:** In der Freizeitgestaltung der Jugendlichen kommt den neuen Medien eine hohe und mit dem Alter steigende Bedeutung zu. Hierbei steht die Nutzung des Internets ganz allgemein im Vordergrund. Computerspielen kommt eine eher untergeordnete Bedeutung zu.
- **Sport:** Sport hat – insbesondere für Jungen – eine hohe, wenn auch mit dem Alter sinkende Bedeutung in der Freizeitgestaltung der Jugendlichen.
- **Peer-Gruppen:** Jugendliche sind stark peer-orientiert, den Gleichaltrigen kommt dabei mit steigendem Alter der befragten Jugendlichen auch eine immer größere Bedeutung zu. Dabei geht es aber anscheinend relativ ruhig zu. Die Jugendlichen treffen sich mit Freunden, chillen gemeinsam, hören Musik etc. Gemeinsames „Party machen" ist hingegen nur für jeden vierten Jugendlichen eine häufige oder sehr häufige Freizeitaktivität.
- **Familie:** Die Jugendlichen sind sehr familienorientiert. Unternehmungen mit der Familie kommt eine hohe Bedeutung zu.
- **Konsum:** Die Jugendlichen sind in ihrer Freizeit stark konsumorientiert.

In Anbetracht der großen Bedeutung der neuen Medien in der Freizeitgestaltung der Jugendlichen wird dieser Aspekt im Folgenden nochmals genauer beleuchtet.

3.2.4 Internetnutzung

Um zu ermitteln, welchen Aktivitäten die Jugendlichen im Internet mit welcher Häufigkeit nachgehen, wurden diese gebeten, für neun verschiedene Nutzungsmöglichkeiten anzugeben, ob sie diesen sehr häufig, häufig, selten oder nie nachgehen. Tabelle 3.2 gibt einen Überblick über das Nutzungsverhalten der Jugendlichen.

Nicht erstaunlich ist, dass mehr als vier von fünf Jugendlichen angaben, soziale Netzwerke häufig beziehungsweise sehr häufig zu nutzen. Dass sich das Kommunikationsverhalten der Jugendlichen im Internet durch die sozialen Netzwerke stark verändert hat, zeigt die geringe Bedeutung, die das Schreiben von E-Mails im Vergleich zur Nutzung sozialer Netzwerkseiten hat. Für weniger als ein Drittel der Befragten ist das Schreiben von E-Mails noch eine häufige beziehungsweise sehr häufige Tätigkeit im Netz. Eine sehr häufige Aktivität der Jugendlichen im Internet ist das Hören beziehungsweise Herunterladen von Musik (acht von zehn Jugendlichen gehen dieser Beschäftigung im Internet mindestens häufig nach). Das Ansehen beziehungsweise Herunterladen von Videos hat

Tab. 3.2 Prozent der befragten Jugendlichen, die angeben, diesen Aktivitäten im Internet häufig bzw. sehr häufig nachzugehen

Rang	Internetaktivität	% der Befragten, die diesen Aktivitäten häufig bzw. sehr häufig nachgehen
1	Soziale Netzwerke besuchen	83
2	Musik hören und herunterladen	80
3	Gezielt nach etwas suchen	76
4	Videos ansehen und herunterladen	54
5	Shoppen, bzw. sich über Dinge informieren, die man kaufen möchte	50
6	Sich über Tagesgeschehen informieren	44
7	Einfach drauflos surfen	40
8	E-Mails verschicken	31
9	Computer spielen	30

für rund jeden zweiten der Befragten einen hohen Stellenwert. Entsprechend dem Befund, dass etwa jeder zweite Jugendliche angibt, dass Shoppen eine häufige beziehungsweise sehr häufige Freizeitbeschäftigung ist, nutzen etwa ebenso viele Jugendlichen das Internet auch zu diesem Zweck beziehungsweise, um sich über Dinge zu informieren, die sie kaufen möchten.

Etwas unerwartet ist allerdings, dass rund drei Viertel der Befragten angeben, das Internet häufig beziehungsweise sehr häufig zu nutzen, um gezielt nach etwas zu suchen, und immerhin zwei von drei Jugendlichen aussagen, dass sie sich im Netz häufig beziehungsweise sehr häufig über das Tagesgeschehen informieren. Das Internet ist also neben dem Unterhaltungsmedium, das es für die Jugendlichen darstellt, auch eine wichtige Informationsquelle. Die Jugendlichen nutzen das Internet gezielt, sie suchen sich zielgeleitet spezielle Inhalte und Seiten heraus, was sich auch dadurch zeigt, dass nur vier von zehn Studienteilnehmern angeben, häufig beziehungsweise sehr häufig einfach so „drauflos zu surfen". Insbesondere gilt dies für Jugendliche, die eine hohe Kompetenz- und Kontrollüberzeugung haben. Sie benutzen das Internet besonders häufig, um sich über das Tagesgeschehen zu informieren und gezielt nach etwas zu suchen, und seltener, um einfach drauflos zu surfen oder Videos anzuschauen und Musik zu hören.

Nur rund ein knappes Drittel der Studienteilnehmer nutzt das Internet häufig oder sehr häufig für Computerspiele.

In Bezug auf die Internetnutzungsdauer gibt rund jeder dritte Jugendliche (34 %) an, weniger als eine Stunde am Tag im Internet zu verbringen. Ein weiteres knappes Drittel (30 %) gehört mit zwei und mehr Stunden täglich im Internet zu den Vielnutzern. Rund jeder fünfte der Befragten gibt an, ca. 1,5 h täglich im Internet zu verbringen, und liegt damit in der Nutzungsdauer zwischen den Viel- und Wenignutzern. Augenfällig ist, dass rund zwei Drittel der Vielnutzer Jungen sind. Die Vielnutzer unterscheiden sich von den Wenignutzern auch darin, dass sie ihre Zeit im Internet häufiger mit Computerspielen verbringen. Der größte Unterschied im Internetnutzungsverhalten zwischen Viel- und Wenignutzern besteht aber darin, dass erstere deutlich mehr Zeit mit der Nutzung sozialer

Netzwerkseiten verbringen als Wenignutzer und häufiger Video- und Musikplattformen aufsuchen. So verwundert es auch nicht, dass die Vielnutzer in ihrer Freizeitgestaltung sogar peer-orientierter und gleichzeitig weniger familienorientiert sind als die Wenignutzer. Das Internet mit seinen sozialen Netzwerken ist für sie anscheinend eine andere Möglichkeit, im Austausch mit ihren Freunden zu sein. Sie treffen sich also nicht nur real, sondern auch in der virtuellen Welt. Gleichzeitig bleibt für Unternehmungen mit der Familie dadurch weniger Zeit. Diese stärkere Peer-Orientierung zeigt sich auch, wenn es darum geht, woher die Jugendlichen Informationen in Bezug auf mögliche Ausbildungsstellen bekommen. Für Vielnutzer sind dies häufiger die Freunde und das Internet und seltener die Eltern als für Wenignutzer. Dies hängt aber auch mit dem Alter der Jugendlichen zusammen. Die Wenignutzer sind mit 13–14 Jahren durchschnittlich etwas jünger als die Vielnutzer mit 15–16 Jahren. Interessant ist, dass sich in der ausbildungsrelevanten Altersgruppe der 15–16-Jährigen die Prioritäten der Jugendlichen anscheinend verschieben, weg von Familie und Eltern als Bezugspunkten, hin zu Peers und neuen Medien. Dies gilt insbesondere für junge Männer. Auch interessant ist, dass die Vielnutzer insgesamt mit ihrer aktuellen Lebenssituation weniger zufrieden sind als die Wenignutzer. Dies legt die These einer Realitätsflucht der Vielnutzer von der realen in die virtuelle Welt nahe.

In Bezug auf Geschlechtsunterschiede bei der Internetnutzung lässt sich feststellen, dass sich unterschiedliche Nutzungsprofile zwischen Jungen und Mädchen zeigen. Während Jungen im Internet eher Videoplattformen und Computerspielangebote nutzen als Mädchen, besuchen diese eher soziale Netzwerke und Shoppingplattformen.

Zusammenfassend lässt sich sagen, dass das Internetnutzungsverhalten der Jugendlichen stark geprägt ist durch folgende Faktoren:

- **Soziale Netzwerke:** Die sozialen Netzwerke haben eine enorm hohe Bedeutung für die Jugendlichen, besonders bei den Vielnutzern. Sie sind eine Ergänzung der Freundesbeziehungen und erweitern diese von der realen in die virtuelle Welt. Diese Bedeutung steigt mit dem Alter der Jugendlichen und einer zunehmenden Orientierung hin zur Peer-Group und weg von der Familie in der Phase der Ablösung vom Elternhaus.
- **Internet als wichtige Quelle für eine aktive und gezielte Informationssuche:** Jugendliche nutzen das Internet häufig, um gezielt nach etwas zu suchen (sei es auch etwas, das sie kaufen möchten) und sich über das Tagesgeschehen zu informieren.
- **Musik und Videos:** Musik und Videos zu „streamen" beziehungsweise herunterzuladen sind sehr häufige Aktivitäten der Jugendlichen im Internet. Videos dienen dabei nicht nur der Unterhaltung, sondern werden zunehmend als Informationsmedium genutzt (zum Beispiel Firmenvideos, um sich über ein Unternehmen zu informieren).

- **Vielnutzer sind keine „Daddler" und Sonderlinge ohne soziales Netz:** Vielnutzer spielen zwar auch häufiger Computerspiele als Wenignutzer, vor allem nutzen sie aber häufiger soziale Netzwerkseiten. Sie sind in ihrer Freizeitgestaltung sogar stärker peer-orientiert als Wenignutzer, das heißt, für sie haben Unternehmungen mit den Freunden in der realen Welt einen höheren Stellenwert als für Wenignutzer.

3.2.5   Informationsquellen der Jugendlichen bei der Ausbildungsplatzsuche

Die Frage, wo sich Jugendliche über potentielle Ausbildungsstellen informieren, ist für den Rekrutierungsprozess von großer Bedeutung. Um die ausbildungsplatzbezogene Informationssuche der Jugendlichen zu erfassen, wurde ihnen eine Liste mit neun möglichen Informationsquellen vorgelegt, von denen sie jeweils die ankreuzen sollten, die sie bereits genutzt hatten. Fast alle Jugendlichen (rund 97 %) geben an, sich bereits bei einer oder mehreren dieser Informationsquellen über eine mögliche Ausbildung informiert zu haben. Durchschnittlich werden von den Jugendlichen drei Informationsquellen genannt. In Bezug auf den angestrebten Schulabschluss fällt zudem auf, dass Jugendliche, die einen Realschulabschluss anstreben, mehr Informationsquellen als erwartet angeben, während dies bei Jugendlichen, die das Abitur anstreben, genau umgekehrt der Fall ist. Diese Ergebnisse weisen gegenüber dem häufig verbreiteten Vorurteil, die Jugendlichen seien uninformiert und kümmerten sich nicht um ihre Zukunftsplanung, darauf hin, dass diese sich in Bezug auf ihre Berufswahl durchaus Gedanken machen und Informationsbedarf haben.

Die Eltern sind mit Abstand die wichtigste Informationsquelle der befragten Jugendlichen. Mehr als zwei Drittel der Jugendlichen (69 %) haben sich bereits bei ihren Eltern über potentielle Ausbildungsstellen informiert. Hier spiegelt sich die in der aktuellen Shell Studie (2010) betonte große und steigende Bedeutung der Herkunftsfamilie für die Jugendlichen erneut wider. Das Miteinander von Eltern und Jugendlichen wird hier eher entspannt und freundschaftlich beschrieben, was dazu führt, dass eine frühe und konfliktreiche Ablösung der Jugendlichen vom Elternhaus nicht mehr typisch für ein Heranwachsen in Deutschland ist. Dementsprechend hoch ist damit auch der Einfluss der Eltern auf die Jugendlichen, die sogar mehrheitlich angeben, ihre eigenen Kinder einmal genauso oder ungefähr so zu erziehen, wie sie selbst erzogen wurden [7].

Die zweitwichtigste Informationsquelle der Jugendlichen bei der Ausbildungsplatzsuche ist das Internet. In Anbetracht der großen Bedeutung dieses Mediums für die Jugendlichen ist es nicht erstaunlich, dass mehr als jeder zweite Befragte angibt, hier Informationen zu suchen (Tab. 3.3).

Die Freunde sind für die Jugendlichen ebenfalls eine wichtige Quelle für Rat und Informationen in Bezug auf die Berufsausbildung. Auch die aktuelle Shell-Studie [7] betont

Tab. 3.3 Prozent der befragten Jugendlichen, die angeben, eine der vorgegebenen Informations-quellen bei der Suche nach ausbildungsplatzbezogenen Informationen zu nutzen

Rang	Informationsquelle	% der Befragten, die sich hier informieren
1	Eltern	69
2	Internet	55
3	Freunde	42
4	Schule	42
5	Unternehmen	32
6	BIZ/Arbeitsamt	32
7	Tageszeitung	9
8	Fachzeitschrift	8
9	Girl's Day/Boy's Day	8

die hohe Bedeutung persönlicher Bindungen. Neben der Familie wenden sich die Jugend-lichen vor allem an Freunde, wenn sie Probleme oder Krisen zu bewältigen haben. Den gleichen Stellenwert wie die Freunde als Informationsquelle in Bezug auf ausbildungs-platzbezogene Informationen hat auch die Schule. Insbesondere die Schulen, die einen mittleren Bildungsabschluss ermöglichen, bieten oft eine Vielzahl von Veranstaltungen und Initiativen an, die Jugendliche auf den Berufsstart vorbereiten sollen. Laut Angaben der Befragten werden diese schulischen Angebote von rund 42 % der Zielgruppe genutzt. Für Jugendliche mit Migrationshintergrund ist die Bedeutung der Schule als Informations-quelle für ausbildungsplatzbezogene Informationen dabei deutlich höher. Die Eltern sind im Gegenzug für diese Jugendlichen weniger wichtige Ratgeber bei der Ausbildungsplatz-suche. Dies ist vermutlich auch dadurch zu erklären, dass es den Eltern dieser Jugend-lichen meist an Erfahrungen mit dem deutschen Berufsausbildungssystem mangelt. Feh-lende Informationen von den Eltern werden also in diesem Fall durch die Angebote der Schulen kompensiert.

Immerhin rund ein Drittel der Befragten gibt an, sich bei den Ausbildungsunternehmen direkt zu informieren. Allerdings gilt dies tendenziell eher für Jugendliche, die glauben, gute oder sehr gute Chancen zu haben, später einmal in ihrem Traumberuf zu arbeiten, als für solche, die ihren Berufsaussichten pessimistischer gegenüberstehen, und für solche, die einen höheren Bildungsabschluss anstreben (Realschulabschluss oder Fachhochschul-abschluss). Printmedien spielen eine zu vernachlässigende Rolle bei der berufswahlbezo-genen Informationssuche der Jugendlichen, ebenso wie die bundesweiten Initiativen Girl's und Boy's Day.

Interessant ist, dass für die Jugendlichen, die sich in hohem Maße die Kompetenz und Möglichkeit zuschreiben, ihr Leben zu kontrollieren, die Eltern, Freunde, die Unterneh-men selbst und das Arbeitsamt deutlich wichtigere Informationsquellen darstellen als für Jugendliche, die glauben, in ihrem Leben stark von dritten Personen oder dem Schicksal abhängig zu sein, und sich wenig Kompetenzen zuschreiben, das eigene Leben zu kontrollieren. Für Jugendliche mit hoher Kompetenz- und Kontrollüberzeugung ist also anscheinend das unmittelbare soziale Netzwerk besonders wichtig und auch die aktive Informationssuche nach außen.

Folgende Aspekte lassen sich im Hinblick auf die Nutzung von Informationsquellen bei der Ausbildungsplatzsuche zusammenfassen:

- **Aktive Informationssuche:** Die Jugendlichen suchen aktiv nach Informationen und nutzen zumeist mehrere Quellen.
- **Reale soziale Netzwerke als wichtigste Informationsquelle:** Die Jugendlichen informieren sich mit Abstand am häufigsten bei den Eltern, wenn dies für Jugendliche mit Migrationshintergrund auch etwas seltener das Fall ist. Die Freunde haben hier eine große und mit dem Alter steigende Bedeutung.
- **Internet:** Jugendliche nutzen das Internet zur aktiven und gezielten Suche nach Informationen im Hinblick auf Ausbildungsstellen. Die Relevanz des Internets als Quelle für ausbildungsplatzbezogene Informationen nimmt mit dem Alter der Jugendlichen zu.
- **Schule:** Die Informationsangebote der Schulen werden gut genutzt, insbesondere von Jugendlichen mit Migrationshintergrund.
- **Unternehmen – Informationsquelle für die Selbstbewussten:** Bei den Unternehmen selbst informieren sich vor allem Jugendliche, die optimistischere Einschätzungen in Bezug auf ihre beruflichen Chancen und eine höhere Kompetenz- und Kontrollüberzeugung haben. Dies trifft auch für das Arbeitsamt als Informationsquelle zu.

3.2.6   Berufswahlmotive der Jugendlichen

Bei der Ausbildungsplatzsuche spielen die Berufswahlmotive der Jugendlichen eine wesentliche Rolle. Um im Rekrutierungsprozess die berufsbezogenen Bedürfnisse der potentiellen Auszubildenden gezielt ansprechen zu können, ist es wichtig, diese zu kennen und ihre Bedeutung für die Zielgruppe einschätzen zu können.

Im Rahmen der durchgeführten Befragung wurden die Jugendlichen aufgefordert, für 15 verschiedene Aussagen zu entscheiden, ob ihnen diese bei ihrer Ausbildung sehr wichtig, wichtig, nicht so wichtig oder gar nicht wichtig sind. Die abgefragten Motive lassen sich danach einteilen, ob es sich um existenzielle Bedürfnisse (wie „gute Bezahlung" oder „Übernahme nach der Ausbildung"), soziale Bedürfnisse (wie „nette Kollegen und Chefs" oder „Vereinbarkeit von Beruf und Familie") oder Wachstumsbedürfnisse (wie „spätere Karriereaussichten" oder „eine herausfordernde Tätigkeit") handelt (in Analogie zur Bedürfnisskala von Alderfer [1]) (Tab. 3.4).

Der wichtigste Aspekt in Bezug auf ihre Ausbildung ist für die Jugendlichen, mit netten Kollegen und Vorgesetzten zusammenarbeiten zu können. Für rund 97 % der Befragten ist

Tab. 3.4 Prozent der befragten Jugendlichen, die angeben, dass diese Motive wichtig bzw. sehr wichtig bei einer Ausbildung für sie sind

Rang	Berufswahlmotiv	% der Befragten, denen dieser Aspekt bei einer Ausbildung wichtig, bzw. sehr wichtig ist
1	Nette Kollegen und Chefs	97
2	Herausfordernde Tätigkeit	90
3	Gute Bezahlung	89
4	Übernahme nach Ausbildung	87
5	Spätere Karriereaussichten	87
6	Anerkannte Ausbildung	86
7	Guter Ruf des Unternehmens	85
8	Mit anderen Menschen arbeiten	73
9	Vereinbarkeit von Familien und Beruf	70
10	Zu Hause wohnen bleiben können	58
11	Technisch anspruchsvolle Arbeit	55
12	Viel Urlaub und Freizeit	51
13	Mitarbeiter führen können	49
14	Großes Ausbildungsunternehmen	29
15	Regionales Ausbildungsunternehmen	27

dieser Punkt sehr wichtig oder zumindest wichtig in Bezug auf ihre Ausbildung. Dies ist insofern interessant, als diesem Aspekt bei vergleichbaren Studien (zum Beispiel Bundeswehrstudie [8]) ein wesentlich niedrigerer Rangplatz zugeordnet wurde. Ein möglicher Grund hierfür ist die regionale Ausrichtung der vorliegenden Studie auf das Saarland, in dem traditionell eine starke soziale Vernetzung eine hohe Bedeutung hat. Darüber hinaus ist es für jeweils mehr als 85 % der Jugendlichen sehr wichtig beziehungsweise wichtig, eine herausfordernde Tätigkeit während ihrer Ausbildung auszuüben, die gut bezahlt ist, zudem hohe Übernahmechancen und gute spätere Karriereaussichten zu haben sowie eine allgemein anerkannte Ausbildung bei einem Ausbildungsunternehmen mit einem guten Ruf abzuschließen. Die meisten dieser Berufswahlmotive gewinnen mit zunehmendem Alter der Befragten noch an Bedeutung.

Demgegenüber kommt aus Sicht der Jugendlichen der regionalen Verwurzelung sowie der Größe des Ausbildungsunternehmens eine relativ geringe Bedeutung zu. Im Hinblick auf die Prestigeträchtigkeit eines größeren Unternehmens überrascht es nicht, dass dieser Aspekt für Jungen und Jugendliche mit Migrationshintergrund, die oft nach traditionelleren Werten erzogen worden sind, bei der Suche einer Ausbildungsstelle eine größere Bedeutung hat als für Mädchen und deutschstämmige Jugendliche. Zudem ist es Jungen wichtiger als Mädchen, Mitarbeiter führen zu können, eine technisch anspruchsvolle Tätigkeit auszuüben und während ihrer Ausbildung bei ihren Eltern wohnen bleiben zu können. Dies scheint männlichen Jugendlichen besonders wichtig zu sein, da sie auch nach ihrer Volljährigkeit häufiger bei ihren Eltern leben als ihre Altersgenossinnen [7]. Mädchen legen demgegenüber im Vergleich zu Jungen größeren Wert auf die Vereinbarkeit von Beruf und Familie und die Möglichkeit, mit anderen Menschen zusammenarbeiten zu können. Die Bedeutung von Familie und Kindern bei der Lebensplanung der Jugendlichen wächst seit einigen Jahren stetig [7]. Ebenso stabil wie dieses Wachstum scheinen aber auch die Geschlechtsunterschiede in diesem Punkt zu sein.

Interessant ist, dass das Angebot von viel Urlaub und Freizeit deutlich stärker die Jugendlichen anspricht, die eine geringe Kompetenz- und Kontrollüberzeugung aufweisen. Demgegenüber sind es bei den Jugendlichen, die sich hohe Kompetenzen und gute Möglichkeiten in Bezug auf die Gestaltung des eigenen Lebens zuschreiben, vor allem die sogenannten Wachstumsbedürfnisse, die bei der Wahl einer Ausbildungsstelle im Vordergrund stehen. Sie möchten später einmal andere Mitarbeiter führen, einer herausfordernden und technisch anspruchsvollen Tätigkeit nachgehen und Karriere machen können. Zudem ist ihnen der gute Ruf des Ausbildungsunternehmens, eine anerkannte Ausbildung sowie die Möglichkeit, mit anderen Menschen zusammenarbeiten zu können, deutlich wichtiger als denjenigen Jugendlichen, die sich wenig Kompetenzen in Bezug auf die Gestaltung des eigenen Lebens zuschreiben.

Folgende Aspekte lassen sich im Hinblick auf die Berufswahlmotive der Jugendlichen zusammenfassen:

- **Nette Kollegen und Chefs als wichtigster Aspekt bei der Ausbildung:** Nahezu allen befragten Jugendlichen ist es sehr wichtig oder zumindest wichtig, mit netten Kollegen und Chefs in der Ausbildung zusammenarbeiten zu können.
- **Geschlechtsstereotypische Unterschiede bei den Berufswahlmotiven:** Für Jungen sind die Wachstumsbedürfnisse der Mitarbeiterführung und einer technisch anspruchsvollen Arbeit wichtiger. Zudem sind für sie große Unternehmen attraktiver als für Mädchen. Im Gegensatz zu der hohen Bedeutung dieser Wachstumsbedürfnisse ist es Jungen aber auch wichtiger, während der Ausbildung im Elternhaus verbleiben zu können. Für Mädchen sind die sozialen Motive, wie die Vereinbarkeit von Beruf und Familie und die Zusammenarbeit mit anderen Menschen, wichtiger.
- **Sicherheit ist den Jugendlichen wichtig.** Eine gute Bezahlung, eine Übernahme nach der Ausbildung sowie eine anerkannte Ausbildung sind den Jugendlichen sehr wichtig.
- **Das Unternehmen:** Nicht die Größe, sondern die Reputation ist wichtig. Die Jugendlichen legen viel Wert auf einen guten Ruf des Ausbildungsunternehmens. Dabei kommt es weniger darauf an, dass es sich um ein großes oder gar ein regionales Ausbildungsunternehmen handelt.
- **Persönliche Weiterentwicklung wichtiger als Führen.** Spätere Karriereaussichten und eine herausfordernde und technisch anspruchsvolle Tätigkeit sind den Jugendlichen deutlich wichtiger als die Möglichkeit, andere Mitarbeiter zu führen.

3.2.7   Kompetenz- und Kontrollüberzeugung der Jugendlichen

Neben den klassischen kognitiven Fähigkeiten können nicht-kognitive Fähigkeiten, wie die
Selbsteinschätzung der eigenen Fähigkeiten und Möglichkeiten, die Ereignisse im eigenen
Leben aktiv beeinflussen und kontrollieren zu können (Kompetenz- und Kontrollüberzeugung) als vielversprechender Prädikator für schulischen und beruflichen Erfolg angesehen
werden. Zudem hat ein Blick auf nicht-kognitive Fähigkeiten den entscheidenden Vorteil, dass diese gerade bei Jugendlichen mit schulischen Leistungsdefiziten hilfreich bei der
Potentialerkennung sein können.

Im Arbeitsleben werden nicht-kognitive Fähigkeiten mit der Bereitschaft, hart zu arbeiten und pünktlich und vertrauenswürdig zu sein, in Verbindung gebracht [4]. Es zeigt sich,
dass nicht-kognitive Fähigkeiten besonders bei einem nachteiligen sozio-ökonomischen
Hintergrund einen starken Effekt auf das Leistungsverhalten haben [2]. Zudem wird vermutet, dass bei gleichem familiären Hintergrund und gleichen Schulnoten junge Erwachsene mit höheren nicht-kognitiven Fähigkeiten ein geringeres Risiko aufweisen, Bildungs-
abbrecher zu sein [2].

Die Ergebnisse dieser Studie zeigen, dass es für die befragten Jugendlichen keinen Zusammenhang zwischen ihrer Kompetenz- und Kontrollüberzeugung und den Schulnoten gibt, ebenso wenig wie zu einem möglichen Migrationshintergrund der Jugendlichen.
Allerdings finden sich Zusammenhänge zwischen der Kompetenz- und Kontrollüberzeugung und einer Vielzahl weiterer abgefragter Aspekte.

Jugendliche mit einer hohen Kompetenz- und Kontrollüberzeugung sind zufriedener
mit ihrer aktuellen Lebenssituation und schauen optimistischer in ihre Zukunft. Sie streben höhere Schulabschlüsse an und schätzen ihre Chancen, später einmal ihren Traumberuf ergreifen zu können, höher ein als Jugendliche, die glauben, wenige Möglichkeiten und
geringere Fähigkeiten zu haben, die Ereignisse in ihrem Leben zu kontrollieren. Zudem
sind Jugendliche mit einer hohen Kompetenz- und Kontrollüberzeugung stärker in realen
sozialen Netzwerken integriert. Für sie haben Unternehmungen mit Familie und Freunden
in der Freizeit einen höheren Stellenwert, sie sind in ihrer Freizeit aktiver und weniger am
Konsum und an neuen Medien orientiert. Dementsprechend nutzen sie auch das Internet
häufiger für eine aktive Informationssuche und um sich über das Tagesgeschehen zu informieren und weniger rein rezeptiv, um Videos anzuschauen und Musik zu hören. Die große
Bedeutung realer sozialer Netzwerke in ihrem Leben spiegelt sich auch in dem besonders
großen Einfluss der Eltern und Freunde wider, wenn es um die Berufswahl geht. Entsprechend ihrer aktiveren und selbstbewussteren Einstellung kontaktieren diese Jugendlichen
auch häufiger die Arbeitsagentur und die Unternehmen selbst, um sich über Ausbildungs-
möglichkeiten zu informieren. Im Hinblick auf die Wahl einer Ausbildungsstelle sind für
sie die sogenannten Wachstumsbedürfnisse (wie zum Beispiel spätere Karrieremöglich-
keiten oder eine spätere Führungsposition) wichtiger. Demgegenüber ist es für Jugendliche
mit niedriger Kompetenz- und Kontrollüberzeugung deutlich wichtiger, später einmal viel
Urlaub und Freizeit zu haben.

In der vorgestellten Studie finden sich also eine Vielzahl von Zusammenhängen zwischen der Kompetenz- und Kontrollüberzeugung und Aspekten der Berufswahl und den Lebensrealitäten der Jugendlichen. Unabhängig von den Schulnoten lassen sich durch diese Variable Jugendliche identifizieren, die für eine Berufsausbildung erfolgversprechende Eigenschaften aufweisen. Anders herum lässt sich hier aber auch der Schluss ziehen, dass es ein lohnender Ansatz ist, die Kompetenz- und Kontrollüberzeugung der Jugendlichen durch zielgruppengerechte Angebote und Maßnahmen gezielt zu stärken. Ein Beispiel für ein solches Angebot ist das Training sozialer Kompetenzen, das in Kap. 11 vorgestellt wird. Es geht hier auch darum, den Jugendlichen Erfolgserlebnisse zu vermitteln und ihr Selbstbewusstsein zu stärken. Denn hinter dem in diesem Alter teilweise ostentativ zur Schau gestellten coolen und vermeintlich selbstsicheren Auftreten der Jugendlichen steht in den meisten Fällen ein sehr fragiles Selbstbild, insbesondere dann, wenn die individuellen Fähigkeiten nicht den Erwartungen und Ansprüchen an das Wunschbild des Selbst entsprechen. Schulische Misserfolgserlebnisse tun hier ein Übriges. Natürlich bleibt die Bedeutung der Schulnoten bei der Bewerberauswahl unangefochten. Allerdings kann es hier sinnvoll sein, ähnlich wie es in der Erwachsenenbildung und Personalentwicklung längst der Fall ist, darüber nachzudenken, wie man den Jugendlichen neben klassischen kognitiven Fähigkeiten auch verstärkt sogenannte Schlüsselkompetenzen und Selbstkompetenzen vermittelt, die ihnen in Bezug auf die erfolgreiche Gestaltung des eigenen Lebens hilfreich sein können.

3.3   Konsequenzen für ein zielgruppengerechtes Recruiting

Vorhandene Geschlechtsunterschiede in Bezug auf die Berufswahl akzeptieren Chancengleichheit für beide Geschlechter zu schaffen ist ein wichtiger gesellschaftspolitischer Auftrag. Allerdings sollte dieser nicht verwechselt werden mit einer Gleichmachung der Geschlechter. Es zeigt sich immer wieder, dass es Unterschiede in den Prioritäten der Angehörigen der beiden Geschlechter in Bezug auf verschiedene Aspekte gibt. Auch in den Ergebnissen dieser Studie finden sich deutliche Unterschiede hinsichtlich der bevorzugten Freizeitaktivitäten, der Traumberufe oder auch der Berufswahlmotive zwischen Jungen und Mädchen. Bei einer gezielten Ansprache der Jugendlichen im Rekrutierungsprozess sollten diese unterschiedlichen Motive auch zielgruppengerecht angesprochen werden. Wenn also Jungen eher durch technisch anspruchsvolle Arbeiten angesprochen werden und Mädchen lieber mit Menschen arbeiten wollen als Jungen, dann ist es sinnvoll, dies im Rekrutierungsprozess auch zu berücksichtigen. Keines der beiden Motive ist an sich mehr oder weniger wert. Vielmehr ist es unsere gesellschaftliche Deutung, die hier eine Wertung einbringt. Vielleicht ist es ein sinnvoller Ansatz, nicht davon auszugehen, dass die Geschlechter gleiche Interessen und Motive in Bezug auf eine Berufstätigkeit haben sollten, sondern statt dessen einfach die unterschiedlichen Berufswahlmotive der Geschlechter in gleicher Weise zu bewerten, in dem Sinne, dass eine technisch anspruchsvolle Tätigkeit, etwa in einem Handwerksberuf, nicht mehr oder weniger wert sein sollte als eine Tätigkeit im Dienstleitungsgewerbe, wie etwa der Beruf einer Friseurin.

Zielgruppengerechte Ansprache der Jugendlichen in der realen Welt Entsprechend dem Boom, den das Web 2.0 erfährt, und in Anbetracht der hohen Bedeutung der neuen Medien für Jugendliche wird viel Energie auf die Frage verwendet, wie diese Medien für eine zielgruppengerechte Ansprache der Unternehmen im Sinne des Bewerberrecruitings genutzt werden können. Dies ist sicherlich sinnvoll und berechtigt, allerdings rückt bei diesen Betrachtungen die Ansprache der Jugendlichen in der realen Welt oft etwas in den Hintergrund. Ebenso wie in der virtuellen Welt kommt es hier auf das Wie und Wo an. Die Ergebnisse der vorliegenden Studie verweisen auf die hohe Bedeutung der Schule als Informationsgeber für ausbildungsplatzrelevante Informationen, insbesondere auch für Jugendliche mit Migrationshintergrund. Hier wäre sicherlich ein guter Ort für eine gezielte Ansprache der Jugendlichen. Bleibt die Frage des Wie. Üblich wäre es, ein Bewerbertraining oder eine Bewerberberatung durch Fachleute aus den Unternehmen durchführen zu lassen, verbunden mit einer Vorstellung des Unternehmens bei der Zielgruppe. Diese auf Frontalunterricht ausgerichteten Angebote gibt es vor allem in Schulen, die einen mittleren Bildungsabschluss anbieten, bereits in großer Zahl. Hier wäre es sicherlich sinnvoll, bestehende Angebote durch solche zu ergänzen, die die Jugendlichen auf methodisch-didaktischer und inhaltlicher Ebene stärker ansprechen. Ein Beispiel hierfür ist das in Kap. 11 beschriebene Training sozialer Kompetenzen für männliche Jugendliche. Im Rahmen dieses Angebotes wird die Aneignung von Inhalten in spielerisch-entdeckender Form ermöglicht. Die Jugendlichen sind aktiv und nicht passiv-rezeptiv, sie sind in Bewegung und arbeiten in wechselnden Teams an für sie spannenden Aufgaben. Dabei werden sie von jugendarbeitserfahrenen Trainern angeleitet. Auch auf diese Weise kann sich ein Unternehmen bei den Jugendlichen bekannt machen und umgekehrt potentielle Bewerber kennen lernen. Bedenkt man zudem, wie wichtig es den Jugendlichen ist, später mit netten Kollegen und Chefs zusammenzuarbeiten, so ergibt sich in der direkten Interaktion im Rahmen eines solchen Angebotes eine Chance, das Unternehmen bei den Jugendlichen entsprechend zu platzieren. Hier ist es allerdings besonders wichtig, dass die Unternehmensrepräsentanten, die diese Angebote durchführen, im Hinblick auf die zielgruppengerechte Aufbereitung, Gestaltung und Umsetzung von Angeboten für Jugendliche geschult werden beziehungsweise alternativ jugendarbeitserfahrene Fachleute eingekauft werden.

Frühe Ansprache der Jugendlichen Die Ergebnisse der vorgestellten Studie weisen darauf hin, dass die Jugendlichen sich mit zunehmendem Alter immer stärker an Gleichaltrigen ausrichten und immer weniger an den Eltern. Die Jugendlichen werden also mit zunehmendem Alter zu einer immer „geschlosseneren Gesellschaft", zu der Erwachsene deutlich schwerer Zutritt erhalten. Im Hinblick auf die Ablösung vom Elternhaus als eine wichtige Entwicklungsaufgabe im Jugendalter macht dies natürlich Sinn. Aus Sicht der Unternehmen stellt diese Entwicklung eine Erschwernis bei der Ansprache von Jugendlichen im ausbildungsrelevanten Alter dar. Um dies zu umgehen, empfiehlt sich eine möglichst frühe Ansprache der Jugendlichen durch die Unternehmen. Dies ist auf sehr vielfältige Weise denkbar. Sinnvoll kann zum Beispiel ein stärkeres Engagement der Unternehmen in der Sportförderung sein. Vor allem für die jüngeren Jugendlichen (bis ca. 14 oder 15 Jahre) ist

Sport eine wichtige Freizeitaktivität. Hier können sich Unternehmen mit relativ geringem finanziellem Aufwand bei den Jugendlichen und auch deren Eltern sichtbar machen und erste Kontakte knüpfen. Gerade für kleine und mittelständische Unternehmen und solche, die eher regional agieren, ist dies eine vielversprechende Möglichkeit, früh in Kontakt mit dem Ausbildungsnachwuchs zu kommen.

Das Internet als Informationsplattform Die Ergebnisse der vorgestellten Studie weisen darauf hin, dass die Jugendlichen im Internet gezielt nach ausbildungsplatzrelevanten Informationen suchen. Dabei ist zu vermuten, dass Jugendliche die Informationen dann besser akzeptieren, wenn sie sie dort finden, wo man sie eher vermutet, zum Beispiel also auf den Webseiten der Unternehmen. Soziale Netzwerkseiten nutzen die Jugendlichen, um sich mit Freunden auszutauschen. Oft etwas verkrampft wirkende Initiativen der Unternehmen auf diesen Seiten werden meist nicht als authentisch wahrgenommen und zudem auch schnell von den Jugendlichen durchschaut. Auch die Jugendlichen unterliegen hier in ihrer Wahrnehmung bestimmten Stereotypen. Auch sie erwarten beispielsweise von einem Bankberater einen korrekten Kleidungsstil. Versuche, einen Bankschalter für Jugendliche einzuführen, mit jungen Beratern, die im Stil der Zielgruppe gekleidet waren, sind beispielsweise gescheitert, da die Jugendlichen diese Berater nicht als seriös und kompetent wahrgenommen haben. Vielleicht ist es in diesem Sinne eine Überlegung wert, wie die Webseiten der Unternehmen ansprechend für die Jugendlichen gestaltet werden können, anstatt mit den Unternehmensinformationen in die Kommunikationsplattformen der Jugendlichen vorzudringen.

Akzeptanz gegenüber neuen Medien Die hier vorgestellten Ergebnisse weisen darauf hin, dass die Jugendlichen, die das Internet sehr stark nutzen, also die Vielnutzer, eben nicht sozial auffällige Zocker und „Daddler" sind, sondern auch in der realen Welt sehr stark peerorientierte Individuen. Das Internet bietet ihnen – neben der realen Welt – anscheinend einfach eine andere Plattform, um sich mit ihren Freunden auszutauschen. Hier ist es wichtig, diesen neuen Nutzungstrend nicht negativ zu besetzen. Eine Fokusverschiebung hin zu der Frage, wie sich die durch dieses Verhalten erworbenen Kompetenzen und Fähigkeiten der Jugendlichen (wie etwa eine extrem hohe technische Kompetenz, sehr gute Fähigkeiten zum Netzwerken, eine schnelle Auffassungsgabe und ein hohes Reaktionsvermögen etc.) auch im Unternehmensalltag nutzen lassen, scheint hier sinnvoll.

Netzwerkrecruiting ausbauen Die Eltern und Freunde sind für die Jugendlichen sehr wesentliche Informationsquellen, wenn es um die Wahl eines Ausbildungsunternehmens geht. Nicht die Größe eines Unternehmens ist für die Jugendlichen entscheidend, sondern seine Reputation als Ausbildungsunternehmen. Hierzu gehört natürlich auch die Frage, welche Einstellung die Eltern und sozialen Bezugspersonen der Jugendlichen zu einem Unternehmen haben. Hier scheint es also sinnvoll, durch eine frühe und gezielte Ansprache der Eltern und Bezugspersonen, vor allem wenn diese bereits Mitarbeiter in einem Unternehmen sind, den Weg zu bereiten. Eine persönliche Empfehlung ist nach wie vor einer der wichtigsten Recruitingkanäle.

Engagement der Unternehmen in Angeboten der Jugendarbeit Neben einer Ansprache der Jugendlichen in der Schule ist natürlich auch ein Engagement der Unternehmen in der Jugendarbeit, evtl. in Kooperation mit Jugendzentren oder Jugendämtern, denkbar. Gerade im Freizeitbereich und in der Ferienarbeit wünschen sich die Jugendlichen mehr Angebote, die ihren Interessen entsprechen [9]. Eines der wichtigsten Themen für die Jugendlichen ist offensichtlich Musik. Hier sind also Angebote denkbar, in denen Jugendliche, zum Beispiel im Rahmen von Workshops, Musik machen können, bestimmte Tanzstile erlernen etc. Über diesen Weg ist es auch möglich, die Jugendlichen gezielt zu erreichen, die sich mit dem Übergang von der Schule in Ausbildung und Beruf schwerer tun. Ein Vorteil solcher Angebote sind ebenfalls relativ niedrige Kosten. Natürlich geht es hier nicht in erster Linie um berufswahl- und unternehmensbezogene Informationen. Es geht zunächst darum, einen Kontakt zu den Jugendlichen herzustellen und die Unternehmen in der Lebenswelt der Jugendlichen zu platzieren. Erst wenn das Interesse der Jugendlichen geweckt ist, können weitere Informationen zu Berufen und Unternehmen erfolgreich transportiert werden.

Insgesamt scheint eine frühe und persönliche Ansprache der Jugendlichen im oder zur Vorbereitung des Recruitingprozesses sinnvoll. Dabei sollten die gewählten Initiativen mit Angeboten verbunden werden, die die Jugendlichen thematisch und methodisch ansprechen und von denen die Jugendlichen, unabhängig von einem Rekrutierungserfolg, profitieren. Dabei ist ein konstantes und längerfristiges Engagement der Unternehmen statt kurzfristiger und punktueller Angebote sinnvoll und wünschenswert. Nur so kann es gelingen, ein positives Bild des Unternehmens bei den Jugendlichen aufzubauen und diesen dauerhaft präsent zu sein, auch dann, wenn es um die Wahl eines Ausbildungsunternehmens geht.

Literatur

1. Alderfer CP (1972) Existence, relatedness and growth – human needs in organizational settings. Free Press, New York
2. Coneus K, Gernandt J, Saam M (2011) Noncognitive skills, school achievements and educational dropout. Schmollers Jahrbuch J Appl Soc Sci Stud 131:1–22
3. Destatis (2009) Bevölkerungsentwicklung bis 2060
4. Heckman JJ, Rubinstein Y (2001) The importance of noncognitive skills: lessons from the GED testing program. http://www.econ-pol.unisi.it/bowles/Institutions%20of%20capitalism/heckman%20on%20ged.pdf. Zugegriffen: 10. März 2013
5. IDW Jahrgang 29/9. Januar 2003, Institut der deutschen Wirtschaft e. V. Köln, Dr. Hans-Dietrich Winkhaus et al. Ein üppiges Polster, Taschengeld
6. Krampen G (1991) Fragebogen zu Kompetenz- und Kontrollüberzeugungen (FKK). Hogrefe, Göttingen
7. Shell Jugendstudie (2010) Jugend 2010. Eine pragmatische Generation behauptet sich. Frankfurt a. M.

8. Sozialwissenschaftliches Institut der Bundeswehr (2006) Berufswahl Jugendlicher und Interesse an einer Berufstätigkeit bei der Bundeswehr. Ergebnisse der Jugendstudie 2006 des Sozialwissenschaftlichen Instituts der Bundeswehr. http://www.mgfa.de/html/einsatzunterstuetzung/downloads/forschungsbericht80.pdf?PHPSESSID=931748af0e86616800373655acaf2902. Zugegriffen: 13. März 2013
9. Unveröffentliche Jugendstudie der Stadt Bexbach (2009)

Teil III
Digital Natives am Übergang von Schule und Beruf

Mangelnde Ausbildungsreife – ein umstrittenes Thema

4

Verena Eberhard und Joachim Gerd Ulrich

Inhaltsverzeichnis

4.1   Einführung 49
4.2   Was ist Ausbildungsreife? 50
     4.2.1   Der Kriterienkatalog zur Ausbildungsreife 50
     4.2.2   Grenzen des Kriterienkataloges zur Ausbildungsreife 52
     4.2.3   Wie steht es um die Ausbildungsreife der Jugendlichen? 53
4.3   Zur praktischen Bedeutsamkeit von Ausbildungsreife 55
     4.3.1   Welche Rolle spielt Ausbildungsreife am Übergang in eine Berufsausbildung? ... 55
     4.3.2   Muss überhaupt etwas getan werden, um die Ausbildungsreife zu verbessern? ... 58
4.4   Zusammenfassung 60
Literatur 61

4.1   Einführung

Die Verhältnisse auf dem Ausbildungsstellenmarkt verändern sich. Fiel das Ungleichgewicht der letzten Jahre zuungunsten der Jugendlichen aus, bewirkt der demografische Wandel, dass Betriebe zunehmend mit Besetzungsschwierigkeiten zu kämpfen haben.

An vielen Stellen wird darauf verwiesen, dass diese Entwicklung die Chance berge, auch schwächere Jugendliche in die duale Ausbildung zu integrieren. Und auf den ersten Blick scheinen sich die Betriebe tatsächlich an die veränderten Bedingungen anzupassen. Der

V. Eberhard (✉) · J. G. Ulrich
Bundesinstitut für Berufsbildung, Arbeitsbereich 2.1, Robert-Schuman-Platz 3,
53175 Bonn, Deutschland
E-Mail: Eberhard@bibb.de

 J. G. Ulrich
E-Mail: Ulrich@bibb.de

W. Appel, B. Michel-Dittgen (Hrsg.), *Digital Natives*,
DOI 10.1007/978-3-658-00543-6_4, © Springer Fachmedien Wiesbaden 2013

Versorgungsgrad der Jugendlichen mit Ausbildungsplätzen steigt, und die kritischen Stimmen in Bezug auf die mangelnde Ausbildungsreife der Bewerber sind leiser geworden. Auch wenn sich die quantitativen Disparitäten verschieben, steht in Frage, ob damit die qualitativen Passungsprobleme zwischen den Anforderungen der Betriebe und den Qualifikationen der Jugendlichen verschwinden oder ob sie sich nicht sogar verschärfen werden.

Merkmale wie schriftliche und mündliche Ausdrucksfähigkeit werden von den Betrieben besser beurteilt als noch vor ein paar Jahren [2]. Dennoch ist die Kritik an den Bewerberqualifikationen nicht verschwunden. Insbesondere die geringen sozialen Kompetenzen der Jugendlichen werden moniert. Das Wort „Ausbildungsreife" ist somit auch in Zeiten des einsetzenden Bewerbermangels weiterhin omnipräsent.

Aber was heißt es eigentlich, ausbildungsreif zu sein? Haben die Betriebe Recht, wenn sie die mangelnde Ausbildungsreife beklagen? Ist die unzureichende Ausbildungsreife tatsächlich Ursache für schwierige und langwierige Übergänge in eine Berufsausbildung, so wie es häufig behauptet wird? Der vorliegende Beitrag versucht, sich dem Begriff Ausbildungsreife zu nähern und die Vielschichtigkeit dieses Konstrukts aufzuzeigen.[1]

4.2 Was ist Ausbildungsreife?

Der besonderen Aufmerksamkeit, die das Thema Ausbildungsreife erfährt, steht ein mehr als unbefriedigender Forschungsstand gegenüber. Obwohl der Begriff Ausbildungsreife allgegenwärtig ist, ist das Konzept kaum erforscht, und bis heute wird der Begriff uneinheitlich verwendet.

4.2.1 Der Kriterienkatalog zur Ausbildungsreife

Will man sich dem Konstrukt Ausbildungsreife nähern, so führt kein Weg an dem Kriterienkatalog zur Ausbildungsreife des Nationalen Paktes für Ausbildung und Fachkräftesicherung („Ausbildungspakt") vorbei.[2] Dieser wurde als Reaktion auf die uneinheitliche Verwendung des Begriffs Ausbildungsreife von einer Expertengruppe, bestehend aus Vertretern aus Wirtschaftsverbänden, Unternehmen, beruflichen Schulen, dem Bundesinstitut für Berufsbildung (BIBB), dem Psychologischen Dienst und der Berufsberatung der Bundesagentur für Arbeit (BA), erarbeitet.

---

[1] Der vorliegende Beitrag stellt eine Aktualisierung des 2012 in dem Lehrbuch „Berufsorientierung" von Brüggemann und Rahn erschienenen Aufsatzes „Ausbildungsreife als Ziel der Berufsorientierung" von Eberhard (2012) dar.

[2] Die Spitzenverbände der Wirtschaft schlossen sich 2004 mit der Bundesregierung und der BA zu diesem Pakt zusammen. Sein selbstgesetztes Ziel ist, die Ausbildungsreife der Jugendlichen zu fördern und jedem ausbildungswilligen und ausbildungsfähigen Jugendlichen ein Ausbildungsangebot zu unterbreiten (Nationaler Pakt für Ausbildung und Fachkräftenachwuchs, 2006).

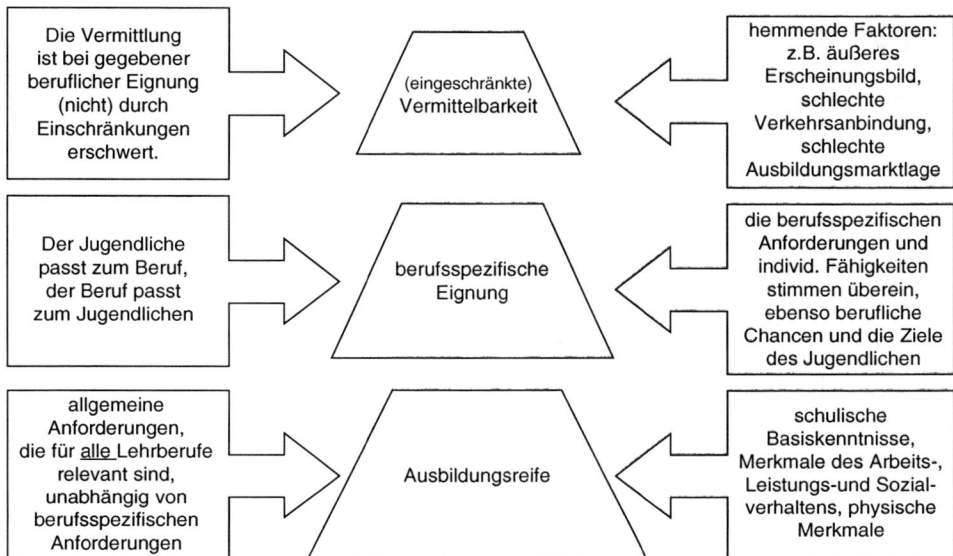

Abb. 4.1 Das Konzept der Ausbildungsreife, Berufseignung und Vermittelbarkeit. (Quelle: In Anlehnung an den Nationalen Pakt für Ausbildung und Fachkräftenachwuchs (2006, S. 12)

Grundlegend für die Ausbildungsreife-Definition des Ausbildungspaktes ist die hierarchische Unterscheidung zwischen den Konzepten Ausbildungsreife, Berufseignung und Vermittelbarkeit (siehe Abb. 4.1). Postuliert wird, dass sich Ausbildungsreife aus jenen Merkmalen der Bildungs- und Arbeitsfähigkeit zusammensetzt, welche für das erfolgreiche Absolvieren einer jeden Ausbildung zwingend erforderlich sind – ganz gleich, um welchen Beruf es sich handelt [12, 13].

Die erforderlichen Merkmale lassen sich zusammenfassend fünf Merkmalsbereichen zuordnen:
- schulische Basiskenntnisse (zum Beispiel Beherrschung der Rechtschreibung, mathematische Grundkenntnisse),
- psychologische Leistungsmerkmale (zum Beispiel logisches Denken, Merkfähigkeit),
- physische Merkmale (zum Beispiel Fähigkeit, einen Acht-Stunden-Tag zu bewältigen),
- psychologische Merkmale des Arbeitsverhaltens und der Persönlichkeit (zum Beispiel Sorgfalt, Durchhaltevermögen, Umgangsformen),
- Berufswahlreife (Selbsteinschätzungs- und Informationskompetenz).

Das Konzept der Ausbildungsreife abstrahiert demnach von den spezifischen Anforderungen einzelner Berufe. Diese sind analytisch unter dem Konzept der Berufseignung subsumiert. Eine Person bringt dann die Eignung für einen konkreten Beruf mit, „wenn sie über diejenigen Merkmale verfügt, die Voraussetzung für die jeweils geforderte berufliche Leistungshöhe sind. Wesentlich ist für die Eignung auch, ob ein Beruf, eine berufliche Tätigkeit oder eine berufliche Position Merkmale aufweist, die Voraussetzung für die berufliche Zufriedenheit einer Person sind"([12], S. 21).

Damit lässt sich die erforderliche Qualifikation der Ausbildungsstellensuchenden analytisch in zwei Komponenten splitten: a) in eine allgemeine Ausbildungsreife und b) in die berufsspezifische Eignung. Da die Ausbildungsreife dabei aber zugleich Teil der Berufseignung ist, gilt, dass für einen bestimmten Ausbildungsberuf geeignete Bewerber stets auch ausbildungsreif sind.

Ob ein Bewerber aber letztlich in eine Ausbildungsstelle einmündet, ist von der Vermittelbarkeit abhängig, welche u. a. von den spezifischen Bedingungen des Ausbildungsmarktes bestimmt wird. So kann ein Bewerber ausbildungsreif und für einen Ausbildungsberuf geeignet, jedoch nicht vermittelbar sein, weil beispielsweise die Zahl der Ausbildungsplätze unzureichend ist. Gründe für eine eingeschränkte Vermittelbarkeit können jedoch auch in der Person selbst oder ihrem Umfeld liegen (zum Beispiel individuelle Mobilitätshemmnisse wie fehlender Führerschein).

4.2.2 Grenzen des Kriterienkataloges zur Ausbildungsreife

Der Kriterienkatalog Ausbildungsreife bedeutet in formaler Hinsicht einen großen Fortschritt, da er klar zwischen Ausbildungsreife, Berufseignung und Vermittelbarkeit trennt und zudem konkrete Merkmale der Ausbildungsreife benennt. Allerdings muss auch festgehalten werden, dass die aufgeführten Ausbildungsreifekriterien lediglich die Sicht der damaligen Expertengruppe widerspiegeln. Ob die Merkmale tatsächlich die grundsätzliche Bildungs- und Arbeitsfähigkeit sicherstellen und allesamt für den erfolgreichen Übergang in eine Ausbildungsstelle zwingend erforderlich sind, darüber liegen keine empirischen Ergebnisse vor [4].

Dass es sich bei den Kriterien der Ausbildungsreife um Voraussetzungen handelt, die aufgrund hypothetischer Überlegungen identifiziert wurden, zeigen die Ergebnisse einer Befragung des BIBB aus dem Jahr 2005 [3]. Befragt wurden 482 Berufsbildungsexperten unterschiedlicher institutioneller Herkunft (zum Beispiel Vertreter von Arbeitgeberverbänden, Gewerkschaften oder Schulen). Den Befragungsteilnehmern wurde eine Liste von Einzelmerkmalen der Ausbildungsreife mit der Bitte vorgelegt, zu entscheiden,

- welche Merkmale für den Beginn einer jeden Ausbildung zwingend erforderlich sind – und zwar unabhängig vom Ausbildungsberuf (= Ausbildungsreife)
- und welche lediglich für bestimmte Berufe eine Voraussetzung sind (= als spezifischer Teil der Berufseignung).

Die Ergebnisse der Befragung zeigen zweierlei. Zum einen wichen die Befragten von den im Kriterienkatalog Ausbildungsreife definierten Merkmalsbereichen ab. Unter Ausbildungsreife subsumierten sie vor allem allgemeine Arbeits-, Leistungs- und Sozialtugenden (zum Beispiel Leistungsbereitschaft, Verantwortungsbewusstsein, Konzentrationsfähigkeit, Durchhaltevermögen). Was das Schulwissen angeht, konnten sich die Fachleute lediglich auf die Beherrschung der Grundrechenarten und das einfache Kopfrechnen als Teil der erforderlichen Ausbildungsreife verständigen. Bei der Prozent- und Dreisatzrechnung, der Beherrschung der deutschen Rechtschreibung und der mündlichen Ausdrucksfähigkeit war sich ein größerer Teil der Fachleute nicht mehr sicher, ob diese Dinge wirklich für alle Ausbildungsberufe wichtig sind. Relativ einig waren sich die Experten dagegen, dass schriftliche Ausdrucksfähigkeit, Grundkenntnisse der Flächen-, Längen- und Volumenberechnung, betriebswirtschaftliche Grundkenntnisse und Grundkenntnisse der englischen Sprache höchstens für einen Teil der Ausbildungsberufe wichtige Eingangsvoraussetzungen bilden und damit nicht zur Ausbildungsreife gehören. Zum anderen zeigt sich auch, dass innerhalb der Expertengruppe keine einheitliche Meinung darüber bestand, was unter Ausbildungsreife zu verstehen ist. Insbesondere zwischen Gewerkschafts- und Arbeitgebervertretern wichen die Vorstellungen voneinander ab, auch darüber, wie sich die Ausbildungsreife in den letzten Jahren entwickelt habe.

Auch andere Untersuchungen, wie zum Beispiel die von Müller und Rebmann [2], kommen zu ähnlichen Ergebnissen wie der BIBB-Expertenmonitor 2005. So werden unter Ausbildungsreife vor allem überfachliche Qualifikationen verstanden. Zudem werden in Abhängigkeit von den befragten Personen unterschiedliche Merkmale als Definitionskriterien benannt. Und auch Unternehmensbefragungen zeigen, dass je nach Branche der Befragten jeweils andere Merkmale als unverzichtbar für den Beginn einer Ausbildung erachtet werden ([2], S. 28).

4.2.3   Wie steht es um die Ausbildungsreife der Jugendlichen?

Oft wird behauptet, dass die mangelnde Ausbildungsreife für die gestiegenen Schwierigkeiten beim Übergang von der Schule in die Berufsausbildung verantwortlich ist. Aber kann tatsächlich aus den erschwerten Übergangsprozessen geschlossen werden, dass ein Großteil der heutigen Bewerber nicht ausbildungsreif ist? Ja, sagen die einen und beziehen sich auf das schlechte Abschneiden der deutschen Schüler bei PISA die Klagen der Betriebe sowie die Ergebnisse betrieblicher Einstellungstests[3], welche die Jugendlichen in keinem guten Licht erscheinen lassen. Nein, sagen die anderen und verweisen auf die erschwerten Bedingungen auf dem Ausbildungsstellenmarkt der letzten Jahre. Argumentiert wird, dass vor allem ein Mangel an Ausbildungsplätzen die Vermittelbarkeit der Bewerber erheblich

---

[3] Ein Überblick über Testergebnisse, welche als Belege einer mangelnden Ausbildungsreife gewertet werden, sowie eine kritische Auseinandersetzung mit diesen finden sich bei Eberhard [3] und Winkler [16].

eingeschränkt habe, während die gesunkene Ausbildungsreife der Schulabgänger nur eine geringe Rolle spiele.

Wer hat nun Recht? Diese Fragen zu beantworten ist schwierig, insbesondere, wenn man sich in Erinnerung ruft, dass Ausbildungsreife unterschiedlich verstanden wird und nur schwer zu messen ist.

Dass PISA Hinweise auf den Stand der Ausbildungsreife geben kann, stellen selbst Bildungsforscher in Frage. Sie geben zu bedenken, dass bisher ungeklärt ist, „welche Kompetenzniveaus den Mindeststandard der Ausbildungsreife kennzeichnen und welche Anforderungsniveaus mit berufsspezifischer Eignung für unterschiedliche Berufe verbunden sind" [15]. Zudem wird vermutet, dass mit PISA eher Kompetenzen getestet werden, die für die weitere allgemeine Bildung und nicht für den Übergang in die Berufsausbildung von Bedeutung sind [16]. Und was die Ergebnisse aus Einstellungstests betrifft, so ist ungeklärt, inwieweit diese tatsächlich die Ausbildungsreife und nicht die Berufseignung oder gar betriebsspezifische Eignungsvoraussetzungen abbilden [3]. So kommen Dobischat et al. [2] und Eberhard [3] zu dem Schluss, dass die Studien (zum Beispiel Unternehmensbefragungen, Eignungstests), die als Beleg für die mangelnde beziehungsweise gesunkene Reife herangezogen werden, lediglich eine eingeschränkte Aussagekraft besitzen.

Doch die Klagen der Betriebe wiegen schwer, denn „[o]bwohl die Belege für die These einer mangelnden ,Ausbildungsreife' zumeist nicht wissenschaftlichen Standards genügen, werden sie unkritisch übernommen und eben dort zur Legitimationsbeschaffung eingesetzt" ([2], S. 74). Und auch die Ergebnisse der BIBB-Expertenmonitorbefragung zeichnen ein schlechtes Bild.[4] So beobachteten die befragten Experten eher eine gesunkene Bewerberqualifikation, von der vor allem das Schulwissen betroffen ist. Fast alle Befragten waren davon überzeugt, dass die Beherrschung der deutschen Rechtschreibung, die schriftliche Ausdrucksfähigkeit und die Fähigkeit zum einfachen Kopfrechnen nachgelassen haben. Gleiches galt für die Beherrschung der Grundrechenarten, für die Fähigkeit zur Prozent- und Dreisatzrechnung und für geometrische Grundkenntnisse. Aber auch jenseits des Schulwissens sahen die Experten negative Veränderungen. So hatten ihrer Meinung nach die Konzentrationsfähigkeit, das Durchhaltevermögen, die Sorgfalt und die Höflichkeit abgenommen. Auffällig war, dass die von den Lehrern und Ausbildern aufgestellte Mängelliste besonders lang war. Mit anderen Worten: Gerade diese beiden Gruppen, die tagtäglich mit den Jugendlichen zu tun haben, urteilten besonders kritisch. Ein ähnliches Resultat geht aus der Untersuchung von Rebmann [11] hervor. Auch hier waren die Stimmen der Lehrer kritischer als die der Betriebe. Die Autorin erklärt den Befund damit, dass Betriebe mit einer Positivauswahl von Jugendlichen arbeiten, die den Sprung in die Ausbildung geschafft haben. Demgegenüber unterrichten Lehrer die Gesamtheit aller Jugendlichen und kommen auch mit schwächeren Personen in Kontakt.

---

[4] Die Befragungsteilnehmer wurden nicht nur gebeten, zu entscheiden, welche Merkmale zur Ausbildungsreife gehören (zum Beispiel Beherrschung der deutschen Rechtschreibung, Zuverlässigkeit), sondern sollten auch angeben, wie sich die vorgelegten Merkmale in den letzten 15 Jahren verändert hatten (Eberhard [3]).

4.3   Zur praktischen Bedeutsamkeit von Ausbildungsreife

„Obwohl die Frage, von wem, wie und nach welchen Kriterien die (mangelnde) ‚Ausbildungsreife' festgestellt wird, ungeklärt ist" ([2], S. 58), besitzt das Konstrukt Ausbildungsreife eine hohe praktische Relevanz. Jugendliche erhalten ein Label, das über ihren weiteren Bildungsweg entscheidet, ohne dass es eine wissenschaftliche Absicherung darüber gibt, was eigentlich Ausbildungsreife bedeutet beziehungsweise welche Kriterien eine ausbildungsreife Person auszeichnen. So werden Ratsuchende, die bei der Berufsberatung der BA vorstellig werden, im Zuge der beruflichen Eignungsprüfung in ausbildungsreife und nicht ausbildungsreife Personen eingeteilt[5]. Nicht ausbildungsreifen Jugendlichen wird der Bewerberstatus nicht zuerkannt. Stattdessen wird ihnen empfohlen, eine berufsvorbereitende Maßnahme zu beginnen. Wie valide die Entscheidungen sind, dafür gibt es keine Hinweise.

Ein weiteres Beispiel stellen die Reformen einiger Bundesländer für den Übergangsbereich Schule–Beruf dar, da sie auf der Unterscheidung zwischen ausbildungsreifen und nicht ausbildungsreifen Jugendlichen fußen. In Hamburg beispielsweise ist geregelt, dass ausbildungsreife Jugendliche ein Ausbildungsplatzangebot erhalten und ausschließlich nicht-ausbildungsreife Schulabgänger eine Übergangsmaßnahme[6] beginnen. Nicht-ausbildungsreife Personen, die durch eine teilqualifizierende Bildungsmaßnahme zur Ausbildungsreife geführt wurden, sollen nach Abschluss der Maßnahme ein Ausbildungsplatzangebot erhalten. Wann ein Jugendlicher jedoch als ausbildungsreif gilt und wie Ausbildungsreife gemessen werden soll, ist (noch) nicht festgelegt.

4.3.1   Welche Rolle spielt Ausbildungsreife am Übergang in eine Berufsausbildung?

Welche Rolle spielt nun die Ausbildungsreife beim Übergang in eine Berufsausbildung? Glaubt man den Aussagen des Nationalen Paktes für Ausbildung und Fachkräftenachwuchs, dann ist Ausbildungsreife mit einer Ausbildungsplatzgarantie gleichzusetzen, denn es wird stets betont, dass jedem ausbildungswilligen und ausbildungsreifen Jugendlichen ein Angebot auf Ausbildung unterbreitet werde. Das heißt, scheitern Jugendliche beim

---

[5] Die BA untersucht lediglich indirekt die Ausbildungsreife der Ratsuchenden, indem sie überprüft, ob die Personen für den gewünschten Ausbildungsberuf geeignet sind. Diese Prüfung ist erforderlich, da die BA den gesetzlichen Auftrag hat, nur jene Jugendliche als Bewerber zu unterstützen, bei denen die Voraussetzungen bzw. die Eignung für den Beruf gegeben sind. Da die Ausbildungsreife jedoch der Berufseignung vorausgeht, sind geeignete Bewerber gleichzeitig als ausbildungsreife Personen zu betrachten.

[6] Unter Übergangsmaßnahmen werden teilqualifizierende Bildungsgänge verstanden, die nicht zu einem Berufsabschluss führen, sondern auf eine Berufsausbildung vorbereiten sollen (Konsortium Bildungsberichterstattung 2006). Beispiele für teilqualifizierende Maßnahmen sind das Berufsvorbereitungsjahr oder die berufsvorbereitenden Maßnahmen der BA.

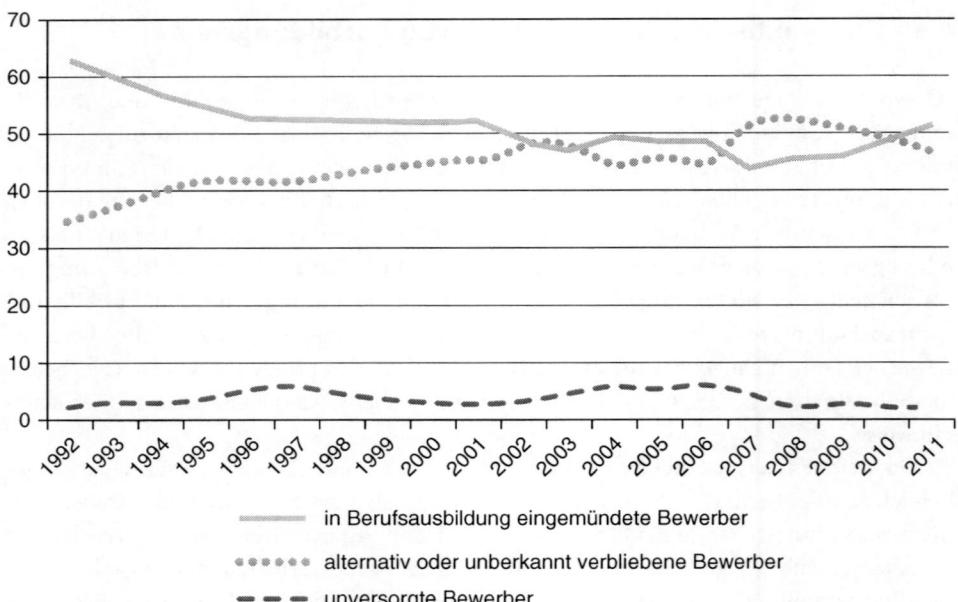

Abb. 4.2 Verbleib der bei der BA gemeldeten Ausbildungsstellenbewerber von 1992 bis 2010. (Quelle: Bundesagentur für Arbeit, eigene Berechnung)

Übergang, dann sollten die Ursachen in ihrer Person liegen. Die Ergebnisse der Ausbildungsmarktstatistik der BA sprechen aber eine andere Sprache. Die Statistik gibt Auskunft darüber, wie erfolgreich der Ausbildungsvermittlungsdienst der Arbeitsverwaltung war. Diese Dienste können alle Jugendlichen in Anspruch nehmen, die in Deutschland an einer dualen Berufsausbildung interessiert sind und von den Beratungsstellen als ausbildungsreif und geeignet befunden werden, in den jeweils angestrebten Berufen eine Ausbildung zu beginnen. Am Ende des Ausbildungsvermittlungsjahres (30. September) wird erfasst, wie diese unterstützten Jugendlichen verblieben sind.

Abbildung 4.2 zeigt im Zeitverlauf von 1992 bis 2011, welche Verbleibe zum Ende des Vermittlungsjahres am 30.09. für Bewerber registriert wurden[7]. Deutlich wird, dass seit 1992 der Anteil der Ausbildungsstellenbewerber, die in eine Berufsausbildungsstelle einmündeten, gesunken ist. Begannen 1992 noch mehr als 60 % der Bewerber eine Ausbildung, mündet seit 2002 gerade einmal die Hälfte in eine Berufsausbildung ein. Zwar nimmt der Anteil der einmündenden Bewerber seit 2007 wieder zu, erreicht aber nicht das Niveau der frühen 1990er-Jahre. Zu beobachten ist stattdessen, dass seit 1992 ein wach-

---

[7] In Abb. 4.2 werden aus Gründen der Übersichtlichkeit nur drei unterschiedliche Verbleibsformen unterschieden. Grundsätzlich weist die BA aber weitere Verbleibsgruppen aus. So wird innerhalb der Gruppe der alternativ verbliebenen Bewerber zwischen unbekannt verbliebenen Bewerbern, alternativ verbliebenen Bewerbern ohne weiteren Vermittlungswunsch sowie alternativ verbliebenen Bewerbern mit weiterem Vermittlungswunsch unterschieden.

sender Teil der Bewerber eine Ausbildungsalternative (zum Beispiel weiterer Schulbesuch, Jobben) aufnimmt oder unbekannt verbleibt. In diesem Zusammenhang stieg auch der Anteil der Bewerber, die in Maßnahmen des Übergangssystems einmündeten. Sie wurden somit von teilqualifizierenden Bildungsgängen aufgefangen, die nicht zu einem Berufs- abschluss, sondern zur Ausbildungsreife führen sollen (zum Beispiel berufsvorbereitende Maßnahmen der BA) – und damit just zu einem Bildungsstand, der den Jugendlichen schon längst attestiert worden war. Der Nutzen dieser Maßnahmen bestand somit vor al- lem darin, die Jugendlichen irgendwo aufzufangen beziehungsweise „zu versorgen". Damit gelang es zumindest, den Anteil der „unversorgten" Bewerber, also jener Bewerber, die we- der in eine Alternative noch in eine Ausbildung einmündeten, stets unter die 10 %-Marke zu drücken.[8] Zwar nimmt im Zuge des demografischen Wandels die quantitative Bedeu- tung des Übergangssystems wieder ab, es dürfte aber auch künftig ungeachtet aller aktuel- len Reformbestrebungen in verschiedenen Bundesländern nicht völlig verschwinden [7].

Da in der jüngsten Vergangenheit für einen großen Teil der registrierten Bewerber kei- ne Einmündung in eine vollqualifizierende Ausbildung verbucht werden konnte, scheint die attestierte Ausbildungsreife für den Zugang in eine Ausbildungsstelle also doch nicht hinreichend zu sein. Wie ist dieses Ergebnis zu deuten?

Dass sich die meisten der Bewerber, die nicht in eine Berufsausbildung einmündeten, freiwillig gegen diese und aus eigenen Stücken für einen alternativen Verbleib entschieden haben könnten, widerlegen die Ergebnisse von schriftlich-postalischen Repräsentativbe- fragungen der gemeldeten Ausbildungsstellenbewerber, die sogenannten BA/BIBB-Be- werberbefragungen[9]. Wie auch die Vorgängeruntersuchungen, so zeigen die Ergebnisse der jüngsten BA/BIBB-Bewerberbefragung aus dem Jahr 2010, dass ein Großteil der Be- werber trotz erheblicher Bemühungen unfreiwillig in eine Ausbildungsalternative (zum Beispiel Jobben, Arbeit, berufsvorbereitende Maßnahme) eingemündet ist. Nachgewiesen wurde zudem, dass die Ausbildungschancen der Bewerber wesentlich von den regionalen Ausbildungsmarktverhältnissen beziehungsweise von der Struktur des regionalen Ausbil- dungsstellenangebots bestimmt werden [8].

Wenn dem aber so ist, warum wurde dann vom Nationalen Pakt für Ausbildung und Fachkräftesicherung stets an der These festgehalten, jedem ausbildungsreifen und ausbil- dungswilligen Jugendlichen könne ein Angebot auf Ausbildung unterbreitet werden, und warum wurden stets massive Zweifel an der Ausbildungsreife der Bewerber geäußert?

Eberhard und Ulrich [5, 6] führen dies auf den Legitimationsdruck zurück, dem die Akteure des Berufsbildungssystems ausgesetzt sind. So gibt es in Deutschland einen brei- ten bildungspolitischen Konsens, dass grundsätzlich keine Jugendlichen von der Möglich- keit ausgeschlossen sein dürfen, sich beruflich zu qualifizieren und darüber ihre gesell-

---

[8] Eine ausführliche Auseinandersetzung mit der Ausbildungsmarktstatistik, mit der Diskussion um mangelnde Ausbildungsreife und mit den Aussagen des Nationalen Pakts für Ausbildung und Fach- kräftesicherung findet sich bei Eberhard und Ulrich [5, 6].

[9] Weitere Informationen zu den BA/BIBB-Bewerberbefragungen sind abrufbar unter: http://www. bibb.de/de/wlk30081.htm.

schaftliche Teilhabe zu sichern. Die Rechtmäßigkeit des Anspruchs auf Berufsausbildung wurde 1980 vom Bundesverfassungsgericht dadurch unterstrichen, dass es im Falle einer Lehrstellenknappheit eine gesetzlich geregelte, zeitlich befristete Ausbildungsplatzumlage zur Finanzierung zusätzlicher Ausbildungsplätze für verfassungskonform erklärte. Gegen die Einführung einer solchen Ausbildungsplatzumlage hat sich die Wirtschaft bisher erfolgreich gewehrt.[10] Als diese 2004 in Folge eines starken Rückgangs an angebotenen Ausbildungsplätzen erneut drohte, konnte sie durch die Gründung des Nationalen Pakts für Ausbildung und Fachkräftenachwuchs verhindert werden. Denn dieser hatte sich dazu verpflichtet, das Ausbildungsplatzangebot zu erhöhen und jedem ausbildungswilligen und ausbildungsfähigen Jugendlichen ein Angebot auf Ausbildung zu unterbreiten.

Um die Legitimation der bestehenden Zugangsregeln in das Berufsbildungssystems nicht zu gefährden, durften, so Eberhard und Ulrich [5, 6], schlechte Übergangschancen von Bewerbern primär nicht mit einem unzureichenden Ausbildungsplatzangebot in Verbindung gebracht werden. Aus diesem Grund wurden sie vor allem mit der unzureichenden Ausbildungsreife der Schulabgänger begründet. Dies führte jedoch dazu, dass selbst offiziell ausbildungsreife Bewerber, die keine Ausbildungsstelle erhalten hatten, in teilqualifizierende Maßnahmen einmündeten. Ein Mangel an Ausbildungsstellen wurde somit nicht sichtbar, denn alternativ verbliebene Bewerber werden nicht als „unversorgte Bewerber" gezählt – selbst dann nicht, wenn für sie die Vermittlungsbemühungen offiziell weiterlaufen [3].

4.3.2   Muss überhaupt etwas getan werden, um die Ausbildungsreife zu verbessern?

Wenn es nun keine validen Daten zum Stand der Ausbildungsreife der Jugendlichen gibt und die Klagen über eine mangelnde Ausbildungsreife in Verdacht stehen, auch interessenpolitisch motiviert zu sein, bedeutet dies dann, dass das Thema mangelnde Ausbildungsreife obsolet ist? Dass es wenig sinnvoll ist, über Verbesserungsmöglichkeiten der Bewerberqualifikationen zu sprechen? Die Antwort lautet ganz klar nein, denn die Klagen der Betriebe müssen ernst genommen werden. Es ist unbestritten, dass es Jugendliche gibt, die Schwierigkeiten beim Übergang von der Schule in die Berufsausbildung haben, weil es ihnen an bestimmten Qualifikationen mangelt. Für nicht ausbildungsreife Jugendliche sind teilqualifizierende Bildungsangebote zur Herstellung der Ausbildungsreife durchaus

---

[10] Auch viele staatliche Stellen stehen einer Ausbildungsplatzabgabe kritisch gegenüber. Dies mag vor allem daran liegen, dass sie allein aus Kostengründen daran interessiert sind, weiterhin den Großteil der Schulabgänger über die Betriebe zu qualifizieren, und gegenüber größeren systemischen Eingriffen vorsichtig sind. Es ist aber nicht klar, welche langfristigen Folgen Zwangsmaßnahmen wie die Ausbildungsplatzabgabe für die Ausbildungsmotivation der Betriebe hätten. Nicht auszuschließen ist, dass sie sich gegen den Eingriff in ihre Entscheidungsautonomie wehren und sich aus ihrer aktiven Ausbildungsbeteiligung zurückziehen. Die langfristigen Ausbildungskosten der Umlagefinanzierung könnten damit für den Staat deutlich höher ausfallen als der kurzfristige Nutzen.

wichtig. Und wichtig ist zudem, die Jugendlichen bereits während der Schulzeit auf den Übergang in eine Berufsausbildung vorzubereiten.

Was kann also getan werden, um die Ausbildungsreife der Schulabgänger zu verbessern? Und wer ist verantwortlich dafür?

Im Rahmen der Expertenmonitorbefragung zum Thema Ausbildungsreife gaben fast alle befragten Berufsbildungsexperten an (94 %), dass die Entwicklung von Ausbildungsreife Aufgabe der allgemeinbildenden Schule sei [3]. In diesem Zusammenhang wurden eine stärkere Praxisorientierung sowie eine bessere Vermittlung von Schlüsselqualifikationen gefordert. Teilweise geschieht dies bereits. So gehören Praktika mittlerweile zum Standardprogramm, da sie für die Schüler der Sekundarstufe I verpflichtend sind, und im Rahmen des kommunalen Übergangsmanagements, aber auch weiterer, neu aufgelegter Programme werden allgemeinbildende Schulen verstärkt in die Berufsorientierung einbezogen [10]. Künftig wäre auch denkbar, in allen allgemeinbildenden Schulen ein eigenständiges Fach Berufsorientierung einzuführen. Nach Meinung von Berufsbildungsexperten könnte sich dies als förderlich am Übergang Schule–Berufsausbildung erweisen [1].

Klein und Schöpper-Grabe [9] sehen ebenfalls vor allem die allgemeinbildende Schule in der Verantwortung. Weil weder in den Lehrplänen noch anhand von Mindestkompetenzen festgelegt sei, „was Grundbildung im Sinne der Ausbildungsreife ist", sei die Ausbildungsreife so gering ([9], S. 6). Aus diesem Grund fordern die Autoren die Etablierung von schulformunabhängigen und fächerübergreifenden Mindeststandards, wobei diese an den Ansprüchen von Unternehmen zu orientieren seien. Dobischat et al. [2] sprechen sich allerdings strikt dagegen aus. Zum einen seien die Aussagen der Unternehmen über die gesunkene Ausbildungsreife lediglich Ausdruck eines mangelnden Passungsverhältnisses zwischen den Einstellungsvoraussetzungen der Unternehmen und den fachlichen, persönlichen und sozialen Kompetenzen der Ausbildungsstellenbewerber und sagten daher nichts über eine generelle mangelnde Ausbildungsreife von Schulabgängern aus ([2], S. 29). Des Weiteren dürfe Ausbildungsreife kein funktionalistischer Begriff aus der Deutungsmacht der Betriebe sein, der alleine auf die Verwertbarkeit ausgerichtet ist. Vielmehr müssten andere Bildungsziele wie zum Beispiel die Persönlichkeitsentwicklung eine Rolle spielen [2].

Diese Forderung verweist indirekt auf die Rolle weiterer Sozialisationsagenten, die für die Entwicklung der Jugendlichen von Bedeutung sind. Gemeint sind hier vor allem die Eltern. Viele der im Kriterienkatalog zur Ausbildungsreife genannten Merkmale beziehen sich auf allgemeine Tugenden des Alltags- und Sozialverhaltens, die bereits in frühen Kindheitsphasen eingeübt werden (zum Beispiel Durchhaltevermögen, Frustrationstoleranz, Kommunikationsfähigkeit, Leistungsbereitschaft, Sorgfalt, Verantwortungsbewusstsein, Zuverlässigkeit, Umgangsformen). Die meisten Experten des BIBB-Expertenmonitors glauben jedoch, dass sich die Bedingungen in den Familien zum Erwerb solcher Tugenden verschlechtert hätten. Viele Kinder seien in ihren Familien zu sehr sich selbst überlassen, und die Einübung von Selbstorganisationsfähigkeiten und Sozialtugenden finde nicht mehr ausreichend statt. Die Experten führten negative Veränderungen in der Ausbildungsreife der Jugendlichen dementsprechend vor allem auf solche Veränderungen in den Familien und weniger auf Veränderungen in den Schulen zurück. Gleichwohl habe die Schule die Aufgabe, auch Kinder aus schwierigen familiären Verhältnissen zur Ausbildungsreife zu führen. Deshalb sei es auch erforderlich, mehr Lehrerfortbildungen in Hinblick auf die Berufswelt durchzuführen.

4.4 Zusammenfassung

Am Ende dieses Beitrages kann festgehalten werden, dass trotz der Erarbeitung des Kriterienkatalogs zur Ausbildungsreife der Sprachgebrauch und das Verständnis des Begriffs Ausbildungsreife weiterhin uneinheitlich sind. Das bedeutet jedoch auch, dass Aussagen über die Ausbildungsreife stets etwas Unterschiedliches meinen können, je nachdem, wer sie äußert. Zudem fehlen immer noch gesicherte Erkenntnisse darüber, welche Fähigkeiten und Fertigkeiten den Jugendlichen einen erfolgreichen Einstieg in eine Lehre ermöglichen. Es ist also immer noch zu wenig bekannt über die Ausbildungsreife, ihre Merkmale und praktischen Implikationen. Erschwerend kommt hinzu, dass das Argument der fehlenden Ausbildungsreife auch interessenpolitisch genutzt wird, so dass nicht klar wird, wie groß das Problem um die mangelnde Ausbildungsreife der Schulabgänger tatsächlich ist. Bei der Debatte um die mangelnde Ausbildungsreife der Schulabgänger müssen daher stets zwei Ebenen unterschieden werden: eine interessenpolitische Ebene, auf der das Argument der mangelnden Ausbildungsreife genutzt wird, um den Umfang des aktuellen Ausbildungsplatzangebots legitimieren zu können, sowie eine Ebene, bei der es um die während eines betrieblichen Ausbildungseinstiegs nicht behebbaren Qualifikationsdefizite von Schulabgängern geht.

Spannend bleibt die Frage, wie sich die Diskussion um die Ausbildungsreife der Jugendlichen entwickeln wird. Aufgrund der demografischen Entwicklung und eines steigenden Ersatzbedarfs der Betriebe infolge von Verrentungen ist mit einer verbesserten Versorgungslage mit betrieblichen Lehrstellen zu rechnen. Der Legitimationsdruck in Hinblick auf das bereitgestellte Ausbildungsplatzangebot nimmt somit ab. Und tatsächlich wird die Kritik an der fehlenden Ausbildungsreife der Schulabgänger bereits leiser. Stattdessen wächst die Sorge um den Nachwuchsmangel, und die Wirtschaftsverbände denken verstärkt darüber nach, wie auch benachteiligte Jugendliche für eine Berufsausbildung gewonnen werden können. Schober bringt diese Situationsabhängigkeit der Debatte um die mangelnde Ausbildungsreife auf den Punkt, indem sie schreibt, dass die Klagen über die mangelnde Ausbildungsreife „eher etwas über den Gemütszustand derer aussagen, die solche Klagen führen, als über tatsächlich vorhandene Fähigkeiten, Kenntnisse und Kompetenzen junger Menschen" ([14], S. 2).

Literatur

1. Autorengruppe BIBB/Bertelsmann Stiftung (2011) Reform des Übergangs von der Schule in die Berufsausbildung. Aktuelle Vorschläge im Urteil von Berufsbildungsexperten und Jugendlichen (Wissenschaftliche Diskussionspapiere, Heft 122). Bundesinstitut für Berufsbildung, Bonn
2. Dobischat R, Kühnlein G, Schurgatz R (2012) Ausbildungsreife – Ein umstrittener Begriff beim Übergang Jugendlicher in eine Berufsausbildung (Bildung und Qualifizierung, Arbeitspapier 189). Hans-Böckler-Stiftung, Düsseldorf
3. Eberhard V (2006) Ausbildungsreife – ein Konstrukt im Spannungsfeld unterschiedlicher Interessen (Wissenschaftliche Diskussionspapiere, Heft 83). Bundesinstitut für Berufsbildung, Bonn
4. Eberhard V (2012) Der Übergang von der Schule in die Berufsausbildung. Ein ressourcentheoretisches Modell zur Erklärung der Übergangschancen von Ausbildungsstellenbewerbern. Bertelsmann Verlag, Bielefeld
5. Eberhard V, Ulrich JG (2010) Übergänge zwischen Schule und Berufsausbildung. In: Bosch G, Krone S, Langer D (Hrsg) Das Berufsbildungssystem in Deutschland: aktuelle Entwicklungen und Standpunkte. VS-Verlag für Sozialwissenschaften, Wiesbaden, S 133–164
6. Eberhard V, Ulrich JG (2011) „Ausbildungsreif" und dennoch ein Fall für das Übergangssystem? Institutionelle Determinanten des Verbleibs von Ausbildungsstellenbewerbern in teilqualifizierenden Bildungsgängen. In: Krekel EM, Lex T (Hrsg) Neue Jugend? Neue Ausbildung? Beiträge aus der Jugend- und Bildungsforschung. Bertelsmann, Bielefeld, S 97–112
7. Heister et al (2012) Schwerpunktthema: Übergänge von der Schule in die Ausbildung. In: Bundesinstitut für Berufsbildung (Hrsg) Datenreport zum Berufsbildungsbericht 2012. Bundesinstitut für Berufsbildung, Bonn, S 373–394
8. Kath F (1999) Finanzierung der Berufsausbildung im dualen System. Probleme und Lösungsvorschläge. In: Arbeitsgemeinschaft Berufliche Bildung (Hrsg) Hochschultage Berufliche Bildung 1998. Workshop Kosten, Finanzierung und Nutzen beruflicher Bildung. Kieser-Verlag, Neusäß, S 99–110
9. Klein HE, Schöpper-Grabe S (2012) Was ist Grundbildung? Bildungstheoretische und empirische Begründung von Mindestanforderungen an die Ausbildungsreife (Forschungsberichte aus dem Institut der deutschen Wirtschaft Köln Nr. 76). Institut der deutschen Wirtschaft, Köln
10. Kracke B, Hany E, Driesel-Lange K, Schindler N (2011) Anregung zur eigenständigen Zukunftsplanung? Angebote der schulischen Studien- und Berufswahlvorbereitung aus Sicht von Jugendlichen. In: Krekel EM, Lex T (Hrsg) Neue Jugend, neue Ausbildung? Beiträge aus der Jugend- und Bildungsforschung. Bertelsmann Verlag, Bielefeld, S 79–93
11. Müller S, Rebmann K (2008) Ausbildungsreife von Jugendlichen im Urteil von Lehrkräften. Zeitschrift für Berufs- und Wirtschaftspädagogik 104(4):573–589
12. Müller-Kohlenberg L, Schober K, Hilke R (2005) Ausbildungsreife – Numerus clausus für Azubis? Berufsbildung. Wissenschaft und Praxis 34:19–23
13. Nationaler Pakt für Ausbildung und Fachkräftenachwuchs in Deutschland (2006) Kriterienkatalog Ausbildungsreife. Bundesagentur für Arbeit, Nürnberg
14. Schober K (2006) Ausbildungsreife – Mehr als ein Modethema? Berufsbildung 102:2
15. Trautwein U, Lüdtke O, Becker M, Neumann M, Nagy G (2008) Die Sekundarstufe I im Spiegel der empirischen Bildungsforschung: Schulleistungsentwicklung, Kompetenzniveaus und die Aussagekraft von Schulnoten. In: Schlemmer E, Gerstenberger H (Hrsg) Ausbildungsfähigkeit im Spannungsfeld zwischen Wissenschaft, Politik und Praxis. VS Verlag für Sozialwissenschaften, Wiesbaden, S 91–107
16. Winkler M (2008) Ausbildungsfähigkeit – ein pädagogisches Problem? In: Schlemmer E, Gerstberger H (Hrsg) Ausbildungsfähigkeit im Spannungsfeld zwischen Wissenschaft, Politik und Praxis. VS Verlag für Sozialwissenschaften, Wiesbaden, S 69–90

Irrungen und Wirrungen bei Schülern und Unternehmen

Ausgewählte Ergebnisse der bundesweiten Schülerbefragung 2012 der STRIMacademy in Deutschland

Volker Mayer

Inhaltsverzeichnis

5.1	Vorbemerkung	64
5.2	Einleitung	65
5.3	Employer Branding	66
	5.3.1 Unternehmensperspektive	66
	5.3.2 Schülerperspektive	66
	5.3.3 Zwischenfazit zu Employer Branding	69
5.4	Personalmarketing	69
	5.4.1 Unternehmensperspektive	69
	5.4.2 Schülerperspektive	70
	5.4.3 Zwischenfazit zu Personalmarketing	71
5.5	Active Sourcing	72
	5.5.1 Unternehmensperspektive	72
	5.5.2 Schülerperspektive	73
	5.5.3 Zwischenfazit zu Active Sourcing	73
5.6	Recruiting	74
	5.6.1 Unternehmensperspektive	74
	5.6.2 Schülerperspektive	74
	5.6.3 Zwischenfazit zu Recruiting	75
5.7	Ausblick	75
	5.7.1 Human Capital Facts	76
	5.7.2 Analytical HR	76
	5.7.3 Human Capital Investment Analysis	77
	5.7.4 Workforce Forecasts (Predictive Analytics)	77

V. Mayer (✉)
An der Morgenröte 8a,
68305 Mannheim, Deutschland
E-Mail: volker.mayer@strimgroup.com

W. Appel, B. Michel-Dittgen (Hrsg.), *Digital Natives*,
DOI 10.1007/978-3-658-00543-6_5, © Springer Fachmedien Wiesbaden 2013

    5.7.5   Talent Value Model 77
    5.7.6   Talent Supply Chain 78
5.8   Schlussbemerkung 78
Literatur 78

5.1 Vorbemerkung

Seit dem Jahr 2009 führt die STRIMacademy jährliche, bundesweite Schülerbefragungen in Deutschland durch. Mit-Initiatoren dieser Befragung waren im DAX30 gelistete Unternehmen, denen es darum ging, folgende Leitfragen zu beantworten:

- Stimmen die Erwartungen von Schulabgängern mit der realen Arbeitswelt und den wirklichen Inhalten einer Ausbildung überein?
- Wer oder was hat den größten Einfluss auf Schülerinnen und Schüler bei der Berufswahl?
- Was wünschen sich zukünftige Auszubildende von ihrem ausbildenden Unternehmen?
- Stellen ausbildende Unternehmen ausreichend Informationen zur Berufsorientierung zur Verfügung?
- Wie kann sich ein Unternehmen möglichst attraktiv präsentieren?
- Sind aktuelle Marketing- und Rekrutierungskanäle auf die Zielgruppe ausgerichtet? Welche Rolle spielen hierbei soziale Netzwerke?
- Was erwarten Unternehmen von ihren zukünftigen Auszubildenden und welche Rollen können, müssen und wollen Schulen hierbei spielen?
- Wird der Einfluss von Schulen bei der Berufsorientierung und Berufswahl positiv genutzt? Kann man durch Anpassung des Lehrplans zum Beispiel mehr Interesse an naturwissenschaftlichen Fächern fördern?

Der Online-Fragebogen, der gemeinsam mit diesen Unternehmen entwickelt wurde und jeweils Mitte Januar eines Jahres von der STRIMacademy zur Verfügung gestellt wird, enthält 30 Fragen, unterteilt in mehrere Kategorien:

- Allgemeine Angaben zu Alter, Postleitzahl, Jahrgangsstufe, Berufswünschen und Schulform.
- Angaben zur Arbeitgeberattraktivität, Erwartungen an zukünftige Arbeitgeber, Erfahrungen und Präferenzen aus verschiedenen Bewerbungsverfahren.
- Eindrücke von den Unternehmen: Unternehmenswerte, Qualität der von den Unternehmen bereitgestellten Informationen, Differenzierung nach Berufsgruppen, Affinität zu den Unternehmen.
- Konkrete Fragen zur schulischen Vorbereitung auf das Berufsleben, z. B. in Bezug auf Softskills, Qualifikationen und Bewerbungstraining.

Der Link zum Fragebogen wurde über zahlreiche Onlinekanäle, Schulen und Unternehmensnetzwerke deutschlandweit publiziert. Im Verlauf der Datenerhebung konnten ca. 3.000 Datensätze erhoben werden. Das durchschnittliche Alter der befragten Schülerinnen und Schüler lag bei rund 16 Jahren. Das Verhältnis zwischen weiblichen und männlichen Teilnehmern war ausgeglichen. Im Vordergrund standen Schüler, die sich mit dem Thema Berufseinstieg befassen, also Schüler der achten bis dreizehnten Jahrgangsstufe aller Schulformen. Am häufigsten beteiligten sich die Schüler der neunten und zehnten Klassen.

Die Antworten der Schülerinnen und Schüler wurden in den Monaten Juni und Juli 2012 aufbereitet, statistisch ausgewertet und in einer Studie publiziert.

5.2   Einleitung

Die Professionalisierung der Berufsausbildung ist sowohl aus volkswirtschaftlicher als auch aus betriebswirtschaftlicher Perspektive längst ein Muss [8]. Denn letztendlich geht es darum, Talente in ausreichender Zahl mit den richtigen Fähigkeiten zu identifizieren, zu qualifizieren und in Unternehmen einzubinden, um die Produktivität sowie die Innovationsfähigkeit zu erhalten und, wo immer möglich, auszubauen.

Ein „Weiter so!" kann es also nicht geben. Vielmehr sind aufgrund der in diesem Buch behandelten Einflussfaktoren verschiedene Fragen zu klären, wie zum Beispiel:

- Welche externen Faktoren beeinflussen unser Geschäft?
- Wie können wir die Tendenzen für uns sicht- und nutzbar machen?
- Welche Fähigkeiten sind für unseren Erfolg verantwortlich? Welche dieser Fähigkeiten können wir ausbauen, um auch in Zukunft erfolgreich zu sein?
- Welche neuen Fähigkeiten müssen wir entlang strategischer Stoßrichtungen ausbauen bzw. neu aufbauen?
- Wie können verschiedene Analysen zu einem Gesamtüberblick zusammengefasst werden?
- Welche Werte und Normen sind für uns maßgeblich?
- Wer ist unsere Zielgruppe, wer sind unsere Bewerber?
- Welche Bewerbertypen wollen wir für unsere Berufsausbildung gewinnen?
- Wen wollen und sollen wir mit unseren Marketingaktivitäten erreichen?

Zur Beantwortung dieser Fragen sind in erster Linie strategische Analysen notwendig, wie sie in unseren Fachtagungen und Studien immer wieder thematisiert werden [3]. Darüber hinaus gewinnt eine strategische Personalplanung an Bedeutung. Schließlich bedarf es einer detaillierten Betrachtung des Talent-Management-Prozesses. In Verbindung mit der aktuellen Studie aus dem Jahr 2012 liegt der Fokus dieses Beitrages deshalb auf den Prozess-Schritten Employer Branding, Personalmarketing, Active Sourcing und Recruiting – jeweils unterteilt in die Unternehmensperspektive und in die Zielgruppenperspektive.

5.3 Employer Branding

Employer Branding hat zum Ziel, in den Wahrnehmungen zu einem Arbeitgeber eine unterscheidbare, authentische, glaubwürdige, konsistente und attraktive Arbeitgebermarke auszubilden, die sich positiv auf die Unternehmensmarke auswirkt.

5.3.1 Unternehmensperspektive

In der Zusammenarbeit mit ausbildenden Unternehmen stellen wir mitunter fest:

- Häufig wird noch nach dem „Gießkannenprinzip" gearbeitet. Eine Zielgruppensegmentierung mit expliziter Berücksichtigung von Berufseinsteigern gibt es nicht. Zudem fehlt sehr häufig der für diese Zielgruppe notwendige Kommunikations- und Dialogcharakter.
- Der „Imagezwang", das zu tun, was der Wettbewerb auch tut, spielt eine große Rolle. Beispiele sind die Teilnahme an bestimmten Messen oder die „Nacht der Ausbildung".
- Employer Branding sollte sensibel die unterschiedlichen Motive und Barrieren der Zielgruppen reflektieren. In der Regel sind die Soft Facts entscheidend.
- Die Wahrnehmung eines Unternehmens als Arbeitgeber kann nur dann einer „Point of difference"-Strategie gerecht werden, wenn sie auf strategischen Analysen fußt und eine Employer Value Proposition beinhaltet, denn: Nur ein Mehrwert beeindruckt.

In unserer Studie haben wir deshalb ein fünfstufiges Vorgehensmodell mit aufgenommen, das Unternehmen bei der Entwicklung einer Employer Branding Strategie ein wenig „an die Hand nimmt" [4].

5.3.2 Schülerperspektive

In der Befragung haben wir Schülerinnen und Schüler nach den bei ihnen beliebtesten Berufen gefragt. Aggregiert nach Berufsgruppen ergab sich hierbei das in Abb. 5.1 dargestellte Ergebnis.

Allgemein zeigt sich eine auffallende Beliebtheit des Berufs des Managers oder Unternehmers, der mit über 35 % an der Spitze des Rankings steht, sowie der kaufmännischen Berufe mit knapp unter 35 %. Erst mit einigem Abstand folgen handwerkliche und IT-Berufe.

Eine Untersuchung der Präferenzen entlang des Geschlechts ergab eine typische Verteilung der geschlechtsspezifischen Interessensfelder. Die größten Unterschiede finden sich bei den handwerklichen Berufen, wo die Präferenzen der Schüler über 10 % über denen der Schülerinnen liegen, und in den Gesundheitsberufen, welche vorwiegend von den Mädchen (etwa 15 %) bevorzugt werden im Gegensatz zu den Jungen mit nur knapp 5 %.

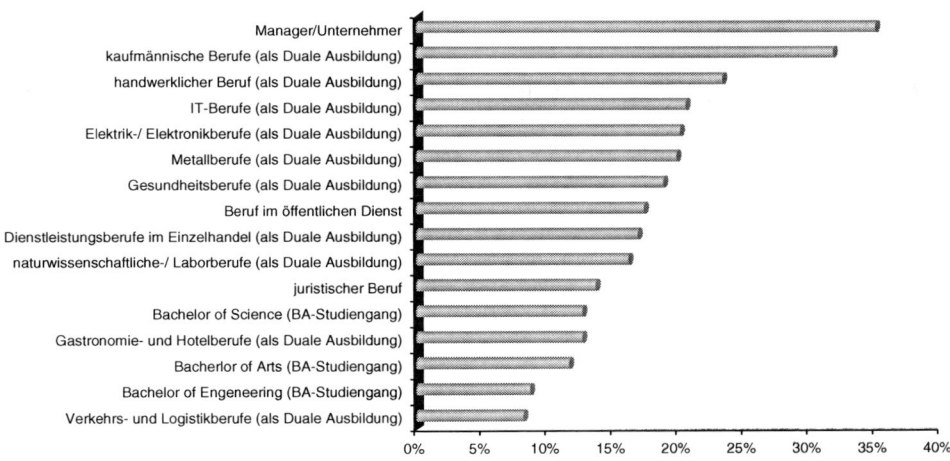

Abb. 5.1 Beliebteste Berufsgruppen

Im Bereich der kaufmännischen Berufe sind sich die männlichen und weiblichen Befragten hingegen ziemlich einig und weisen nur einen geringen Unterschied von weniger als 4 % auf.

Sehr interessant sind zudem Untersuchungen, inwiefern der Beruf der Mutter und des Vaters Einfluss auf die Berufsvorstellungen der Schüler hat. Auffallend ist beispielsweise der große Einfluss, den Mütter in Managerpositionen, juristischen Berufen und Berufen im öffentlichen Dienst auf ihre Kinder haben. So können sich beispielsweise Schüler, deren Mütter in einer Managerposition arbeiten, zu mehr als 80 % ebenfalls vorstellen, in einer Managerposition tätig zu sein. Bei den juristischen Berufen können sich dies noch gut 75 % der Jugendlichen vorstellen, bei den Berufen im öffentlichen Dienst gut 65 % der Schüler. Bei Vätern dominieren die Übereinstimmungen im Bereich juristischer Berufe, Managerpositionen und kaufmännischer Berufe. Über 38 % der Befragten gaben an, sich von ihren Eltern über ihren zukünftigen Beruf beraten bzw. beeinflussen zu lassen. Freunde (10 %) und Lehrer (9 %) haben einen weniger starken Einfluss auf die Jugendlichen bei der Berufswahl. Ältere Geschwister, Berufsberater oder weitere Verwandte werden kaum zu Rate gezogen.

Die Eltern als wichtigste Bezugsgruppe der Schülerinnen und Schüler tauchen in unserer Studie an mehreren Stellen auf, so beispielsweise auch in Verbindung mit den sogenannten MINT-Berufen (Mathematik, Informatik, Naturwissenschaften, Technik). Insgesamt kann festgehalten werden: Die Eltern geben wichtige Wertvorstellungen an die Kinder weiter, sie wecken Interessen und Begabungen und sie sind Anker in einem volatilen Arbeits- und Beschäftigungsumfeld (Regrounding).

Um ihren Traumberuf zu ergreifen, können sich rund 57 % der Befragten einen Wohnortwechsel vorstellen, wobei knapp weitere 32 % eine maximale tolerable Distanz zum Heimatort von 110 km angeben. Wie zu erwarten, steigt mit höherem Alter grundsätzlich die Bereitschaft zum Wohnortwechsel an. Vergleicht man die Bereitschaft zur Mobilität über die letzten Jahre hinweg, so fällt auf, dass diese in den letzten Jahren leicht rückgängig ist.

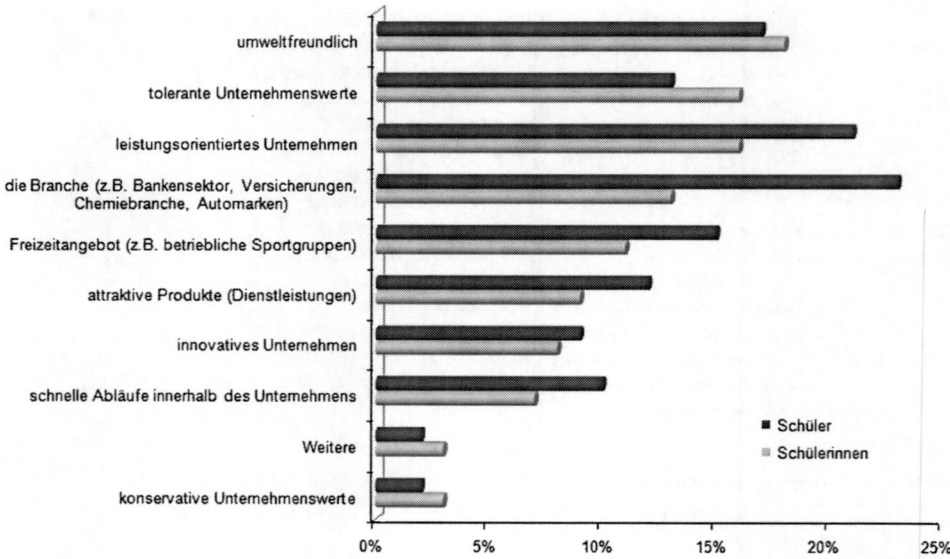

Abb. 5.2 Kriterien für eine Ausbildungsstelle

Abgesehen von der Entfernung zur neuen Ausbildungsstelle spielen weitere Faktoren bei der Berufswahl eine Rolle, welche für die Attraktivität der Arbeitgeber nicht zu vernachlässigen sind. Die TOP 5 der häufigsten Erwartungen an ausbildende Unternehmen werden von „gute Bezahlung (nach der Ausbildung)", „gutes Arbeitsklima" und „Spaß an der Arbeit sowie vielseitige, interessante Tätigkeiten" angeführt. Ferner werden „Arbeitsplatzsicherheit" und die „Aufstiegsmöglichkeiten (nach der Ausbildung)" genannt (Abb. 5.2).

Während den Schülern vor allem die Branche, Leistungsorientierung und Umweltfreundlichkeit des Unternehmens am wichtigsten sind, heben die Schülerinnen neben Umweltfreundlichkeit und Leistungsorientierung vor allem Toleranz hervor.

Wichtig sind hierbei insbesondere die Assoziationen, welche die Schülerinnen und Schüler mit einem bestimmten Unternehmen und dessen Image verbinden.

Der Satz „big is beautiful" ist, mit einigen Einschränkungen, nach wie vor gültig. Die Schüler begründen das Arbeitgeberranking damit,

- dass sie dort bereits ein interessantes Praktikum gemacht haben,
- dass sie Kontakt zu Menschen haben, die in diesem Unternehmen arbeiten,
- dass sie glauben, in diesem Unternehmen eine gute Ausbildung zu erhalten, und
- dass sich das Unternehmen in der Nähe ihres Wohnortes befindet.

Beide Geschlechter betonen die Bedeutung „weicher Faktoren", beispielsweise des Arbeitsklimas. Jungs sind in ihren Erwartungen etwas statusorientierter als Mädchen.

Gymnasiasten im Speziellen erwarten neben dem Arbeitsklima vielseitige, interessante Tätigkeiten. Bei den Realschülern überwiegt die gute Bezahlung. Berufsschülern sind Aufstiegsmöglichkeiten wichtig.

5.3.3   Zwischenfazit zu Employer Branding

Durch parallel laufende Befragungen der STRIMacademy bei ausbildenden Unternehmen und bei Schülern können sehr interessante Vergleiche von Unternehmens- und Schülersicht angestellt werden. Zum Thema Arbeitgeberattraktivität unterschätzen die Unternehmen den Wunsch nach einer guten Betreuung während der Ausbildung sowie gute Weiterbildungsmöglichkeiten. Gleichzeitig überschätzen sie die Bedeutung des direkten Vorgesetzten für die Auszubildenden.

Bei der Entscheidung für ein Ausbildungsunternehmen spielt für Schülerinnen und für Schüler die Zukunftsperspektive des Unternehmens, die Modernität sowie die Fairness gegenüber Mitarbeitern und Konkurrenten eine wichtige Rolle. Daneben sind die Bezugsgruppen, im Speziellen die Eltern, bei der Berufswahl ihrer Kinder nicht zu vernachlässigen.

Die Rolle des Employer Brands ist damit wichtig und erfolgskritisch. Eine Brandingstrategie erschöpft sich nicht mit einem Unternehmensauftritt in Facebook oder anderen Netzwerken. Gegen diese Grundregel wird in der Praxis leider viel zu häufig verstoßen. Lediglich in der konkreten Ausgestaltung eines am Employer Brand ausgerichteten Personalmarketings wird Social Media eine Rolle spielen.

5.4   Personalmarketing

Personalmarketing hat zum Ziel, die Bewerberzielgruppen zu finden, zu erreichen, für das ausbildende Unternehmen zu interessieren, zu begeistern, zu binden und passende Bewerbungen zu erhalten.

5.4.1   Unternehmensperspektive

Nach unseren Untersuchungen ist ein cross-mediales Personalmarketing, das zielgruppenorientiert die unterschiedlichen Marketingkanäle miteinander verbindet oder zum Beispiel im Rahmen von Augmented Reality aufeinander aufbaut, derzeit noch die Ausnahme. Erste Erfolge in ausbildenden Unternehmen gibt es bereits. Der Einsatz von Crossmedia-Strategien setzt – gerade mit Blickrichtung auf junge Menschen, die Smartphones gerne nutzen – zunehmend ein Verständnis für die gesellschaftliche Bedeutung der visuellen und partizipativen Mediennutzung voraus.

Hauptprobleme, die wir derzeit sehen, sind:

- Immer mehr Maßnahmen kommen „on top" hinzu. Die Wirksamkeit dieser Fülle an initiierten Maßnahmen wird nur selten überprüft. Ein strategisches Vorgehen bedingt jedoch auch, Dinge künftig wegzulassen, das heißt nicht mehr zu tun.

- Bevor ausbildende Unternehmen 5.000 € für eine Employer Branding-Strategie investieren, geben sie 10.000 € für soziale Netzwerke aus. Facebook, Twitter und YouTube
  werden hierbei am häufigsten genannt.

In der Gruppe möglicher Kommunikationskanäle und Anwendungen sind soziale Netzwerke eine Ausprägung, die es Internetnutzern ermöglicht, Meinungen, Eindrücke, Erfahrungen oder Informationen untereinander auszutauschen.

Wenn Unternehmensvertreter stolz berichten: „Wir haben einen bunten Strauß an
Kommunikationsmaßnahmen", so ist das in aller Regel nicht Ausdruck einer umgesetzten
Social Media-Strategie, sondern eher die Konsequenz eines Wald-und-Wiese-Vorgehens.

5.4.2 Schülerperspektive

Zu den beliebtesten **Printmedien** zählen Ausbildungsbroschüren sowie die Berufsplaner
und Karriereführer. Plakate und Artikel in Zeitschriften werden dagegen weniger beachtet.

Die Schülerinnen und Schüler der Realschule präferieren Ausbildungsbroschüren und
Anzeigen, dagegen scheinen die Befragten aus dem Gymnasium sich eher auf Berufsplaner
und Karriereführer zu verlassen. Anzeigen werden häufig von den Schülern der beruflichen Schule genutzt, die Schüler der Hauptschule orientieren sich mit Hilfe aller angebotenen Printmedien.

Als **Onlinemedium** gaben knapp 60 % der befragten Schülerinnen und Schüler an, das
Internet als häufigstes Medium bei der Suche nach Ausbildungsstellen zu nutzen. Hierbei
stehen Suchmaschinen im Vordergrund, gefolgt von den Firmenhomepages der Unternehmen.

Auffällig ist das fehlende Interesse an Elementen wie Twitter/Azubiblogs, sozialen
Netzwerken/Mobile Tagging und YouTube/Podcasts.

Hieraus kann geschlossen werden, dass die Internetauftritte von Unternehmen eine
zentrale Rolle spielen. Diese müssen ansprechend und zielgruppengerecht gestaltet sein;
ggf. unter Einbindung eines Ausbildungsfilmes.

Wie bereits in der Vorjahresstudie spielen soziale Netzwerke im Recruiting keine Rolle. Knapp 97 % der Befragten nutzen die Facebook-Seiten der Unternehmen überhaupt
nicht! Eine Kontaktaufnahme sowie die Weitergabe privater Daten ist in aller Regel nicht
gewünscht.

Zahlreiche Detailanalysen sowie Sekundärstudien beispielsweise von Pricewaterhou-
seCoopers unterstützen unsere Aussage, dass soziale Medien im Rahmen des Recruitings
überschätzt werden [1]. Die Nutzungsmotive der jungen Menschen sind vielmehr, Kontakt mit Freunden zu halten und zu pflegen, „alte" Bekannte zu treffen, sich über andere
Personen zu informieren und Netzwerke nach Interessantem zu durchstöbern. Die soziale
Kommunikation steht also eindeutig im Vordergrund.

Eine Analyse der am häufigsten genutzten Internetseiten ergab die in Abb. 5.3 dargestellten Erkenntnisse.

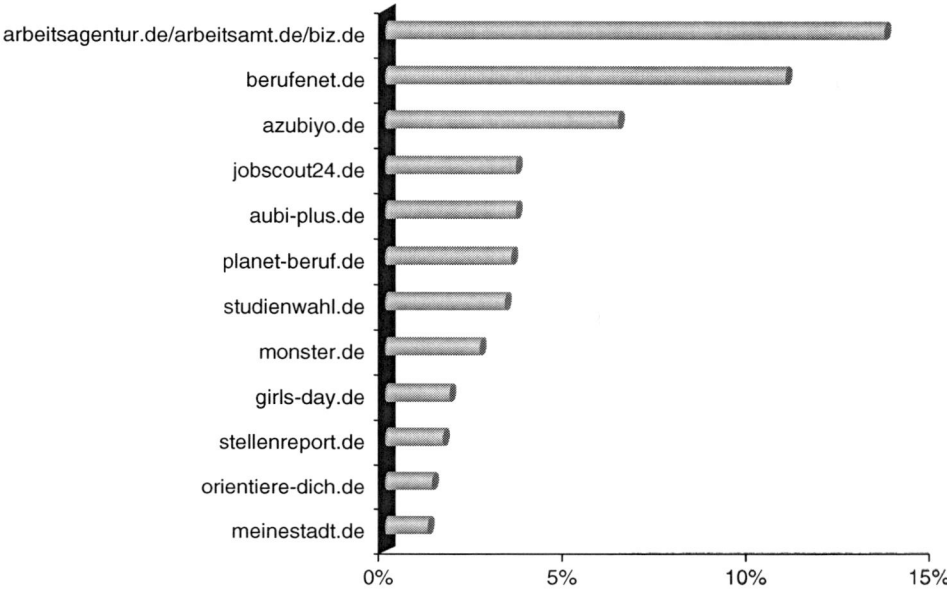

Abb. 5.3 Nutzung von Internetseiten

Die beliebteste Internetseite, um sich über Ausbildungsplätze zu informieren, ist demzufolge die der Bundesagentur für Arbeit. Sie wird von etwa 14 % der Schülerinnen und
Schüler genutzt. Auf Platz zwei der Rangfolge liegt das Informationsportal „berufe.net"
mit 11 % und auf Platz drei „azubiyo.de" mit 6 %.

Unter den besuchten Veranstaltungen befinden sich die Berufsbildungsmessen an erster Stelle mit über 13 %. Sie werden von allen Schulformen und Alterskategorien genutzt.
Auf Platz zwei stehen mit knapp 12 % Auftritte der Unternehmen in Schulen. Patenschaf-
ten dagegen erweisen sich als wenig nutzbringend.

5.4.3   Zwischenfazit zu Personalmarketing

Die Gegenüberstellung beider Perspektiven fassen wir wie folgt zusammen:

- Die Bewerberinnen und Bewerber werden häufig als homogene Zielgruppe betrachtet.
  Das sind sie aber nicht. Hierzu liefert neben unserer diesjährigen Schülerbefragung beispielsweise auch die Sinus Jugendstudie 2012 [5] wertvolle Hinweise.
- Ausbildende Unternehmen müssen einen Mehrwert für diese Zielgruppe schaffen,
  das heißt beispielsweise interessante Themen identifizieren und aufbereiten. Hierzu
  braucht es Zeit für einen Dialog mit der Zielgruppe, ausreichend personelle Ressourcen
  und Budget! Eine Social Media-Kampagne ist ein Fulltime-Job.

- Häufig fehlen die unternehmensinternen Voraussetzungen. Dazu zählen ein gewisses Maß an Offenheit gegenüber neuen Tools, Entwicklungen und Möglichkeiten. Auch bedarf es der Fähigkeit, zuhören zu können und Kritik zu vertragen.
- Viele Unternehmen erwarten in kurzer Zeit zu viel. Dabei wird unterschätzt, dass die Auftritte in sozialen Netzwerken ständig zu aktualisieren und zu pflegen sind. Ein Themenplan ist hierbei ebenso wichtig wie ein Zeitplan. Erschwerend kommt hinzu, dass sich während dieses Prozesses die Erwartungen der Zielgruppe sowie die technischen Möglichkeiten verändern und die anderen ausbildenden Unternehmen auch nicht untätig sind.
- Die Kommunikation via Printmedien sowie Auftritte bei Messen und Schulen haben sich während der letzten Jahre nahezu nicht verändert. Es kommt nur ständig mehr hinzu. Niemand stoppt diesen Overload, und kaum jemand fühlt sich für eine crossmediale Steuerung dieser Kanäle verantwortlich.
- Schließlich fehlt es häufig an klaren Guidelines oder sie werden nicht konsequent eingehalten. Das führt bisweilen zu Frustration und Ärger, sodass sich viele anfangs Euphorische wieder auf ihre „Kernkompetenzen" zurückziehen: Bewerbungen lesen und Interviews führen.
- Ohne eine fundierte, strategische Analyse laufen ausbildende Unternehmen häufig blindlings und im Herdentrieb in die „Social Media-Falle".

5.5 Active Sourcing

Kampagnengetriebenes Recruiting schafft Bewerberwellen, aber sichert keinen längerfristig verfügbaren Pool an Talenten. Active Sourcing und Talent Pools machen Kandidaten laufend verfügbar.

Active Sourcing hat somit zum Ziel, interessante Kandidaten personalisiert anzusprechen und bereits vor ihrer möglichen Bewerbung beim eigenen Unternehmen zu binden.

5.5.1 Unternehmensperspektive

Bei der Planung und Durchführung der diesjährigen Befragungen ausbildender Unternehmen fiel uns auf: Häufig arbeiten Recruiter noch entlang von Prozessen, die aus Zeiten eines Nachfragemarktes stammen; viele Anbieter, die Bewerberinnen und Bewerber, treffen auf wenige Nachfrager, die Unternehmen. Das trifft aber in immer weniger Fällen zu. Der Recruitingmarkt ist in weiten Teilen bereits zum Anbietermarkt geworden; das heißt, wenige Anbieter, die Bewerberinnen und Bewerber, treffen auf viele Nachfrager, die Unternehmen.

Um also künftig aus grundsätzlich geeigneten und talentierten Bewerberinnen und Bewerbern eine Auswahl treffen zu können, müssen ausbildende Unternehmen umdenken. Es genügt nämlich nicht mehr, sich in erster Linie auf die Besetzung von Vakanzen oder Planstellen zu konzentrieren, sondern abgeleitet aus den Konzepten des Vertriebs (CRM) frühzeitig vielversprechende Bewerberinnen und Bewerber an das Unternehmen zu binden. Ein Talent Relationship Management umfasst hierbei den kompletten Prozess vom ersten Kontakt mit der Bewerberin bzw. dem Bewerber über differenzierte Bindungsmaßnahmen bis hin zur Rekrutierung und dem Onboarding.

5.5.2 Schülerperspektive

Erste Ansätze eines Talent Relationship Managements scheinen in der Praxis noch nicht durchgängig zu wirken. Wunsch und Realität liegen aus Sicht der Bewerberinnen und Bewerber hinsichtlich erhaltener Jobangebote und Eventeinladungen aus den Unternehmen noch weit auseinander.

Trotzdem sind Schüler – im Gegensatz zur Kommunikation in sozialen Netzwerken – in Talent Communities offensichtlich eher bereit, private Daten respektive Profilinformationen freizuschalten und sich damit Unternehmen gegenüber zu öffnen.

5.5.3 Zwischenfazit zu Active Sourcing

In Diskussionen der Befunde unserer Studien kamen wir zu folgenden Ergebnissen:

- Das als Active Sourcing bezeichnete aktive Bemühen seitens des Unternehmens um talentierte Schülerinnen und Schüler wird von diesen als sehr positives Signal wahrgenommen.
- Der Kontakt zu einem potentiellen Arbeitgeber wird zunächst einmal seitens der jungen Menschen wertgeschätzt.
- Talente schätzen außerdem die Kombination aus der unaufdringlichen Community als Pull-Medium und der gut dosierten aktiven Ansprache durch Recruiter über personalisierte Newsletter.
- Eine Talent Community ermöglicht es im Unterschied zu sozialen Netzwerken, sehr effizient und gleichzeitig auf persönlichem Niveau mit einer Vielzahl von Kandidaten in Kontakt zu bleiben. Die vorher völlig unpersönliche Massenkommunikation wird deutlich verbessert und Talente werden zielgerichtet entsprechend ihrer Bedürfnisse und ihres aktuellen Status angesprochen.
- Kontakt- und Karrieredaten von Kandidaten sind in einer konventionellen Datenbank schnell veraltet. Die Datenbank einer Talent Community wird von Talenten dagegen stets aktuell gehalten, indem sie ihr eigenes Profil regelmäßig selbst pflegen.
- Aus Schülerperspektive hat Active Sourcing demzufolge einen wesentlichen Vorteil: Kandidaten lernen den potentiellen Arbeitgeber über eine längere Zeit kennen, wodurch dieser viel besser erlebbar wird.
- Aus Unternehmensperspektive stellen Talent Pools die Grundlage für planbares Active Sourcing dar. Talent Pools schließen sich an bestehende Personalmarketingmaßnahmen an.

5.6 Recruiting

Recruiting hat zum Ziel, offene Stellen eines Unternehmens mit qualifizierten und motivierten Kandidaten zu besetzen.

5.6.1 Unternehmensperspektive

Über die letzten drei Jahre hinweg stellen wir in ausbildenden Unternehmen eine teilweise rapide Zunahme an Mangelprofilen beziehungsweise an Schlüsselprofilen fest. Das sind Berufsprofile, auf die sich einerseits immer weniger und schlechter geeignete Schülerinnen und Schüler bewerben, die jedoch andererseits in Zukunft immer wichtiger werden. So sind beispielsweise Engpässe in kaufmännischen Berufen mit Vertriebsschwerpunkt festzustellen. Die bisherigen Maßnahmen gegen diesen Trend sind nicht hinreichend.

Auch die analysierten Selektionsprozesse sind häufig immer noch zu altbacken. So ist zum Beispiel die anhaltende Dominanz von Schulnoten nicht nachvollziehbar. Umfassende, eignungsdiagnostische Testverfahren – ggf. in Verbindung mit Online Assessments – werden nur von wenigen Unternehmen eingebunden. Wer hier die Kosten der Anfangsinvestition als Grund dafür nennt, diese Verfahren und Systeme nicht einzuführen, dem fehlen Kostentransparenz und die Einsicht zur notwendigen Veränderung, um auch künftig ausreichend geeignete Auszubildende zu rekrutieren.

Diese Änderungsresistenz, die wir in zahlreichen Unternehmen leider feststellen, wirkt sich auf die Produktivität im Recruiting, die wir jährlich in Form von Kennzahlen nachhalten, spürbar negativ aus. Hierfür sind unter anderem folgende Gründe ausschlaggebend: Das Recruiting ist zu sachbearbeiterlastig und nicht konsequent technisiert. Auch Outsourcingpotentiale, beispielsweise in der Vorselektion und im Schriftverkehr, werden nicht genutzt. Mit dem Paradigmenwechsel hin zur Initiierung und Orchestrierung von Dialogprozessen wurde vielerorts noch nicht einmal begonnen.

5.6.2 Schülerperspektive

Aus Sicht der Schülerinnen und Schüler wird die persönliche Vorstellung und die Briefbewerbung bevorzugt genutzt, um sich für eine Ausbildungsstelle zu bewerben. Andere Untersuchungen, beispielsweise des U-Form-Verlages [7], kommen diesbezüglich zu demselben Ergebnis. E-mail- und Onlinebewerbungen werden wo immer möglich vermieden. Falls von einem Unternehmen nur die Onlinebewerbungsmöglichkeit angeboten wird, würden sich nur rund 40 % der befragten Schüler trotzdem dort bewerben. Nach unseren Projekterfahrungen sind dies leider vor allem Bewerberinnen und Bewerber mit mäßigen Zeugnissen und Eignungsgraden.

Gleichwohl gehen wir davon aus, dass sich der Anteil in den nächsten Jahren zugunsten der Online-Bewerbungen verlagern wird. Schulen können im Rahmen der Berufsvorbereitung hierfür einen wichtigen Beitrag leisten.

5.6.3 Zwischenfazit zu Recruiting

Wenngleich die Diskussionen mit unseren Kunden während der letzten Jahre eher personalmarketinglastig geführt werden, zeigt sich in unseren Projekten und Fachtagungen die Wichtigkeit der Ablauf- und Aufbauorganisation des originären Recruitings:

- Die Prozesse sind in weiten Teilen administrativ. Zu viele Ressourcen (Mitarbeiterkapazitäten und Budget) werden in nicht-wertschöpfende Tätigkeiten „investiert". Fortschrittliche Unternehmen haben beispielsweise höhere Ressourcenanteile in den Teilprozessen
  - Strategie und Planung,
  - persönliche Selektion und
  - Bindung bis zum Eintritt.
- Zudem ist die Rolle des Recruiters neu zu definieren. Künftig werden sie weniger Bewerbungen abarbeiten und Assessments durchführen. Vielmehr pflegen sie hauptverantwortlich Beziehungen zu ausgesuchten Kandidaten. Am Prozessende gleichen sie schließlich Kandidaten in den Pools und deren Kompetenzen mit den Anforderungsprofilen offener Stellen ab.
- Dies hat auch zur Konsequenz, dass andere Software zum Einsatz kommen muss, insbesondere um Eignungsdiagnostik einzubinden und um Talent Pools zu verwalten und mit ihnen zu kommunizieren.
- Im Gegensatz zu dem kampagnengetriebenen Recruiting ist ein Talent Relationship Management eher langfristig orientiert und bewirkt gerade dadurch eine nachhaltige Bindung von Talenten.
- In diesem Zuge gilt es, Erfolgskriterien neu zu definieren [2]. Die Personalfunktion im Allgemeinen und die Berufsausbildung im Speziellen müssen lernen, nicht mehr so sehr in Tätigkeiten zu denken (Anzahl Interviews etc.), sondern vielmehr in Ergebnissen (Qualität von Talent Pools etc.).

5.7 Ausblick

Die Handlungsfelder und Diskussionspunkte sind damit zahlreich:

- Welche Konsequenzen haben für ausbildende Unternehmen das „Regrounding" – hierunter wird die Rückbesinnung auf einfache, traditionelle Werte wie das wachsende Bedürfnis nach Sicherheit, Freundschaft und Familie verstanden – und der „Werte-Patchwork" junger Menschen?
- Wie gelingt den Ausbildungsunternehmen ein zielgruppenspezifisches Personalmarketing, das unterschiedliche Medien miteinander verbindet?
- Auf welche Art und Weise können Maßnahmen – aus der Strategie heraus – identifiziert werden, die künftig nicht mehr vorangetrieben werden sollen?

- Wie können Ausbildungsverantwortliche nicht nur fachlich-inhaltlich Position beziehen, sondern auch unternehmerisch-strategisch, indem sie die Geschäftsführungen von ihrem Tun überzeugen und die Effektivität in der Berufsausbildung steigern?
- Wie können aktuelle, unternehmensinterne und -externe Entwicklungen in eine bedarfsorientierte Planung eingebunden werden?
- Wie können Praktikanten- und Praktikantenbindungsprogramme so aufgesetzt werden, dass sie in ein Talent Relationship Management einfließen?
- Welche Botschaften sollten Unternehmen an Schulen senden – und diese auch darin unterstützen –, um die Ausbildungsreife wieder auf ein erträgliches Niveau zu heben und vor allem bei Schlüsselprofilen ausreichend geeignete Bewerberinnen und Bewerber zu erhalten?

Hierzu haben wir während der letzten Monate einen Talent Analytics Ansatz für die Berufsausbildung entwickelt, den wir im Nachfolgenden kurz vorstellen.

Unter Talent Analytics verstehen wir eine tiefgreifende Analyse hinsichtlich Effektivität, Effizienz, Qualität und Risiko in Bezug auf die Identifizierung, die Förderung und die Bindung von Talenten. Hierbei werden sechs Stufen respektive Arten von Talent Analytics unterschieden.

5.7.1 Human Capital Facts

Die Kernfrage lautet: Welche Einflussfaktoren sind für das ausbildende Unternehmen respektive für die Berufsausbildung im Speziellen wesentlich?

In unseren jährlichen Unternehmensbefragungen widmen wir dieser Frage einen separaten, umfassenden Fragebogen. Beginnend mit Fragen zur Strategie, zur Organisation, zu relevanten Berufsprofilen etc. werden die Einflussfaktoren herausgearbeitet, die für das jeweilige Unternehmen wesentlich sind.

Nur auf diese Weise kann der zweite Fragebogen, in dem es um konkrete Outputgrößen respektive Kennzahlen geht, sinnvoll aufsetzen. Das heißt: Nur in Verbindung mit Einflussfaktoren können die erhobenen Daten und Kennzahlen sinnvoll analysiert und wertvoll aufbereitet werden.

5.7.2 Analytical HR

Hier lautet die Kernfrage: Welche Organisationseinheiten, Abteilungen oder individuellen Talente benötigen besondere Aufmerksamkeit?

Die STRIM® fördert die Professionalisierung der Berufsausbildung u. a. dadurch, dass interne und externe strategische Analysen einer Positionierung im Unternehmen vorangestellt werden.

Im Rahmen der Aggregation, zum Beispiel im Rahmen einer SWOT-Analyse, werden sogenannte Normstrategien abgeleitet und in Maßnahmen operationalisiert, die mit Kennzahlen „unterlegt" werden.

Während der Ausbildung spielen dann individuelle Leistungsdaten (zum Beispiel Zielerreichung, Beurteilung), Personalprozesskennzahlen (Zeiten, Mengen, Kosten) und Ergebniskennzahlen (Engagement, Einstellung, Bindung) eine Rolle.

5.7.3   Human Capital Investment Analysis

Die Kernfrage lautet: Welche Aktivitäten (in der Berufsausbildung) haben die größten Auswirkungen auf mein Unternehmen?

Dies ist ein sehr interessantes Feld und baut auf den vorab dargestellten Stufen auf. Interessant deshalb, weil die Zusammenhänge von Einflussfaktoren und Outputgrößen auf ihre Wirkzusammenhänge hin statistisch untersucht werden. Hierbei können auch Business Intelligence Tools zum Einsatz kommen.

Gerade für die Argumentation zu initiierender Maßnahmen gegenüber der Geschäftsführung oder dem Vorgesetzten ist eine solche Betrachtung sehr wertvoll.

5.7.4   Workforce Forecasts (Predictive Analytics)

Hier lautet die Kernfrage: Woher weiß ich, wo personell auf- bzw. abgebaut werden muss?

Haben wir uns bisher mit vergangenheitsbezogenen Daten und Informationen beschäftigt, so gewinnen nun Prognosen und Szenarien an Bedeutung. Im Sinne einer bedarfsorientierten Berufsausbildung bzw. eines zielgerichteten Talent Relationship Managements müssen unternehmensstrategische Überlegungen sowie Ergebnisse der strategischen Planung eine maßgebliche Rolle spielen. Häufig werden dadurch frühzeitig mögliche Engpässe identifiziert, lange bevor diese tatsächlich eintreten. Unsere Analysen und Prognosen konzentrieren sich deshalb häufig auf sogenannte Schlüsselprofile, auf die in diesem Beitrag bereits eingegangen wurde.

Das Employer Branding muss auf diese Schlüsselprofile Wert legen und sie abholen. Ebenso das Personalmarketing sowie das Recruiting.

5.7.5   Talent Value Model

Die in das Unternehmen hinein gerichtete Kernfrage lautet: Warum entscheiden sich Talente dafür, im Unternehmen zu bleiben oder es zu verlassen?

Die Messung der Arbeitgeberattraktivität, der Mitarbeiterbindung etc. unter Einbindung von kununu, der größten Arbeitgeber-Bewertungsplattform im deutschsprachigen Raum, bzw. unternehmensinterner Befragungen und Plattformen ist in diesem Zusammenhang von immenser Wichtigkeit.

Unter dem Eindruck der mangelnden Ausbildungsreife, der demografischen Entwicklung etc. schließt sich vermehrt eine zweite Kernfrage an: Wie können wir Leistungsschwächere und Wechselbereite fördern und unterstützen, um ihren Leistungsbeitrag zu steigern und sie im Unternehmen zu halten?

5.7.6   Talent Supply Chain

Die letzte Kernfrage lautet: Auf welche Weise kann ich meine Talente an sich ständig wandelnde Geschäftsanforderungen anpassen?

Dies ist sicherlich die Kür von Talent Analytics in Verbindung mit strategischer Personalplanung, gewinnt jedoch in den volatilen politischen und wirtschaftlichen Umfeldern signifikant an Bedeutung.

Nach unserer Beobachtung benötigt man hier einen Mix an Reduzierung der Fertigungstiefe einerseits und Erhaltung der Beschäftigungsfähigkeit (mit einhergehender Veränderungsfähigkeit) andererseits. Aufgrund der Komplexität dieser Stufe kann an dieser Stelle nicht im Detail darauf eingegangen werden.

5.8   Schlussbemerkung

Der Titel „Irrungen und Wirrungen bei Schülern und Unternehmen" hat die Kernbotschaft dieses Beitrages bereits vorweggenommen: Der Weg vom Employer Branding bis hin zum Recruiting – und häufig auch darüber hinaus – ist von viel Unsicherheit und Intransparenz auf beiden Seiten geprägt. Anstatt eines strategie-gerichteten Vorgehens scheinen bisher die Dilettanten mit ihren Schrotkugeln zu obsiegen. „Alle wollen dabei sein, aber keiner weiß, warum, und keiner schaut danach, was eigentlich dabei herauskommt" [6]; so brachte es kürzlich auch Prof. Scholz auf den Punkt.

Literatur

1. Gürtler D (2012, Mai) Der Wert des Sozialen. next 22–25. http://download.pwc.com/de/epaper/next_01-2012/page24.html#/22. Zugegriffen: 25. Sept. 2012
2. Mayer V (2010) Mit messbaren Ergebnissen den Stellenwert der Ausbildung steigern. Ausbildung – Verantwortung & Chance. S 5–21
3. Mayer V, Krebs A (2011, September) Gen Y: anspruchsvoll, vernetzt, selbstbewusst .... Studie zur Schülerbefragung 2011. S 39–41
4. Mayer V, Mayer C, Holzer E (2012, Juli) Social Media Recruiting: Wen interessiert das? Studie zur deutschen Schülerbefragung. S 43–45
5. Sinus Jugendstudie (2012) http://www.sinus-institut.de/sinus-news/year/2012/month/03/back-Pid/67/news/vorstellung-der-neuen-sinus-jugenstudie-am-28-maerz-in-berlin.html
6. Scholz C im Interview mit Stefanie Hornung von HRM.de (2012, Mai) http://www.hrm.de/fach-artikel/%E2%80%9Edabei-sein-allein-reicht-nicht%E2%80%9C-
7. U-Form Studie „Azubi-Recruiting Trends 2011"; A-Recruiter 11/2011, S 20–22
8. The Conference Board CEO Challenge (2012) http://www.conference-board.org/publications/publicationdetail.cfm?publicationid=2152

Jugendliche und Leistung: Probleme und Lösungen

6

Karl Josef Boussard

Inhaltsverzeichnis

6.1   Problemlage der Schnittstelle Bewerber/Wirtschaft 79
    6.1.1   Erfahrungswerte und Wahrnehmungen an der Basis 80
    6.1.2   Untaugliche Handlungsmuster der Akteure 81
6.2   Aus der Praxis für die Praxis 81
    6.2.1   Schule und Wirtschaft 81
    6.2.2   Stärken des dualen Systems nutzen 84
    6.2.3   Angebote und Chancen für alle 88
    6.2.4   Neue Strategien entwickeln – Akquise von Ausbildungsplätzen 90
6.3   Blick nach vorne 91
Literatur 92

6.1   Problemlage der Schnittstelle Bewerber/Wirtschaft

Die Lebenswelt der Schulabgänger stimmt nicht mehr mit den Anforderungsprofilen der Unternehmen überein. Die Akteure in Schule und Wirtschaft bezeichnen die mangelhafte Ausbildungsreife der Jugendlichen als größtes Ausbildungshemmnis. Gleichzeitig gießt die Politik stetig Öl ins Feuer und warnt vor einem drohenden Fachkräftemangel, der durch den demografischen Wandel noch verstärkt wird. Diese Sichtweise kratzt allerdings nur an der Oberfläche und lässt die tiefer gehende Problematik der Berufswahl außer Acht. Denn der vermeintliche Erfolg der beruflichen Ausbildung wird vorrangig an der Anzahl abgeschlossener Ausbildungsverträge und deren Vergleich mit den Vorjahreszahlen gemessen. Dieser Maßstab ignoriert wichtige Komponenten: das Alter zu Beginn der Ausbildung,

K. J. Boussard (✉)
Blumenstraße,
66625 Nohfelden-Selbach, Deutschland
E-Mail: k.josef.boussard@googlemail.com

W. Appel, B. Michel-Dittgen (Hrsg.), *Digital Natives,*
DOI 10.1007/978-3-658-00543-6_6, © Springer Fachmedien Wiesbaden 2013

die prozentuale Übernahme nach erfolgreicher Abschlussprüfung, den Werdegang schwächerer Jugendlicher und die Evaluation berufsvorbereitender Maßnahmen. Fehlende Ausbildungsreife ist nicht nur Versäumnissen junger Menschen geschuldet, sondern auch eine Aufgabe aller gesellschaftlichen Akteure. Ohne ausreichend qualifiziertes Personal wird die Wirtschaft an Leistungsfähigkeit einbüßen.

6.1.1 Erfahrungswerte und Wahrnehmungen an der Basis

„Die Verlierer sind eindeutig diejenigen, die dem inneren Prozess der Globalisierung nicht folgen können, und das ist der der Wissensintensivierung. Das heißt also die Geringqualifizierten. Diejenigen, die sich entweder im Bildungssystem nicht erfolgreich zeigen können, wollen oder die einfach nicht mitgenommen werden. Das sind zunächst einmal etwa 22 % eines jeden Jahrgangs der Schulabgänger allgemeinbildender Schulen. 22 % – das ist eine erschreckende Zahl" ([6], S. 82).

So beschrieb Professor Michael Hüther, Präsident des Instituts der Deutschen Wirtschaft, 2007 die Verlierer der Globalisierung. Seine alarmierenden Einschätzungen lassen sich problemlos nachvollziehen und verlangen dringend nach Maßnahmen.

Unser Alltag unterliegt ständigen Veränderungen, die jungen Menschen ihren Weg in das Berufsleben erschweren: häufige Schulreformen, Abwertung des Hauptschulabschlusses, höhere Anforderungen in den Berufen, nicht zu unterschätzende Auswirkungen der antiautoritären Erziehung und die sozialen Auswirkungen veränderter Lebensformen. Unter diesen Umständen darf es nicht verwundern, dass heute zu viele junge Menschen bei der Suche nach einem Ausbildungsplatz scheitern. Sie sind unsicher bei der Berufswahl – wie schon Generationen vor ihnen – und ihnen fehlt oft der Bezug zur persönlichen Verantwortung. Dies führt nicht selten zu einem späteren Berufseinstieg, was sich an dem gestiegenen Durchschnittsalter der Jugendlichen von 19,8 Jahren (vgl. [12]) zu Beginn der Berufsausbildung zeigt. Dabei haben alle jungen Menschen das Recht auf Förderung ihrer Entwicklung und auf Erziehung zu einer eigenverantwortlichen und gemeinschaftsfähigen Persönlichkeit.

Die nüchterne Realität sieht aber ganz anders aus. Im Jahre 2010 verließen 6,5 % der Jugendlichen die Schule ohne Abschluss [15]. Das Übergangssystem nach der Vollzeitschule ist ein weiteres Indiz für falsche Weichenstellungen. Ein Drittel eines allgemeinbildenden Jahrgangs (vgl. [4], S. 8) erhält wegen mangelnder Ausbildungsreife keinen Ausbildungsplatz und wird in einer der vielen, nicht aufeinander abgestimmten berufsvorbereitenden Maßnahmen „geparkt". Nach offizieller Lesart gelten diese Jugendlichen als versorgt. Die Einmündungsquoten in eine Ausbildung bewegen sich im Anschluss an einjährige Maßnahmen zwischen 50 und 63 % (vgl. [5], S. 79). Wer nach 24 oder 36 Monaten noch keinen Ausbildungsplatz erreicht hat, läuft Gefahr, arbeitslos zu werden. Inzwischen geht man von jährlichen Kosten von sechs bis sieben Milliarden Euro für berufsvorbereitende Maßnahmen aus (vgl. [16]).

6.1.2   Untaugliche Handlungsmuster der Akteure

Den Akteuren im Bildungssystem kann man Bemühungen nicht absprechen, aber viele Instrumente greifen nicht. Gut gemeinte Projekte drohen bereits an unsauber definierten Zuständigkeiten zu scheitern. Wie kann es sein, dass – am Beispiel des Saarlandes – drei Ministerien auf Bundes- und zwei auf Landesebene die Verwaltung von Förder- und Unterstützungsangeboten für Jugendliche ohne Ausbildungsplatz für sich in Anspruch nehmen? Bildungsträger strecken sich nach den Töpfen des europäischen Sozialfonds, der – zeitlich begrenzt – viel Geld für berufsvorbereitende Maßnahmen ausschüttet. Dadurch entsteht ein großer Konkurrenzkampf und das Wohl der Jugendlichen droht, nicht nur wegen fehlender Nachhaltigkeit, auf der Strecke zu bleiben. Eine Klassifizierung der Maßnahmen lässt sich ohne vergleichende Auswertungen bisher nicht vornehmen.

Steigende Anforderungen in der Arbeitswelt bedingen im Umkehrschluss die Vermittlung höherer Qualifikationen in der Berufsausbildung. Es ist eine große gesellschaftliche Herausforderung, die Auswirkungen dieses unumkehrbaren Prozesses im Hinblick auf die Perspektiven der Jugend zu untersuchen und schon jetzt vorhandene Defizite aufzuarbeiten. Die Fakten sind hinlänglich bekannt. Die Berufsorientierung in den Schulen lässt zu wünschen übrig und die Potentiale von Praktika bleiben oft ungenutzt. Vor diesem Hintergrund brauchen auch Personalverantwortliche neue Strategien, um die Jugendlichen zu erreichen. Deren häufig wahrgenommene Defizite an Werten, sozialem Verhalten und an Kenntnissen der Arbeitswelt sind nicht alleine ihrem Desinteresse geschuldet.

6.2   Aus der Praxis für die Praxis

„Ein wichtiger Baustein neben den pädagogischen Konzepten ist die sozialpädagogische Betreuung der Jugendlichen, die die notwendige Ausbildungsreife vermitteln und an eine Ausbildung heranführen soll" (vgl. [17]). Diese politische Einschätzung vermittelt den Eindruck, dass die vorhandenen Instrumente für alle Problemlagen in der Berufsfindung eine passende Lösung haben. Ohne Einbeziehung praktischer Erfahrungen vor Ort fehlt den vorgegebenen Projekten jedoch teilweise der Bezug zur Realität.

6.2.1   Schule und Wirtschaft

Ministerien, Schulen und Betriebe leben in ihrer eigenen Welt und haben teilweise kaum Kenntnis über die jeweils anderen Bereiche. So gesehen basiert die bestehende Vernetzung aller Akteure im Wirkungskreis Schule und Wirtschaft eher auf lockeren Bündnissen und trägt den Anforderungen, die damit verbunden sind, junge Menschen auf das Berufsleben vorzubereiten, nur bedingt Rechnung. Jugendliche müssen jedoch im schulischen Alltag befähigt werden, selbst zu handeln und praktische Abläufe einzuüben. Dieser Anstoß greift, wenn sich alle Beteiligte an der Umsetzung des Ziels „Fit für den Beruf" beteiligen und Ministerien sich nicht nur als Verordnungsbehörde verstehen. Dazu gehört auch der Mut, Berufswahlreife und Schulabschluss auf eine Ebene zu heben. Der angekündigte Fachkräftemangel lässt sich am besten mit gut ausgebildetem Nachwuchs vermeiden, der auch unternehmerisch denken und handeln kann. Diese Herausforderung kann aber nur bewältigt werden, wenn Berufsorientierung und Praktika in Schule und Wirtschaft als zentrale Instrumente der Berufswahlreife verstanden werden.

Zunächst aber soll der Rahmen für eine zielführende berufliche Orientierung in Verbindung mit sinnvollen Praktika skizziert werden. Diese wichtigen Themen müssen, nicht nur auf dem Papier, Bestandteil des schulischen Alltags werden. Berufsorientierung ist als Prozess zu betrachten und damit als ein Teil der Lebensplanung. Im Wesentlichen geht es darum, mit Hilfe von Eltern und Schule eigene Stärken und Schwächen relativ früh zu erkennen und daraus berufliche Weichenstellungen abzuleiten. Berufsorientierung beginnt mit den beruflichen Erfahrungen der Erziehungsberechtigten. Aufgabe der Politik ist es, die Arbeitslehre in der Schule so zu gestalten, dass Schüler motiviert werden und beruflichen Anforderungen standhalten. Praktika benötigen eine Vorbereitung im Unterricht und eine Betreuung der Schüler vor Ort durch geeignete Lehrkräfte. In der Richtlinie zur Durchführung von Betriebspraktika heißt es: „Sie besuchen die Praktikanten in ihren Betrieben regelmäßig; dabei überzeugen sie sich von dem ordnungsgemäßen Ablauf des Praktikums, insbesondere am Arbeitsplatz der Schüler, sowie bei den für die Betreuung der Praktikanten verantwortlichen Betriebsangehörigen" (vgl. [20]). Vor Ort fühlen sich viele Lehrer, bedingt durch schulische Zwänge, mit dieser wichtigen Aufgabe jedoch alleine gelassen. Zudem sind für Lehrer – ebenso wie für das Betreuungspersonal in den Betrieben – Kenntnisse der Berufsausbildung unerlässlich, um die Abläufe im Praktikum richtig einschätzen zu können. Der Erfolg hängt dabei nicht zuletzt auch von einer ausreichenden Anzahl an Lehrkräften und Betreuern ab. Hier sind Politik und Wirtschaft gefordert!

Aus der Praxis: Die allgemeinbildenden Schulen unternehmen große Anstrengungen, um ihre Schüler zu einem Schulabschluss und zur Berufswahlreife zu führen. Mangelnde Unterstützung durch die Eltern und demotivierte Jugendliche gefährden diese Zielsetzung jedoch nachhaltig, und gerade persönliche Kompetenzen und berufliche Vorstellungen bei den Schulabgängern lassen zu wünschen übrig. Diskussionen in Vorabgangsklassen bestätigen diesen Eindruck. Vielen Jugendlichen ist der wichtige Zusammenhang von Schulabschluss und Beruf kaum bewusst, und genau mit dieser Einstellung gehen sie in Berufsorientierung und Praktika.

Eine Elternbefragung im Rahmen des Strukturprojekts „Koordinierungsbüro Saarbrücken KoSa" (vgl. [22]) zur Rolle der Eltern bei der Berufswahl ihrer Kinder kommt zu dem Ergebnis, dass zwei Drittel der Eltern ihre Aufgaben bei den Zukunftsplanungen ihrer Kinder nicht wahrnehmen und zum anderen engagierte Eltern verunsichert sind. Nur 20 % der Eltern empfehlen ihren Kindern demnach eine Berufsausbildung unmittelbar nach Erfüllung der allgemeinen Schulpflicht. Die meisten setzen auf höhere Schulabschlüsse. Im Gegensatz zu den eher negativen Erfahrungen des Autors in Regelschulen präsentierten sich Schüler der Klasse 9 einer regionalen Waldorfschule in ihren dreiwöchigen Praktika engagiert und zielstrebig. Die Jugendlichen profitieren vom hohen Stellenwert der Berufs-findung in dieser Schulart. Die positiven Rückmeldungen von Eltern und Lehrern tun gut und stärken ihr Selbstwertgefühl.

Die Katharine-Weißgerber-Schule Saarbrücken-Klarenthal, eine erweiterte Realschule, setzt seit mehr als zehn Jahren das selbst entwickelte Modell der Berufsorientierung BoDo (vgl. [24] – Berufsorientierter Donnerstag – erfolgreich in der Praxis um. Das innovative Projekt bietet den Schülern ein Jahr lang die Möglichkeit, zusätzlich zu den drei Wochen Pflichtpraktikum jede Woche einen Tag lang in einem Betrieb ihrer Wahl zu arbeiten. BoDo ermöglicht damit mehr Praxisanteile und tiefere Einblicke in die reale Arbeitswelt. Die Schüler werden angehalten, sich Notizen über ihre Erfahrungen im Hinblick auf Anforde-rungen zu den dort ausgeführten Berufen und Einstellungsvoraussetzungen zu machen. Zudem können sie in der mündlichen Hauptschulabschlussprüfung zu allen Themen der Berufsorientierung befragt werden. Das Ergebnis fließt in die Note der Arbeitslehre mit ein. Das Langzeitpraktikum BoDo arbeitet erfolgreich, und anschließend beginnen 35 % der Schüler eine Ausbildung. Einige Schulen haben das Modell, das hohe Anforderungen an die Lehrkräfte stellt und den Rückhalt der Schulleitung benötigt, übernommen.

Die Junior Programme des Instituts der deutschen Wirtschaft in Köln unterstützen Schüler bei der Gründung einer Schülerfirma innerhalb eines Schuljahres. Dieses Pro-jekt ist hervorragend geeignet, jungen Menschen wirtschaftliche Zusammenhänge und Verantwortungsgefühl zu vermitteln. Im Laufe eines Schuljahres wird auf der Basis einer Geschäftsidee ein Übungsunternehmen gegründet, das plant, produziert, verkauft oder Dienstleistungen anbietet. Durch die Arbeit im Team entwickeln die Schüler ihre Fähig-keiten zum selbstständigen Lernen und Arbeiten und stärken ihre Kommunikationsfähig-keit und soziale Kompetenz. Zudem erfahren sie, dass jeder Mitschüler unterschiedliche wertvolle Fähigkeiten hat. Das Projekt ist meist erfolgreich, wenn der betreuende Lehrer wenig eingreift und Probleme dem Team zunächst selbst überlässt. Von neun Schülerfir-men, die sich beim Junior Landeswettbewerb Saarland 2012 präsentieren, kamen indes acht aus Gymnasien. Dabei könnte gerade dieses Projekt auch für die Pflichtschulen eine geeignete Schnittstelle zwischen Schule und Wirtschaft darstellen. Schülerfirmen – eine sinnvolle Ergänzung der Berufsorientierung – sollten einen höheren Stellenwert im schu-lischen Alltag erhalten.

Ausbildungsmessen sollen potentielle Bewerber und Betriebe zusammenführen. Schü-ler und Eltern können sich vor Ort bei Fachleuten über Berufe informieren. Diese Ver-knüpfung von Schule und Wirtschaft ist eine gute Plattform, wenn alle Beteiligten die An-gebote sinnvoll nutzen. Ausstellerrekorde und hohe Durchgangszahlen von Schülern ma-chen aber nicht den Erfolg einer Ausbildungsmesse aus. Eine erfreuliche Ausnahme bildet die Fachmesse Vocatium (vgl. [14]). Fest terminierte Einzelgespräche zwischen Schülern und Ausbildungsleitern – als eine Art Probebewerbung – sind das Besondere an diesem Konzept. Die Teilnehmer von Vorabgangsklassen können sich, nach einer ersten Informa-tion durch Messeteams in der Schule, gezielt bei ein bis vier Betrieben zu einem Gespräch anmelden und entsprechend vorbereiten. Nach Einschätzung der Projektleiterin der 2012 erstmals im Saarland durchgeführten Bildungsmesse fühlen sich die Jugendlichen durch persönliche Firmenkontakte ernst genommen und nehmen ihre Termine pünktlich wahr. Das interessante Modell ist erfolgversprechend, weil es Jugendliche respektiert und in die Pflicht nimmt. Ein anderer interessanter Ansatz: Hager Papprint, ein erfolgreiches mittelständisches Unternehmen der Verpackungsindustrie, bildet Packmitteltechnologen für den eigenen Bedarf aus. Die meisten Jugendlichen können sich unter diesem und vergleichbaren Berufsnamen aber relativ wenig vorstellen. Vor diesem Hintergrund haben vier Kirkeler Firmen einer regionalen Erweiterten Realschule ein so genanntes „Berufeschnuppern" angeboten. Damit können Schüler während der Berufsorientierung an einem Tag bis zu zehn unterschiedliche Berufe kennenlernen. Die Verantwortlichen wollen das Projekt jährlich durchführen und erhoffen sich Nachfragen nach einem Ferienjob oder einem Praktikum.

Aus Sicht des Autors ist es darüber hinaus empfehlenswert, schwächere Jugendliche gezielt und viel früher zu fördern, die Arbeitswelt in den Schulen intensiv darzustellen und Lehrer in der Arbeitswelt zu schulen. Diese notwendigen Schritte verlangen von allen Akteuren die Bereitschaft, eingefahrene Wege zu verlassen und die Schnittstelle Schule und Beruf neu zu definieren. Beide Akteure müssen die Abläufe aufeinander abstimmen und durch ständigen Kontakt optimieren. Rückmeldungen aus den Praktika und Kontakte der Lehrer zu den Betrieben sind geeignete Maßnahmen dazu. Nur so können Korrekturen vorgenommen werden. Schulen und Betriebe müssen mehr aufeinander zugehen und erfahren, was der jeweils andere tut. Dafür eignen sich nachhaltige Kooperationen.

6.2.2   Stärken des dualen Systems nutzen

Das duale Ausbildungssystem in Deutschland genießt durch die enge Verbindung von Theorie und Praxis weltweit hohe Anerkennung und schützt mit seinem gesetzlichen Rahmen, dem Berufsbildungsgesetz BBIG und der Handwerksordnung HWO junge Menschen beispielsweise vor ausbildungsfremden oder gefährlichen Arbeiten. Mit klaren Strukturen und der Möglichkeit, auch Berufe mit geringeren theoretischen Anforderungen zu lehren, ist es in der Lage, auf unterschiedliche Begabungen zu reagieren. Dies geschieht regelmäßig auf der Verordnungsebene durch die Anpassung und Modernisierung von aktuellen und dem Entwickeln von neuen Berufen. Die Ausbildung darf nur in staatlich anerkannten Berufen durchgeführt werden. Formal sind keine bestimmten Schulabschlüsse als Zugangsvoraussetzung vorgeschrieben. Über die Eignung der Ausbildungsstätte entscheiden die zuständigen Kammern. Die praktischen Inhalte werden für jeden Beruf in der Ausbildungsordnung festgelegt und die Berufsschule arbeitet mit Rahmenlehrplänen. Diese und weitere Vorgaben sind in einem Berufsausbildungsvertrag festgeschrieben. Die Ausbildungszeit beträgt bei der überwiegenden Zahl der Berufe drei oder dreieinhalb Jahre. Schwächere Jugendliche können auch in einem zweijährigen Beruf ausgebildet werden und erreichen so nach erfolgreicher Prüfung einen anerkannten Berufsabschluss.

Fachliche Gremien erarbeiten zeitnah die Inhalte für alle neuen Ausbildungsberufe und passen bereits vorhandene Berufsbilder an den technischen Fortschritt an. Die Entwick-

lung von neuen Berufen ist eine der Stärken der dualen Ausbildung. Kammern, Arbeits-
agenturen, Gewerkschaften, Betriebe und Schulen können, ja müssen, auf wirtschaftliche
Entwicklungen reagieren und gemeinsame Konzepte zur Sicherung des Fachkräftebedarfs
entwickeln. Ausführliche Informationen zu allen Berufen sind bei den Kammern und der
Bundesagentur für Arbeit erhältlich und können im Netz abgerufen werden. Trotzdem
entsteht der Eindruck, dass die Zielgruppe der Jugendlichen die Informationsveranstal-
tungen von Kammern und Beratungszentren nur begrenzt wahrnimmt. Daraus leitet sich
eine weitere wichtige Aufgabe ab: Es müssen andere Wege gefunden werden, um Jugendliche für die Berufswelt zu motivieren.

Im Ausbildungsjahr 2011 wurden bundesweit über 570.000 Ausbildungsverträge (vgl.
[7]) abgeschlossen, aber ein Viertel davon entfallen auf nur sieben Berufe: Kaufmann im
Einzelhandel, Verkäufer, Bürokaufmann, Kraftfahrzeugmechatroniker, Industriekauf-
mann, Kaufmann im Groß- und Einzelhandel und medizinischer Fachangestellter. Das
Bundesinstitut für Berufsbildung erfasst jährlich die Ausbildungsverträge, die ein Jahr
zuvor abgeschlossen wurden. Scheinbar exotische Berufe, wie etwa Packmitteltechnolo-
ge oder Pferdewirt, können durchaus gute Chancen bieten. Informationen zu den Inhalten dieser Berufe und den Chancen einer Bewerbung in diesen Bereichen erreichen aber
offenbar kaum potentielle Bewerber. Es wäre demnach sinnvoller, Angebote und Bedarf
nach Wirtschaftszweigen aufzuzeigen und weniger Berufe anzubieten.

Die große Anzahl vorzeitig aufgelöster Ausbildungsverträge ist auch ein Indiz falscher
Berufswahl. Die Berufswahlstatistik (vgl. [12]) des Bundesinstitutes für Berufsbildung
BIBB spricht von einer vorzeitigen Vertragslösung, wenn eine Kündigung vor dem im
Vertrag festgelegten Ende der Ausbildung erfolgt. Damit fließen auch die Vertragsauflösungen in der Probezeit in die Statistik ein. Die Quote lag 2010 bundesweit bei 23 % (vgl.
[12]). Dies entspricht mehr als 140.000 vorzeitig gelösten Ausbildungsverträgen. Eine Um-
frage des Bundesinstitutes für Berufsbildung unter Auszubildenden nach den Gründen
der Vertragsauflösung kommt zu dem Ergebnis, dass 70 % der Befragten hier betriebliche
Probleme nannten und jeder Dritte die falsche Berufswahl getroffen hatte. Zu viele junge Menschen finden demnach zunächst nicht ihre berufliche Heimat und stehen so dem
Arbeitsmarkt als Ressource nicht zur Verfügung. Es ist nicht gelungen, sie im schulischen
Vorfeld auf die Berufswahl vorzubereiten. Ein weiterer politischer Handlungsauftrag!

Eine Option für Lernschwächere sind zweijährige Ausbildungsberufe, in denen vorwiegend praktisch Begabte die Möglichkeit erhalten, einen anerkannten Beruf zu erlernen.
Überschaubare Zielsetzungen und vor allem Erfolgserlebnisse steigern die Motivation zum
Lernen. Seit Jahren wird dieses Angebot aber kontrovers diskutiert. Befürworter sehen
hierin die Chance für lernschwächere Bewerber auf einen Berufsabschluss, wohingegen
Kritiker von einer „Schmalspurausbildung" sprechen. Seit 2003 sind zwölf neue Ausbil-
dungsverordnungen für zweijährige Berufe in Kraft getreten. Diese Zahlen sind ein positives Signal auf dem Weg dazu, Jugendlichen mit ungünstigen Voraussetzungen den Weg in
den Ausbildungsmarkt zu ebnen und ihr Selbstbewusstsein zu stärken.

Bei den 2009 neu abgeschlossenen Ausbildungsverträgen beträgt der Anteil an zweijährigen Berufsausbildungen knapp zehn Prozent, in Summe rund 26.000. Das sind über vier

Prozent mehr als zehn Jahre zuvor. Der deutsche Industrie- und Handelskammertag DIHK stellte Ende 2011 (vgl. [13]) nach einer Umfrage fest, dass Lernschwächere großes Interesse an einer zweijährigen Ausbildung zeigen. Die Nachfragen konzentrieren sich vor allem auf die Berufe Maschinen- und Anlagenführer, Industrieelektriker und Fachkraft für Kurier-, Express- und Postdienstleistungen. Zweijährige Berufsausbildungen haben sich aus Sicht der Jugendlichen und der Unternehmen bewährt und bedeuten eine zusätzliche Chance für Hauptschulabsolventen. Eine Evaluation des anerkannten zweijährigen Ausbildungs-berufes Maschinen- und Anlagenführer zeigt, dass dieser Beruf eine sinnvolle Ergänzung zu den vorhandenen Angeboten darstellt (vgl. [3]). Damit können betriebliche Anforde-rungen besser berücksichtigt werden. Die Ausbildungsinhalte des Maschinen- und An-lagenführers sind breit angelegt und können bei Erfolg auch auf dreijährige Berufe der Metall-, Kunststoff-, Nahrungsmittel-, Druck- und Textilindustrie angerechnet werden.

Der Beruf des Verkäufers, dem ebenfalls eine zweijährige Ausbildung vorausgeht, ge-hörte im Ausbildungsjahr 2011 zu den sieben Berufen mit den meisten Ausbildungsver-trägen in Deutschland. Nach einem erfolgreichen Abschluss besteht die Möglichkeit, den Ausbildungsvertrag ein Jahr zu verlängern und als Kaufmann im Einzelhandel abzuschlie-ßen. Seit vier Jahren gibt es die zweijährige Berufsausbildung zum Industrieelektriker, der grob den ersten beiden Ausbildungsjahren der dreieinhalbjährigen elektronischen Berufs-ausbildungen entspricht. Nach Aussage des DIHK (vgl. [15]) führten Bedarfsmeldungen der Betriebe zur Entwicklung dieser Ausbildung, die vorwiegend für Hauptschüler geplant ist. Knapp 30 % der Teilnehmer aller zweijährigen Berufsausbildungen setzen anschlie-ßend ihre Ausbildung fort (vgl. [23]) und erzielen das Zertifikat einer drei- oder dreiein-halbjährigen Ausbildung.

Aus der Praxis: Zweijährige Berufe beschäftigen sich intensiv mit praktischen Abläufen und verschaffen den Absolventen dadurch Erfolg und Anerkennung. Nicht ausbildungs-reife Jugendliche, die im Wirkungsbereich des Autors bereits vor zwanzig Jahren ein Lang-zeitpraktikum absolvierten, zeigten nach anfänglicher Eingewöhnung gute praktische Ver-anlagungen. Mit praktischen Übungen erlernten sie in einer großen Ausbildungswerkstatt grundsätzliche Bearbeitungsvorgänge mit verschiedenen Materialien. Für diese Zielgrup-pe sind kompetente Ansprechpartner, die korrigieren und loben, sehr wichtig. Auf dieser Grundlage entsteht dann sehr schnell eine gegenseitige Vertrauensbasis. Viele Teilnehmer haben anschließend den Sprung in die Regelausbildung geschafft.

Mangelnde Ausbildungsreife ist also kein neues Phänomen und muss nicht ständig als größtes Ausbildungshemmnis beschrieben werden. Zusätzlich beklagen sich jedoch Leh-rer und Betriebe über fehlende soziale Kompetenzen. Ein Beispiel: Ein fachlich begabter Hauptschulabsolvent verschenkte wegen Unzuverlässigkeit im Praktikum einen Ausbil-dungsplatz. Die Gesellschaft steht in der Pflicht, Wege zu finden, die allen Jugendlichen das Erlangen von Qualifikationen ermöglicht. Und gerade benachteiligte Jugendliche ha-ben das Recht, dass man respektvoll mit ihnen umgeht. Gängige Sprachmuster wie „aus-bildungswillige und -fähige Jugendliche" grenzen Benachteiligte aus. Und vor allem dürfen schwächere Jugendliche nicht das Gefühl haben, nur wegen des demografischen Wandels gebraucht zu werden.

Von rund 2,1 Mio. Betrieben in Deutschland (vgl. [11]) erfüllen etwas mehr als die Hälfte die gesetzlichen Voraussetzungen, um ausbilden zu können. In der Praxis nehmen aber nur rund 23 % der Unternehmen diese Option wahr. Die zu geringe Ausbildungsbeteiligung hat unterschiedliche Gründe. In der mehrjährigen Tätigkeit des Autors als Ausbildungslotse der Industrie- und Handelskammer des Saarlandes, IHK, lassen sich die wichtigsten so beschreiben: Den Verantwortlichen in den Betrieben fehlt oft das Wissen über Ausbildungsprozesse, und die notwendige Konzentration auf die betrieblichen Abläufe nimmt bereits einen großen Teil ihrer Arbeitszeit in Anspruch. In der Tat verursacht die Ausbildung von Berufsanwärtern zusätzliche Arbeit. Es entstehen Kosten und bürokratischer Aufwand. Zudem müssen geeignete Personalressourcen für die Betreuung vorgehalten werden. An diesen Anforderungen darf eine Ausbildung nicht scheitern. So können beispielsweise bei einem Ausbildungspartner Inhalte vermittelt werden, die der eigene Betrieb selbst nicht leisten kann. In diesem Fall spricht man von einer Verbundausbildung, einem Modell mit vielen Gewinnern. Mehr Jugendliche erhalten einen Ausbildungsplatz, sie erweitern ihre soziale und fachliche Kompetenz durch das Kennenlernen unterschiedlicher Betriebe und ihre Chancen auf einen dauerhaften Arbeitsplatz erhöhen sich. Der neue Ausbildungsbetrieb erhält durch den Verbund vielfältige Unterstützung und kann gezielt seinen Personalbedarf steuern. Und der Ausbildungspartner, der alle Vorgaben erfüllt, hat die Möglichkeit, seine Kapazitäten besser auszulasten. Nicht zuletzt profitiert die Wirtschaft von diesem Modell, das durch eine Änderung im Berufsbildungsgesetz im Jahre 2005 an Attraktivität gewonnen hat. Der Gesetzgeber hat nämlich die Anforderungen an die Eignung der Ausbildungsstätte gelockert und damit die Verbundausbildung gestärkt.

Aus der Praxis: Betriebe, die bisher nicht ausgebildet haben, lassen sich auf eine Verbundausbildung ein, wenn man ihnen die Vorteile aufzeigt und die Ausbildungsabschnitte außerhalb ihres Betriebes auf das Notwendige beschränkt. Betriebe mit speziellen Ausrichtungen können es sich nicht erlauben, für eine breit angelegte Grundausbildung Ausbildungspersonal, Maschinen und Geräte vorzuhalten. Vor diesem Hintergrund bietet sich ein Paket „Grundausbildung" an. Weitere Ausbildungsabschnitte können die Partner nach betrieblichen Gegebenheiten vereinbaren. Ständiger Erfahrungsaustausch spielt in diesem Modell für alle Beteiligten eine große Rolle.

Die langjährige Partnerschaft zwischen der Firma Marquardt in St. Ingbert, Modellbau für die Industrie, und dem TÜV Nord Bildungszentrum in Völklingen steht für einen funktionierenden Verbund zwischen einem Hochtechnologiebetrieb der Automobilzulieferung und dem modernen Ausbildungszentrum eines ehemaligen Bergbauunternehmens. Seit fünfzehn Jahren erhalten die angehenden Modellbaumechaniker von Marquardt ihre Grundausbildung in Völklingen. Auf diesem Fundament setzen sie unter fachlicher Anleitung ihre anspruchsvolle Ausbildung an leistungsstarken computergesteuerten Bearbeitungsmaschinen in St. Ingbert fort. Ein guter Weg zur Fachkräftesicherung, der aber hohe Ansprüche an mögliche Bewerber stellt: Motivation, Verantwortungsbewusstsein und technisches Verständnis.

Die flexible4science GmbH, ein Tochterunternehmen der Homburger Gesellschaft für pharmazeutische Qualitätsstandards mbH PHAST, bildet Chemielaboranten für den Ei-

genbedarf aus. In Abstimmung mit der Industrie- und Handelskammer Saarland bietet
dieser Betrieb inzwischen auch eine Verbundausbildung für Laborbetriebe an. Unternehmen aus mehreren Branchen – Chemie, Pharma, Nanotechnologie, Lebensmittel, Kosme-
tik und Life Sciences – können von diesem Ausbildungsangebot profitieren. flexible4sci-
ence verfügt über ein gut ausgestattetes Lehrlabor, allein dessen Nutzung kann die Ausbildungskosten der Verbundpartner reduzieren. Darüber hinaus erhalten Betriebe, die selbst
nicht alle Ausbildungsinhalte vermitteln können, mit diesem Angebot die Chance, den
eigenen Fachkräftebedarf zu sichern. Aus Sicht der Ausbildungsleitung muss allerdings
noch einiges an Überzeugungsarbeit geleistet werden, denn viele Betriebe erkennen noch
nicht die Synergieeffekte der Verbundausbildung.

Das duale System bietet neben der Regelausbildung mit einer Ausbildungszeit von drei
oder dreieinhalb Jahren die Option zweijähriger Berufsausbildungen und Verbundausbil-
dungen zwischen zwei oder mehreren Firmen. Dieses Angebot stellt eine gute Grundlage
für Schulabgänger und Betriebe dar. Es gelingt bisher aber nicht in ausreichendem Maße,
den Jugendlichen die Berufswahl mit den vorhandenen Instrumenten zu erleichtern.

6.2.3 Angebote und Chancen für alle

In der Altersgruppe der 20- bis 34-Jährigen gibt es weit mehr als zwei Millionen Menschen ohne Ausbildungsabschluss. Die Ungelerntenquote in Deutschland liegt seit Jahren
bei etwa 15 % (vgl. [2]). Und trotz hoher internationaler Wertschätzung des dualen Aus-
bildungssystems scheiterten auch 2011 fast 300.000 Jugendliche (vgl. [10]) an der Hürde
Berufsausbildung. Sie gelten als nicht ausbildungsreif und gehen den beschwerlichen Um-
weg einer berufsvorbereitenden Maßnahme. Dabei haben drei Viertel dieser Jugendlichen
mindestens einen Hauptschulabschluss (vgl. [9]). Warum gilt diese große Gruppe als nicht
ausbildungsreif, wie kann man ihnen den Beginn einer Ausbildung ermöglichen und wie
können Ungelernte qualifiziert werden? Diese Fragen gilt es zu ergründen.

Aus der Praxis: Das deutsche Schulsystem setzt auf Auslese statt auf Förderung, und
die Wirtschaft sucht sich nur die Besten aus. Jugendliche ohne oder mit einem schwachen
Schulabschluss landen ohne Perspektiven in teuren, ineffizienten Übergangsmaßnahmen
und gelten im offiziellen Sprachgebrauch dann als „versorgt". Nur wenige Betriebe geben
Hauptschülern eine Chance. Vor diesem Hintergrund ist es unredlich, alleine die fehlende
Motivation der Bewerber zu kritisieren. Diese Bewertung ist vielen Gesprächen vor Ort geschuldet und stellt den Akteuren der Berufsbildung ein schlechtes Zeugnis aus. Das System
muss im Hinblick auf Benachteiligte zukünftig klare Zuständigkeiten definieren und viel
früher reagieren. Dazu gehören: die Förderung der Fähigkeiten und der Ausbildungsreife
im schulischen Alltag und das Definieren von erreichbaren und wirtschaftlich verwertba-
ren Qualifikationen für Benachteiligte. Mit diesem Ansatz lassen sich ermüdende „Warte-
schleifen" stark reduzieren.

Einige Projekte, die auch im Saarland Anwendung finden, werden hier stellvertretend
vorgestellt: „Anschluss Direkt", konzipiert für gute Hauptschüler, „Ausbildung jetzt" für

benachteiligte Schüler, der Einsatz von „Berufseinstiegsbegleitern" und das Projekt „Einstiegsqualifizierung EQ". Beide Konzepte sind der Tatsache geschuldet, dass im Saarland nur 16 % der erfolgreichen Absolventen einer Hauptschule unmittelbar nach dem Schulabschluss eine Ausbildung beginnen – zum Vergleich: Bundesweit sind es 25 % (vgl. [8]). An dieser Stelle setzt das Projekt „Anschluss Direkt" an und bietet guten und motivierten Jugendlichen Betreuung und Unterstützung bei der Berufsorientierung und Ausbildungsplatzsuche. Die bisher positive Entwicklung bestätigt aber die Notwendigkeit, Schwächen in der Hinführung zur Berufswahlreife abzustellen und Jugendliche noch gezielter auf die Arbeitswelt vorzubereiten. In vielen Fällen fehlen grundsätzliche Kenntnisse über das Berufsleben. Das Projekt „Ausbildung Jetzt" arbeitet mit der Zielgruppe der schwächeren Schüler und beruht auf Freiwilligkeit. Die bisherige Suche nach einem Ausbildungsplatz scheitert nach Einschätzung von Sozialpädagogen häufig an einer fehlerhaften Selbsteinschätzung, schlechten Schulnoten oder an sozialen Defiziten. Die Einstellung von staatlichen Zuschüssen hat die Vermittlung in Betriebe nicht gerade erleichtert. Schwierige Biografien der Jugendlichen und Betriebe, die nur ungern Hauptschüler einstellen, erschweren die Umsetzung des gut gemeinten Projektes „Ausbildung Jetzt".

Eine andere Idee sind sogenannte „Berufseinstiegsbegleiter": Sie unterstützen Jugendliche bei ihrer Persönlichkeitsentwicklung, bei der Erlangung der Ausbildungsreife, bei der Berufsorientierung, beim Erreichen eines Schulabschlusses, bei der Ausbildungsplatzsuche und im ersten halben Ausbildungsjahr. Wenn im ersten Anlauf das Ziel Ausbildungsplatz verfehlt wird, begleiten sie ihre Zöglinge im Übergangssystem. Ein Beispiel aus dem Alltag eines Berufseinstiegsbegleiters: Ein lernschwacher Schüler fühlt sich im Praktikum wohl und arbeitet engagiert. Deshalb erhält er ein Ausbildungsangebot als Fachkraft für Lagerlogistik. Sein Betreuer erklärt ihm, in welchen schulischen Fächern er sich noch verbessern muss, und schlägt so eine Brücke zwischen Theorie und Praxis. Inzwischen liegt eine erste Evaluation vom August 2010 (vgl. [25]) vor. Das Ergebnis zeigt, dass seit der Einführung 2008 eine hohe Fluktuation der Projektmitarbeiter festzustellen ist. Eine kontinuierliche individuelle Betreuung konnte also nur bedingt geleistet werden. Belastbare Ergebnisse des Projektes liegen bis jetzt darum noch nicht vor.

Die Zielgruppe einer anderen Maßnahme mit der Bezeichnung „Einstiegsqualifizierung EQ" sind Bewerber ohne Ausbildungsplatz mit Mängeln in der Ausbildungsbefähigung, Lernbeeinträchtigte oder sozial Benachteiligte. Die Teilnehmer können in einem sechs- oder zwölfmonatigen betrieblichen Praktikum gefördert werden und ihre Berufswahl konkretisieren. Jugendliche und Betriebe können beide von diesem Projekt profitieren. Die Praktikanten lernen betriebliche Abläufe und berufliche Regeln kennen, und umgekehrt haben Betriebe die Möglichkeit, das Arbeitsverhalten als Bewertungsgrundlage zu nutzen. Die Qualifizierung richtet sich an vorgeschriebenen Ausbildungsbausteinen aus und kann bei Erfolg auf eine anschließende Ausbildung angerechnet werden. Das Projekt Einstellungsqualifizierung EQ kann eine Alternative beim Übergang in den Beruf sein. Bisher bestätigten aber nur 20 % der befragten Teilnehmer eine Anrechnung auf ihre anschließende Ausbildungszeit (vgl. [1]).

Das sind nur vier von unzähligen Projekten zur Förderung des Übergangs von der Schule in den Beruf. Es fällt schwer, alle Maßnahmen durch charakteristische Merkmale zu unterscheiden und in ihrer Wirkung zu bewerten. Diese Unübersichtlichkeit entsteht nicht zuletzt durch nicht aufeinander abgestimmte Zuständigkeiten. Wir brauchen klare Strukturen, weniger, aber dafür effiziente Projekte und Akteure, die Jugendliche respektieren und ihnen zu Erfolgserlebnissen und damit zu Ausbildungchancen verhelfen. Es werden auch weiterhin junge Menschen auf Fördermaßnahmen angewiesen sein, aber deren Zahl lässt sich mit klaren und motivierenden Konzepten deutlich verringern. Primär ist es unabdingbar, die Fähigkeit zur Berufswahl im schulischen Alltag zu verankern, personelle Betreuung am Übergang zum Beruf vorzuhalten und mehr Praxisanteile in der Berufsorientierung vorzusehen. Vor diesem Hintergrund relativieren sich die Anzahl der Maßnahmen und die jährlichen Kosten (vgl. [16]) in Höhe von sechs bis sieben Milliarden Euro von selbst. Und dadurch frei werdende Gelder könnten für den präventiven Einsatz in der frühkindlichen Bildung verwendet werden und die heute feststellbaren Defizite weitgehend vermeiden.

Eine Förderung von individuellen Fähigkeiten und eine Gleichwertigkeit von Schulabschluss und Berufswahlreife würden – nach Sicht des Autors – die Chancen aller Schüler verbessern.

6.2.4 Neue Strategien entwickeln – Akquise von Ausbildungsplätzen

Die Personalverantwortlichen der Wirtschaft stehen ebenfalls vor neuen Herausforderungen. Nur knapp 50 % der registrierten Bewerber (vgl. [12]) erhielten etwa im Ausbildungsjahr 2010 einen Ausbildungsvertrag, und die andere Hälfte – über 270.000– nahm unterschiedliche Alternativen in Anspruch. Dazu zählen: das Anstreben eines höheren Schulabschlusses, berufsvorbereitende Maßnahmen oder Verzicht auf Unterstützung der Vermittlungsdienste durch die Bundesagentur für Arbeit.

Viele dieser Entscheidungen sind Unsicherheiten bei der Berufswahl und auch der Nichtberücksichtigung von vorhandenen Fähigkeiten potentieller Bewerber durch die Betriebe geschuldet. Vor diesem Hintergrund lohnt es sich, über Veränderungen der Einstellungskriterien, vor allem über praktische Entscheidungshilfen, nachzudenken. Momentan werden Entscheidungen fast nur auf der Grundlage schriftlicher Dokumente – wie beispielsweise Zeugnisse, Bewerbungsschreiben, Einstellungstests – getroffen. Im Umkehrschluss könnten Vorstellungsgespräche und eine konkrete Handlungssituation vor Ort, eine Art Probearbeit, den Bewerbern die Chance geben, sich als Persönlichkeit zu präsentieren. Betriebe dürften sich nicht mehr damit begnügen, Jugendlichen, denen sie die Ausbildungsreife absprechen, keine Chance zu geben und nur die vermeintlich Besten einzustellen. Der Geschäftsführer in einem saarländischen Autohaus schließt beispielsweise die Bewertung von Praktika in sein Urteil ein. Schüler mit Hauptschulabschluss haben ebenfalls eine Chance verdient. Man kann ohne Weiteres einen Zusammenhang zwischen der Zahl der unbesetzten Ausbildungsstellen und der Vorliebe der Betriebe für höhere

Schulabschlüsse herstellen. Die oft negativen Erfahrungen von Ausbildungsplatzbewerbern und von jungen Fachkräften auf Jobsuche müssten die Personalverantwortlichen eigentlich nachdenklich machen. Wer in der Hoffnung auf eine Stelle zwischen achtzig und hundert Bewerbungen verschickt, hat das Recht, über eine Absage informiert zu werden. Zudem vermissen viele junge Fachkräfte das Aufzeigen von Perspektiven innerhalb eines Betriebes. Investitionen in ein – vom Betrieb gefördertes – praxisorientiertes Studium machen erst dann Sinn, wenn man den Teilnehmern auch weiterführende Wege nach einem erfolgreichen Abschluss aufzeigt. Die Rückmeldungen junger Menschen aus der Praxis klingen hier nicht gerade positiv.

Die Dillinger Hütte (vgl. [19]) hat im Ausbildungsjahr 2011 ein so genanntes „Nulltes Ausbildungsjahr" eingeführt und damit unversorgten Bewerbern die Chancen auf einen Ausbildungsplatz eröffnet. Sechs von fünfzehn Teilnehmern erhielten im Herbst 2012 nach elf Monaten Vorbereitung einen Ausbildungsplatz im Metallbereich. Die Maßnahme orientiert sich an den praktischen und theoretischen Inhalten des ersten Ausbildungsjahres Metall und endet mit einer Prüfung. Nach Aussage der Ausbildungsleitung können soziale Defizite im Projekt bedingt ausgeglichen werden.

Der Arbeitgeberverband Metall und die Gewerkschaft IG Metall Nordrhein-Westfalen gehen mit dem Tarifvertrag zur Förderung der Ausbildungsfähigkeit (vgl. [21]) völlig neue Wege. In der Präambel heißt es: „Es ist festzustellen, dass Teile der Schulabgänger den heutigen Anforderungen der Berufsausbildung in der Metall- und Elektroindustrie nicht ohne entsprechende Unterstützung nachkommen können." Ein äußerst praxisnaher Ansatz ist es, fehlende Ausbildungsfähigkeit im Echtbetrieb aufzuarbeiten. Betriebe, die sich auf dieses Projekt einlassen, geben schwächeren Jugendlichen eine Chance und nehmen gesellschaftliche Verantwortung wahr. Hauptschulabsolventen mit schlechten Noten, Fehlzeiten oder sozialen Defiziten können ein Jahr lang auf eine Ausbildung vorbereitet werden. Nach einer Einweisung in der Ausbildungswerkstatt arbeiten die Hauptschüler als Helfer in der Produktion und besuchen zweimal pro Woche die Berufsschule. In der betrieblichen Phase werden durch die Integration in Arbeitsgruppen vorhandene praktische Fähigkeiten vertieft und zusätzlich theoretische sowie soziale Aspekte gestärkt. Der Tarifvertrag sieht vor, dass nach erfolgreicher Förderung eine Übernahme in ein Ausbildungsverhältnis erfolgt. Er kann sich als ein gutes Instrument zur Rekrutierung schwächerer Jugendlicher erweisen.

Die Sicherung des Fachkräftebedarfs wird zukünftig daran gemessen, ob Betriebe ihre Erwartungen auch an vorhandenen Fähigkeiten und Lebenswelten der Bewerber ausrichten.

6.3   Blick nach vorne

Die Problemlage beim Übergang von der Schule in den Beruf ist hinreichend bekannt. Sie hat Ursachen, die bisher allzu gerne verdrängt werden. Man muss sogar von einem gesellschaftlichen Problem sprechen. Neben den fachlichen und handlungsorientierten Kompetenzen werden gerade soziale Fähigkeiten in den Arbeitsprozessen immer wichtiger. Sie fehlen aber bereits im familiären Bereich. Noch ist keine gesellschaftliche Gruppierung bereit, die Ursachenkette mangelnder Ausbildungsreife zu erkennen und daraus wirksame Lösungsmöglichkeiten abzuleiten. Politik und Gesellschaft sind gefordert, gemeinsam Lösungswege zu suchen.

Das Ungleichgewicht zwischen Angebot und Nachfrage hängt auch mit fehlenden Informationen von Bewerbern und Betrieben, unterschiedlichen Ausbildungswünschen und Angeboten sowie regionalen Aspekten zusammen. Erst mit diesem Bewusstsein und einer intensiven Vernetzung aller Akteure – einschließlich der Eltern – wird der Weg frei, den Nachwuchs so vorzubereiten, dass alle eine Chance erhalten. Die Berufsausbildung in Deutschland ist mit dem dualen Ausbildungssystem gut aufgestellt, aber mit circa 350 anerkannten Ausbildungsberufen ist das Bildungsangebot nicht mehr überschaubar.

Wie geht es nach einer erfolgreichen Ausbildung weiter? Mehr als ein Drittel der Absolventen wird nicht übernommen (vgl. [18]). Und 41 % der Arbeitnehmer zwischen 15 und 25 Jahren hatten 2011 nur eine befristete Arbeitsstelle. Sichere Perspektiven für junge Leute sehen anders aus. Alle Akteure sind gefordert, diese sehr sensible Zeitspanne zwischen Schule und beruflicher Etablierung mit neuen Impulsen und Strategien anzugehen. Interessen, Einstellungen und Gewohnheiten stimmen oft nicht mit den Anforderungen der Arbeitswelt überein. Es ist aber eine gesellschaftliche Aufgabe, mit realen Konzepten und neuen Strategien diese Fehlentwicklungen zu korrigieren.

Literatur

1. Begleitforschung des Sonderprogramms des Bundes zur Einstiegsqualifizierung Jugendlicher, – EQJ-Programm- 5. Zusammenfassung und Handlungsempfehlungen (2008) Bundesministerium für Arbeit und Soziales, S 15
2. Braun U, Bremser F, Schöngen K, Weller S (2012) Erwerbstätigkeit ohne Berufsabschluss – Welche Wege stehen offen? Forschungs- und Arbeitsergebnisse aus dem Bundesinstitut für Berufsbildung, BIBB Report 17/12:1–5
3. Gruber S, Weber H (2007) Differenzierung der Ausbildungsangebote: Integration von Hauptschülern durch zweijährige Berufe? Bundesinstitut für Berufsbildung. BWP 2/2007:18–21
4. Henry-Huthmacher C, Hoffmann E (2011) Der erfolgreiche Weg zum Berufsabschluss. Konrad Adenauer Stiftung, Sankt Augustin, S 8
5. Henry-Huthmacher C, Hoffmann E (2011) Aufstieg durch (Aus-) Bildung – Der schwierige Weg zum Azubi. Konrad Adenauer Stiftung, Sankt Augustin, S 79
6. Hüther M (2007) Was tun wir mit den Verlierern der Globalisierung? In: Aust S, Richter C, Ziemann M (Hrsg) Wettlauf um die Welt. Piper, München, S 82
7. www.ausbildungplus.de/html/860.php. Zugegriffen: 15. Aug. 2012
8. http://bildungsklick.de/pm/73903/wirtschaftsministerium-startet-pilotprojekt-fuer-jugendliche-mit-hauptschulabschluss/. Zugegriffen: 15. Aug. 2012
9. http://www.bertelsmann-stiftung.de/cps/rde/xchg/bst/hs.xsl/nachrichten_112338.html. Zugegriffen: 15. Aug. 2012
10. http://www.bmbf.de/pub/bbb_2012.pdf. Zugegriffen: 15. Aug. 2012
11. http://www.bmbf.de/pub/berufsausbildung_sichtbar_gemacht.pdf. Zugegriffen: 15. Aug. 2012

12. http://datenreport.bibb.de/html/3656.htm. Zugegriffen: 15. Aug. 2012
13. http://www.dihk.de/presse/meldungen/2011-12-29-zweijaehrige-berufe. Zugegriffen: 15. Aug. 2012
14. http://www.erfolg-im-beruf.de/vocatium/grenzueberschreitend/saarbruecken.html. Zugegriffen: 15. Aug. 2012
15. http://www.focus.de/politik/deutschland/schulen-ueber-50000-jugendliche-gehen-ohne-schul-abschluss-ab_aid_729617.html. Zugegriffen: 15. Aug. 2012
16. http://www.kas.de/wf/de/33.29320/. Zugegriffen: 15. Aug. 2012
17. http://www.saarbruecker-zeitung.de/sz-berichte/neunkirchen/Kreis-neunkirchen-gaby-schae-fer-berufsvorbereitung-projekt;art2803,4119659#.UA1jymGREk8. Zugegriffen: 15. Aug. 2012
18. http://www.spiegel.de/karriere/berufsstart/junge-arbeitnehmer-haben-oft-befristete-und-schlecht-bezahlte-jobs-a-835737.html. Zugegriffen: 15. Aug. 2012
19. Matheis J, Lutz, R (2012) Fachkräftesicherung bei der Dillinger Hütte. „Guter Ruf ist hilfreich". In: Arbeitnehmer, Heft 3/2012, S 8–9
20. Richtlinien zur Durchführung von Betriebspraktika für Schülerinnen und Schüler an Schulen der Sekundarstufe 1, 5. Juni 1996 (GMBl. Saar S 114) – geändert am 2. Juli 2001 (GMBI. Saar S 200)
21. Tarifvertrag zur Förderung von Ausbildungsfähigkeit Februar 2008 zwischen METALL NRW und IG Metall Bezirksleitung NRW, S 1–6, http://www.metallnrw.de/fileadmin/std_project/con-tent_data/Downloads/Tarif/TV-FAF/Text-TV-FAF.pdf, Zugriffsdatum 15.8.2012
22. Tittelbach, W (2011) Eltern und Berufsorientierung. Ergebnisse einer Elternbefragung im Re-gionalverband Saarbrücken. Befragungszeitraum: August 2010 bis Februar 2011. Hg. v. KoSa (Regionales Übergangsmanagement Koordinierungsbüro Saarbrücken) (Perspektive Berufsab-schluss)
23. Uhly A Kroll S Krekel E (2011) Strukturen und Entwicklungen der zweijährigen Ausbildungs-berufe des dualen Systems. Wissenschaftliche Diskussionspapiere, Schriftenreihe Bundesinstitut für Berufsbildung Bonn, Heft 128, S 31
24. www.ers-klarenthal.de/berufsku/bodoausf.htm. Zugegriffen: 15. Aug. 2012
25. Deutscher Bundestag (Hrsg) Zwischenbericht 2010 zur Evaluation der Berufseinstiegsbegleitung nach § 421s des dritten Buches Sozialgesetzbuch. Kurzzusammenfassung des Zwischenberichts. Drucksache 17/3890, http://www.bildungsketten.de/_media/BerEb_Zwischenbericht_2010_BT-Drs.pdf, Zugriffsdatum 15.8.2012

Teil IV
Digital Natives und die Bedeutung des Geschlechts

Mädchen sind anders! Jungen auch?

Leben, Bildung und Qualifikation der Jugendlichen im Wandel

Birgit Michel-Dittgen und Wolfgang Appel

Inhaltsverzeichnis

7.1 Ein differenzierter Blick auf Jugendliche 98
7.2 Demographische Entwicklung und veränderte Lebensumstände der Jugendlichen 98
7.3 Mädchen als Bildungsgewinner, Jungen als Karrieregewinner? 100
    7.3.1 Geschlechtsbezogene Bildungs- und Leistungsunterschiede 100
    7.3.2 Jungen, Männlichkeit und Schule 104
    7.3.3 Feminisierung der Schulen und Monoedukation 107
7.4 Übergang von der Schule in Ausbildung und Beruf 109
7.5 Anforderungen der Unternehmen an potentielle Auszubildende 110
    7.5.1 Ausbildungsreife und Entwicklung der Bewerberqualifikation 110
    7.5.2 Auf dem Ausbildungsmarkt geforderte Kompetenzen und Qualifikationen 111
7.6 Sichtweise der Jugendlichen selbst 112
7.7 Bestehende Förderprogramme und Angebote 114
7.8 Mädchen sind anders – Jungen auch! 115
Literatur 116

B. Michel-Dittgen (✉)
Personalentwicklung
Universität des Saarlandes
Campus, 66123 Saarbrücken
Deutschland
E-Mail: michel-dittgen@univw.uni-saarland.de

W. Appel
Fakultät für Wirtschaftswissenschaften, Hochschule für Technik und Wirtschaft des Saarlandes,
Waldhausweg,
66123 Saarbrücken, Deutschland
E-Mail: wolfgang.appel@htw-saarland.de

W. Appel, B. Michel-Dittgen (Hrsg.), *Digital Natives*,
DOI 10.1007/978-3-658-00543-6_7, © Springer Fachmedien Wiesbaden 2013

7.1   Ein differenzierter Blick auf Jugendliche

Ebenso wie die Anforderungen und Entwicklungsaufgaben, denen sich Jugendliche stellen müssen, sind auch die Merkmale und Eigenschaften junger Menschen sehr unterschiedlich: Es gibt nicht eine Jugend, die exemplarische für eine ganze Generation steht. Demzufolge sollten Jugendliche mit einem differenzierten Blick betrachtet werden. In diesem Kapitel geschieht dies insbesondere im Hinblick auf das Geschlecht der Jugendlichen. Schwerpunktthemen sind die Lebensumstände sowie Bildungs- und Qualifikationsaspekte in Bezug auf männliche und weibliche Jugendliche.

7.2   Demographische Entwicklung und veränderte Lebensumstände der Jugendlichen

Die geschätzte demographische Entwicklung in Deutschland bis 2060 lässt sich vor allem durch zwei Trends zusammenfassen: In Deutschland werden deutlich weniger Menschen leben und die Anzahl und der Anteil der älteren Menschen werden deutlich steigen, die der Jüngeren deutlich fallen.

Die Jugendlichen selbst sehen den demographischen Wandel mehrheitlich als Problem an. Insbesondere auch, da sie das Verhältnis zwischen Jung und Alt in hohem Maße und zunehmend als schwierig einschätzen [58].

Welche Auswirkungen diese Entwicklungen für die Wirtschaft und den Arbeitsmarkt – insbesondere im Bereich der Auszubildenden und Berufseinsteiger – haben, ist hinlänglich bekannt. Diese sind allerdings nicht alleine durch den demographischen Wandel, sondern auch durch die veränderten Präferenzen der Jugendlichen für ihre weitere Qualifizierung – weg von einer Berufsausbildung und hin zu der Aufnahme eines Studiums – zu erklären [14].

Der demographische Wandel zeigt sich zudem nicht nur in einer sinkenden Bevölkerungszahl und einer zunehmenden Überalterung, auch die Formen des Zusammenlebens in den einzelnen Haushalten verändern sich zunehmend. Die Zahl der Ein- und Zwei-Personen-Haushalte nimmt stetig zu, die der Drei-, Vier- und Fünf-Personen-Haushalte dagegen stetig ab. So schätzt das Statistische Bundesamt, dass es im Jahr 2025 rund 17 Mio. Ein- und 15 Mio. Zwei-Personen-Haushalte in Deutschland geben wird. Die geschätzte Zahl der Drei- und Vier-Personen-Haushalte dagegen liegt bei rund 4 bzw. 3 Mio., die der Fünf-Personen-Haushalte sogar nur bei rund 1 Mio. [7]. Es gibt immer weniger Familien mit Kindern, und die Zahl der alleinerziehenden Eltern in Deutschland sowie die der Patchworkfamilien – also der Familien, zu denen Stiefelternteile und/oder Stiefgeschwister gehören – steigt [48]. Es ist anzunehmen, dass diese Entwicklungen eine entscheidende Bedeutung im Hinblick auf Rollenvorbilder für Jugendliche und insbesondere auch auf deren Erwerb von Sozialkompetenzen haben. Allerdings ist trotz dieser Veränderungen festzustellen, dass die Familie (sowohl die Herkunftsfamilie als auch die in der Zukunft möglicherweise geplante Familie) weiterhin eine hohe und sogar steigende Bedeutung für

Jugendliche hat. Die deutliche Mehrheit der Jugendlichen (90 %) gibt an, ein gutes Verhältnis zu den Eltern zu haben, und rund drei Viertel (73 %) würden die eigenen Kinder genauso oder ungefähr genauso erziehen, wie sie selbst von ihren Eltern erzogen wurden. Gerade in dem sehr „stürmischen" Lebensabschnitt des Jugendalters, in dem der schulische Druck wächst, erste Berufserfahrungen gemacht werden und sich die Jugendlichen auf eigene Füße stellen müssen, scheint die Familie als „ruhiger Hafen" eine hohe Bedeutung zu haben [58].

Neben dieser positiven und stabilisierenden Bedeutung der Herkunftsfamilie für die Jugendlichen in einem Lebensabschnitt des Wandels gibt es hier aber auch bestimmte Gegebenheiten, die den Start der Jugendlichen in eine spätere Erwerbstätigkeit erschweren, indem sie deren Zugang zu Bildungs- und Ausbildungseinrichtungen negativ beeinflussen [2]. So lassen sich bestimmte Risikolagen – sozialer, finanzieller und kultureller Art – unterscheiden, durch die die Bildungschancen der Kinder und Jugendlichen unter 18 Jahren beeinflusst sein können. Ein erhöhtes soziales Risiko für die Kinder und Jugendlichen besteht beispielsweise dann, wenn die Eltern nicht erwerbstätig sind. Daneben kann der Bildungszugang der Kinder und Jugendlichen noch durch finanzielle Risiken bedroht werden, wenn das Einkommen der Eltern sehr gering ist oder wenn sie in bildungsfernen Haushalten leben (kulturelles Risiko). Knapp ein Drittel der unter 18-Jährigen ist in Deutschland von mindestens einer dieser Risikolagen bedroht. Für Kinder von alleinerziehenden Eltern und solche mit Migrationshintergrund steigt diese Wahrscheinlichkeit nochmals deutlich an auf rund 40–50 %. Nicht ganz überraschend findet sich in Bezug auf diese Risikolagen ein Nord-Süd-Gefälle in Deutschland, zugunsten der südlichen Bundesländer.

Es stellt sich die Frage, wie sich diese Gegebenheiten und Entwicklungen auf die Bildungssituation der Jugendlichen auswirken. Bekannt ist, dass die Mehrzahl der Jugendlichen heute einen besonders hohen Bildungsehrgeiz aufweist, was sich dadurch bemerkbar macht, dass die meisten Schüler hohe formale Bildungsabschlüsse, wie das Abitur, anstreben. Diese Entwicklung wird begleitet von zunehmenden Leistungs- und Qualifikationsanforderungen in der Schule und im Beruf [35]. Wie sich die tatsächlichen schulischen Leistungen der Jugendlichen entwickelt haben, ist aufgrund der stark verändernden Rahmenbedingungen und Unterrichtsinhalte schwer zu sagen. Allerdings gibt es Belege dafür, dass die gemessene Intelligenz im 20. Jahrhundert von Generation zu Generation zugenommen hat. Dieses als Flynn-Effekt [37] bekannte Phänomen stellt die häufig geäußerte These eines Bildungsschwundes bei den Jugendlichen in Frage. Vielmehr stellt sich die Frage, inwieweit die positive Verzerrung der Erinnerungen der Elterngeneration zu einer „früher war alles besser"-Perspektive bei diesen führt und dazu, dass die Jugend möglicherweise von der älteren Generation schlecht geredet wird, wie dies seit Hunderten von Jahren der Fall ist. Die Jugendlichen sind heute – im Vergleich zu früher – scheinbar selbstsicherer [35]. Dies mag zusammen mit der Entwicklung weg von einem gesellschaftlichen und schulischen System, das streng autoritär ausgerichtet war und von Kindern und Jugendlichen strengen Gehorsam unter Androhung körperlicher und seelischer Züchtigung verlangt hat, dazu führen, dass Jugendliche durch ihr selbstbewussteres Auftreten heute

womöglich als problematischer, aufmüpfiger und respektloser wahrgenommen werden als
früher. Was die tatsächlichen schulischen Leistungen angeht, so zeigt sich seit dem Beginn
der PISA-Studien im Jahr 2000 in Deutschland, dass sich die Leistungen der befragten
Schüler in den Bereichen der Lesekompetenz, der mathematischen Kompetenz und der
naturwissenschaftlichen Kompetenz verbessert haben. Was sich aber nach wie vor besorgniserregend darstellt, sind die Bildungsunterschiede zwischen Kindern und Jugendlichen
mit und ohne Migrationshintergrund und vor allem auch die Unterschiede zwischen Jungen und Mädchen in diesem Bereich [42].

7.3   Mädchen als Bildungsgewinner, Jungen als Karrieregewinner?

Mädchen werden häufig als Bildungsgewinner, Jungen als Bildungsverlierer bezeichnet. In
den folgenden Abschnitten werden Befunde und Forschungsergebnisse dazu vorgestellt,
wie es um die Bildungs- und Leistungsunterschiede zwischen den Geschlechtern bestellt
ist, welche Kompatibilitätsprobleme es zwischen der sich ausprägenden männlichen Geschlechtsrolle der Jungen und dem System Schule gibt und welche Rolle eine immer wieder genannte Feminisierung der Schule und monoedukative Ansätze spielen.

7.3.1   Geschlechtsbezogene Bildungs- und Leistungsunterschiede

Sowohl in Bezug auf die Teilnahme von Jungen und Mädchen an verschiedenen Bildungsangeboten als auch hinsichtlich der erreichten Abschlüsse und der schulischen Leistungs-
profile zeigen sich deutliche Unterschiede zwischen den Geschlechtern.

7.3.1.1   Bildungsbeteiligung
Die Kluft zwischen den Kindern und Jugendlichen, die bestehende Bildungsangebote erfolgreich nutzen, und denen, die ungünstige Bildungsverläufe aufweisen, wächst stetig.
Insbesondere das Geschlecht, der sozioökonomische Status des Elternhauses und der Migrationsstatus sind entscheidende Faktoren, die zu Disparitäten in der Bildungsbeteiligung
führen und damit auch Unterschiede in den Bildungs- und Lebenschancen nach sich ziehen.
   Zwar erreichen auch Angehörige niedrigerer sozialer Schichten dank der Bildungsexpansion häufiger als früher höhere Bildungsabschlüsse, da dies aber für Angehörige der
anderen Schichten in stärkerem Maße der Fall ist, verschärft sich das bestehende schicht-
abhängige Bildungsgefälle sogar noch [28]. Kinder und Jugendliche mit Migrationshintergrund sehen sich in der Gestaltung erfolgreicher Bildungs- und Berufsbiographien besonders großen Hürden gegenüber. Dies zeigt sich auch darin, dass 39 % von ihnen später keinen Berufsabschluss erreichen, während dies bei Personen ohne Migrationshintergrund
nur 11 % sind. Ein weiterer wesentlicher Aspekt ist hier das Geschlecht. Während sich
in Deutschland vor allem bei Frauen ein anhaltender Anstieg des Bildungsstandes zeigt,

scheint die Bildungsexpansion seit Mitte der 1960er Jahre vor allem zu Ungunsten von jungen Männern ausgefallen zu sein [2].

So zeigt sich zum Beispiel in Deutschland, dass der Jungenanteil in der Klassenstufe 9 umso höher ist, je geringer qualifizierend die Schulform ist. Insbesondere die starke Zunahme des Jungenanteils an Haupt- und Förderschulen und die deutliche Abnahme des Anteils von Jungen an Gymnasien seit den 70er Jahren fallen hier ins Auge [2]. Besonders erschreckend ist mit 86 % der hohe Anteil von Jungen unter den Schülern mit emotionalen und sozialen Entwicklungsstörungen, die Förderschulen besuchen [28]. Hinzu kommt noch, dass Jungen – insbesondere an Gymnasien – deutlich häufiger eine Klasse wiederholen müssen als Mädchen und insgesamt bei Schulformwechseln weniger erfolgreich sind als ihre Mitschülerinnen [3, 5]. Dies ist eine Tatsache, die ebenso für Jugendliche mit Migrationshintergrund und solche aus bildungsfernen Elternhäusern zutrifft [41]. Für Jungen mit Migrationshintergrund sind dementsprechend die Bildungsaussichten besonders schlecht. Sie müssen bereits in der Grundschule deutlich häufiger eine Klasse wiederholen und erreichen insgesamt niedrigere Abschlüsse [12]. Allerdings gibt es Hinweise darauf, dass die Erklärungsrelevanz der sozioökonomischen Lage des Elternhauses im Hinblick auf eine Bildungsbenachteiligung von Jugendlichen deutlich höher ist (16,5 %) als die des Migrationsstatus (5 %) [19]. Die soziale Schicht der Eltern ist also entscheidender für spätere Bildungserfolge als deren Migrationsstatus.

Die Bildungsbeteiligung ist nicht nur im Hinblick auf den späteren beruflichen Erfolg relevant. So gibt es auch Hinweise auf einen Zusammenhang zwischen dem individuellen Bildungsstand und dem gesundheitlichen Wohlergehen. Ebenso verstärkt sich mit dem erworbenen Bildungsabschluss die Teilnahme am politischen, sozialen und kulturellen Umfeld [2].

Die unterschiedliche Bildungsbeteiligung der Geschlechter wirkt sich entsprechend auch auf die von Jungen und Mädchen erreichten Schulabschlüsse aus.

7.3.1.2 Abschlüsse

Insgesamt ist der Anteil an Schulabgängern ohne Hauptschulabschluss an der gleichaltrigen Wohnbevölkerung in Deutschland von 9,1 % in 1999 auf 7,5 % in 2008 gefallen, wobei diese Entwicklung in den neuen Bundesländern deutlich weniger positiv ausgefallen ist [45]. Der Anteil von männlichen Jugendlichen an Schülern, die ihre Schullaufbahn ohne Hauptschulabschluss beenden, ist allerdings in den letzten 40 Jahren stetig gestiegen. Lag der Jungenanteil an Schulabgängern ohne Hauptschulabschluss im Jahr 1967 noch bei 55,7 %, so ist dieser Anteil seit 1992 bis heute auf ca. 62–64 % gestiegen. Demgegenüber ist der Anteil junger Männer an Schülern, die die allgemeine Hochschulreife erreichen, von 63,5 auf 44,2 % gefallen [12]. Männliche Jugendliche mit Migrationshintergrund haben das höchste Risiko, die Schule ohne Abschluss zu verlassen. Fast jeder Fünfte dieser Gruppe (18 %) erreicht keinen Hauptschulabschluss [2]. Allerdings zeigt sich, dass ein großer Teil der jungen Männer ihren Bildungsabschluss, zum Beispiel durch erfolgreich abgeschlossene Ausbildungen, später nachholt. So haben im Alter von 22 Jahren nur noch 2,7 % der jungen Männer keinen Abschluss (zwischen 15 und 17 Jahren sind es 8,1 %) [60,

64]. Betrachtet man die Personen im Alter zwischen 18 und 21 Jahren im Hinblick auf ihren höchsten erreichten Schulabschluss, so stellt man fest, dass rund ein Fünftel (20,1 %) dieser Gruppe einen Hauptschulabschluss erreicht hat, mehr als ein Drittel einen mittleren Bildungsabschluss (Realschule, 38,4 %) hat und rund jeder Vierte die allgemeine Hochschulreife besitzt (25,4 %). Rund jeder zehnte Jugendliche hat die Fachoberschule abgeschlossen (10,8 %) und lediglich 5,3 % dieser Gruppe haben keinen Hauptschulabschluss erreicht. Insgesamt hält der Trend zur Hochschulreife und zum Hochschulabschluss an, während der Anteil von Hauptschulabschlüssen abnimmt. Allerdings sind es die Frauen, die in steigender Zahl einen Hochschulabschluss erreichen, während dieser Wert bei Männern eher stagniert. Demgegenüber nimmt in der relevanten Altersgruppe bei Männern im Gegensatz zu Frauen der Anteil der Menschen ohne beruflichen Abschluss zu [2]. Wie gestalten sich diese Bildungsunterschiede zwischen Jungen und Mädchen nun konkret im schulischen Alltag?

7.3.1.3 Schulische Fächer

Die aktuelle PISA-Studie betont, dass sich die geschlechtsbezogenen Leistungsunterschiede zwischen Jungen und Mädchen in den letzten Jahren verstärkt haben. Die Leistungen rund jedes achten Mädchens in Deutschland lagen unter Kompetenzstufe 2 (waren also deutlich unterdurchschnittlich), während dies bei einem von vier Jungen der Fall war [51]. Insbesondere in den Fächern Deutsch, Mathematik und Naturwissenschaften werden entsprechend bestehender geschlechtsspezifischer Stereotypen Leistungsunterschiede zwischen Jungen und Mädchen erwartet. Die Forschung kommt hier zu folgenden Ergebnissen:

* Deutsch

Der Anteil an Jugendlichen, die gerne zur Unterhaltung lesen, nimmt stetig ab. Eine Ausnahme stellt der Comic dar, der sich steigender Beliebtheit bei den Jugendlichen erfreut. Mädchen lesen dabei generell lieber als Jungen. Das Geschlecht hat hier einen deutlich stärkeren Effekt als beispielsweise der sozioökonomische Status [51].

Der aktuellen PISA-Studie zufolge zeigen Mädchen in allen 65 teilnehmenden Ländern bessere Leseleistungen als Jungen. In Deutschland sind die Geschlechtsunterschiede in der Leseleistung leicht überdurchschnittlich und entsprechen einem Schuljahr.

Allerdings wird einheitlich angenommen, dass Jungen – auch bei gleichen Leistungen im Fach Deutsch – von Eltern und Lehrern niedrigere Kompetenzen als Mädchen zugesprochen werden [62]. Hinzu kommt, dass Jungen in Bezug auf dieses Fach ein geringeres Selbstkonzept [12] und eine geringere Motivation als Mädchen aufweisen [51]. Bei gleichem Selbstkonzept – im Sinne einer Selbsteinschätzung der individuellen und jeweils fachbezogenen Kompetenzen und Fähigkeiten – und gleicher Motivation zeigen Jungen auch gleiche Leistungen wie Mädchen [12]. So haben Jungen beispielsweise umso größere Schwierigkeiten im Diktat, je weiter die verwendeten Worte von „Jungenwelten" entfernt sind. Geht es aber um Wörter aus der „Jungenwelt", wie Schiedsrichter, Benzintanks, Kreuzung, zeigen Jungen keine schlechteren Leistungen in der Rechtschreibung als Mädchen. Jungen scheinen also „stärker beeinflussbar von der persönlichen Beziehung zum Lerngegenstand als Mädchen, die sich eher von Regeln leiten lassen" [10]. Die geringeren Leistungen der Jungen im Deutschunterricht wirken sich insofern besonders nachteilig aus, als sie auch andere Schulfächer negativ beeinflussen. Interessanterweise zeigen sich zwischen Jungen und Mädchen mit Migrationshintergrund keine Unterschiede bei den Deutschleistungen [31]. Insgesamt zeigt sich für Jugendliche mit Migrationshintergrund hier aber ein deutlicher Kompetenzrückstand von oft mehr als einem Schuljahr im Vergleich zu ihren Schulkollegen ohne Migrationshintergrund [2].

• Mathematik

Gilt das Fach Deutsch als Mädchendomäne, so ist das Fach Mathematik das geschlechtliche Pendant. Die aktuelle PISA-Studie (2009) weist auf bessere mathematische Leistungen der Jungen hin, auch wenn diese Differenz nicht so ausgeprägt ist wie beim Lesen und der Leistungsvorsprung der Jungen darüber hinaus in den letzten Jahren tendenziell abgenommen hat. Jungen haben meist ein gutes mathematisches Selbstkonzept und sind motiviert und am Fach interessiert [4, 19, 63]. Zudem werden Jungen sowohl von Eltern wie auch von Lehrern höhere mathematische Kompetenzen zugeschrieben als Mädchen [40, 62]. Dies birgt für Jungen das Risiko der Selbstüberschätzung, während sich für Mädchen die geringeren Leistungserwartungen hemmend auf den Lernerfolg auswirken [40]. Schlechte Leistungen im Fach Mathematik werden von Lehrern bei Jungen eher einer mangelnden Motivation zugeschrieben, bei Mädchen eher mangelnden Fähigkeiten [62]. Es lässt sich also feststellen, dass die Unterschiede in der Selbst- und Fremdeinschätzung der mathematischen Kompetenzen bei Jungen und Mädchen anscheinend größer sind als die tatsächlichen Kompetenzunterschiede [36].

• Naturwissenschaften

Ähnlich wie das Fach Mathematik gelten die Naturwissenschaften (insbesondere Physik und Chemie) als Jungendomäne. Eine Ausnahme stellt das Fach Biologie dar, das eher als Mädchendomäne angesehen wird [19].
    Die aktuelle PISA-Studie findet allerdings keine signifikanten Geschlechtsunterschiede im naturwissenschaftlichen Bereich [51]. Dennoch zeigen Jungen im naturwissenschaftlichen Bereich ein günstigeres Selbstkonzept [9, 59] als Mädchen und werden von Lehrkräften für begabter als Mädchen gehalten.

    Es zeigen sich also geschlechtsstereotypische Unterschiede in den schulischen Leistungen von Jungen und Mädchen. Deutsch ist nach wie vor eine Mädchendomäne, und das Leistungsdefizit der Jungen in diesem Fach hat sich in den letzten Jahren eher verstärkt. Der Leistungsvorsprung der Jungen im Fach Mathematik ist nicht ganz so ausgeprägt und wird tendenziell geringer. Allerdings ist es wichtig, zu berücksichtigen, dass in allen Fächern nur noch sehr geringe geschlechtsspezifische Leitungsunterschiede gefunden werden, wenn Jungen und Mädchen gleichermaßen motiviert und interessiert am Lerngegenstand sind. Zudem erhalten Jungen in allen Fächern auch bei gleichen Kompetenzen schlechtere Noten [12].

Jugendliche mit Migrationshintergrund (und hier insbesondere männliche Jugendliche) weisen im Mittel einen Leistungsrückstand zu deutschstämmigen Jugendlichen auf. Deutlich nachteiliger als ein Migrationshintergrund wirkt sich allerdings ein niedriger sozioökonomischer Status des Elternhauses auf die schulischen Leistungen aus [32].

7.3.1.4 Außerschulische Aktivitäten

Entgegen der Wahrnehmung eines scheinbar mangelnden freiwilligen sozialen Engagements Jugendlicher zeigt sich, dass sich relativ konstant rund ein Drittel (36 %) der Jugendlichen hauptsächlich in den Bereichen Schule/Kindergarten, Sport oder Kirche/Religion engagiert [2]. Jugendliche mit Migrationshintergrund sind dabei deutlich weniger freiwillig engagiert (24 %). Das freiwillige soziale Engagement nimmt von Hauptschülern über Realschüler zu Gymnasiasten zu. Und auch die Zahl der Jugendlichen, die Freiwilligendienste (zum Beispiel Freiwilliges Ökologisches Jahr) leisten, steigt an. Auch hier zeigt sich allerdings, dass männliche Jugendliche, solche mit Migrationshintergrund und Hauptschüler deutlich unterrepräsentiert sind [2].

Die Phänomene in Bezug auf die geschlechtsspezifischen Unterschiede bei den schulischen Leistungen der Jugendlichen sind objektiv feststellbar und hinlänglich dokumentiert. Unklar ist dagegen, was die Ursachen für diese Veränderungen in den letzten 30 Jahren ist, die übrigens in der gesamten westlichen Hemisphäre festzustellen sind. Allerdings gibt es einige erklärende Ansätze, die im Folgenden betrachtet werden.

7.3.2 Jungen, Männlichkeit und Schule

Die im vorangegangenen Abschnitt dargestellten Bildungs- und Leistungsunterschiede von Jungen und Mädchen werden oft mit geschlechtsspezifischen Unterschieden im Sozialverhalten der Jugendlichen in Verbindung gebracht, die im schulischen Rahmen eine besondere Rolle spielen.

So zeigt sich, dass besonders für männliche Jugendliche Bewegung, Aktivität und körperliche Auseinandersetzungen eine hohe Bedeutung haben [39]. Die körperbetontere und oft „wildere" Art von Jungen, das sogenannte „rough and tumble play"-Verhalten [52] oder auch „Spaßkloppe", die für viele Jungen zu ihrem ganz normalen Verhaltensrepertoire gehören [67], lässt oft den Eindruck entstehen, sie seien aggressiver und gewalttätiger als Mädchen. Während Mädchen eher verbal als physisch aggressiv sind, agieren Jungen ihre Aggressivität eher auf körperliche und symbolische Weise aus [46].

Dieses Verhalten ist oft nicht mit den Regeln und Erwartungen der Schulwelt vereinbar. Während Jungen sich häufiger Regeln und Vorgaben widersetzen [27, 43], zeigen sich Mädchen oft anpassungsfähiger und fleißiger. Für Jungen beginnt ein spannender Prozess des Aushandelns von persönlichen Freiräumen und des Erlangens von Anerkennung oft gerade dann, wenn sie mit Regeln konfrontiert werden. Dies kann zu der negativ konnotierten Wahrnehmung des jungentypischen Verhaltens (zum Beispiel Stören, Verweigerungshaltung) in der Schule führen. So erhalten Jungen dort, wo Kopfnoten für das Verhalten erteilt werden, schlechtere Noten als Mädchen [6]. Es stellt sich die Frage, warum Jungen heute viel mehr als früher durch dieses mit dem Schulsystem nicht kompatible Verhalten auffallen. Das System Schule sollte doch heute diesen regelverletzenden Verhaltensweisen der Jungen mehr Raum bieten als früher, da die Schule heute weit weniger autoritär geprägt ist, als dies beispielsweise zu Zeiten der Prügelstrafe der Fall war.

Wer sich mit der Männergeneration, die in der Mitte des vorigen Jahrhunderts Kinder waren, unterhält, kann leicht feststellen, das sich diese ebenso regelnonkonform verhalten haben, wie dies heutige Jungen auch tun. Allerdings haben sich die Jugendlichen früher eher außerhalb der Schule „Luft gemacht". Dies scheint heute allerdings ein Bereich zu sein, der – im Gegensatz zur Schule – eher stärker reglementiert ist als früher. Während früher der Dorfpolizist ein „ernstes Wort" mit den Burschen gesprochen hat, die mit Schießpulverfunden Nachbars Apfelbaum in die Luft gesprengt haben, würde heute in einem solchen Fall zwangsläufig die Jugendgerichtsbarkeit auf den Plan gerufen.

Im schulischen Kontext steht für Jungen also heute häufig nicht der Unterricht, sondern die Interaktion mit ihrer geschlechtshomogenen Peer-Gruppe, also mit gleichaltrigen Jugendlichen, im Vordergrund. In der gleichgeschlechtlichen Peer-Gruppe gelten oft besonders rigide Männlichkeitsnormen, die einen schulischen Erfolg erschweren [12, 38]. Die Jungengruppe „funktioniert als eine Art Resonanzboden, der Anerkennung für gelungene Männlichkeitsinszenierungen gewähren kann" [11]. Zudem scheint es Jungen schwerer zu fallen, die früh gelernten Geschlechtstereotype an die Realität anzupassen [39]. Für Jungen wird die Schule zur Bühne ihrer Männlichkeitsinszenierung. In Gruppensituationen – insbesondere wenn sie unfreiwillig zustande kommen wie in der Schule – agieren Jungen stereotyper als im privaten Rahmen [17, 53]. Es gibt Hinweise, dass dementsprechend die soziale Gruppensituation in der Schule den Männlichkeitsdruck – oder mit den Worten von Michael Cremers den „Coolnessdruck" [17] – eher verstärkt. Cool sein und beliebt sein heißt in diesem Fall also, gegen die Regeln der Schule zu rebellieren, keinen Wert auf gute Noten zu legen oder zumindest sich nicht um gute Noten zu bemühen, da dies wiederum eine Konformität mit dem schulischen System bedeuten würde und schulischer Erfolg und schulische Leistung eher als unmännlich und typisch weiblich angesehen werden [53]. Typisch weibliche Verhaltensweisen versuchen Jungen in dem fraglichen Alter jedoch um jeden Preis zu vermeiden. Die Angst, als „Streber" bezeichnet zu werden, ist bei Jungen und Mädchen hoch, jedoch fürchten Jungen die soziale Isolation mehr als Mädchen [59].

Jungen aus bildungsfernen Milieus orientieren sich besonders stark an tradierten Männlichkeitsbildern [25, 67], möglicherweise aus Mangel an anderweitigen Strategien zur Statusdarstellung und -absicherung. Demzufolge werden diese Jungen häufig als besondere Problemfälle wahrgenommen, da ihr Verhalten sich durch eine besonders geringe Schulkonformität auszeichnet.

Die negative Einstellung vieler Jungen zu schulischen Leistungen steht in Widerspruch dazu, dass Jungen Leistung und Konkurrenz generell sehr viel positiver sehen als Mädchen [57]. Anscheinend gelingt es im schulischen Rahmen jedoch nicht, diese Wertehaltung der Jungen anzusprechen und zu nutzen. Dies mag auch daran liegen, dass unser Bildungssystem sich primär an homogene Lerngruppen [12] richtet und mittels eines hohen Selektionsdrucks bildungssystemkonformes Verhalten belohnt. Möglicherweise werden hier die Bedürfnisse von Jungen nicht ausreichend berücksichtigt.

Dieses Phänomen wird in verschiedenen englischsprachigen Ländern wie England, Amerika, Australien und Kanada seit einiger Zeit unter dem Begriff des „underachievement" von Jungen [15, 30] diskutiert und untersucht [65]. Im Rahmen dieser Bemühungen wurden einige vielversprechende Ansätze entwickelt. So konnte beispielsweise durch eine Umgestaltung des Schulunterrichts unter Einbindung von für Jungen interessanten Themengebieten und Praxisbezügen (zum Beispiel als Lesestoff) die Lernmotivation der männlichen Jugendlichen gesteigert werden [1, 50]. Auch die Einbindung von berufsbezogener Bildung in den Schulunterricht und die Verbindung zwischen schulischer Theorie und betrieblicher Praxis (zum Beispiel durch Praktika und Ferienarbeit), auch um die Jugendlichen frühzeitig an die Unternehmen zu binden, zeigte positive Effekte [8, 34]. Schließlich wird vor allem die Etablierung von Mentoren aus der beruflichen Praxis als vielversprechendes Konzept in den untersuchten Ländern angesehen [46, 55, 61]. Diese vielversprechenden Ansätze können als wertvolle Anregungen für den deutschsprachigen Raum dienen.

Einen weiteren vielversprechenden Ansatz stellt ein 2012 an der Hochschule des Saarlandes (HTW Saar) entwickeltes Training für männliche Jugendliche dar. Ziel des Trainings ist es, die Chancen der teilnehmenden Jugendlichen bei einem Übergang von der Schule in die berufliche Ausbildung zu verbessern. Eine Besonderheit des Trainings ist die klare methodisch-didaktische Ausrichtung auf die Zielgruppe, die eine Berücksichtigung der pädagogischen Bedürfnisse der Jungen ermöglicht. In Kap. 11 wird dieses Training ausführlich vorgestellt.

Interessant ist hier auch, dass der männliche Habitus eher nicht als starr angesehen wird. Die steigende, wenn auch noch geringe Zahl an aktiven Teilzeitvätern, also solchen, die ihre Arbeitszeit phasenweise zeitlich reduzieren, um sich Erziehungsaufgaben zu widmen, weist auf eine langsame Veränderung der männlichen Geschlechtsrolle hin. Dennoch überwiegen starke Beharrungskräfte in Hinblick auf Männlichkeitsnormen.

Nicht zu vergessen sind hier auch zwei weitere Aspekte. Nach wie vor werden ein klassisch geschlechtsstereotypes Aussehen und Verhalten bei Jungen und Männern und genauso bei Frauen und Mädchen in der Interaktion der Geschlechter positiv bewertet. Bei der Partnerwahl sind stereotype Verhaltensweisen demnach immer noch mit Vorteilen verbunden. Für Jugendliche ist dies ein besonders wichtiges Thema, entdecken sie doch in der Pubertät ihr Interesse am anderen Geschlecht. Damit verbunden ist auch der Wunsch, vom anderen Geschlecht als attraktiv wahrgenommen zu werden. Wer als Junge nicht nur männlich aussieht, sondern sich auch so verhält – also unangepasst, mutig, selbstbewusst und rebellisch –, hat also bessere Chancen bei den Mädchen. Aus Sicht der Jungen ist in diesem Zusammenhang ein geringerer schulischer Erfolg aufgrund dieser zum Schulsystem inkompatiblen Verhaltensweisen vermutlich zu verschmerzen. Demgegenüber sind Frauen bereits seit vielen Jahrzehnten bemüht, in ehemals männliche Domänen, wie zunächst die Arbeitswelt allgemein, dann technische Arbeitsbereiche und später Führungspositionen etc. vorzudringen. Für Männer ist die Übernahme weiblicher Verhaltensweisen und Aufgabengebiete jedoch noch eine deutlich neuere Herausforderung. Die Anzahl der Männer, die sich der Erziehung und Kinderbetreuung widmen und dafür berufliche Auszeiten nehmen, ist sehr gering, ebenso wie die Zahl der Männer, die in typisch weiblichen Berufsfeldern tätig sind. Dies mag auch daran liegen, dass die Gefahr einer potentiellen Abwertung für diese Männer deutlich höher ist als für Frauen, die sich in Männerdomänen engagieren [47]. Angesichts des zunehmenden gesellschaftlichen Drucks sollen Männer heute also familien- und karriereorientiert sein, sich männlich verhalten, aber dennoch fürsorgliche und empathische Kompetenzen haben. Es ist nicht verwunderlich, wenn es angesichts dieser vielfältigen Anforderungen zu einer Rollenverunsicherung kommt, die wiederum häufig zu einem Verharren in alten Mustern und Rollen führt. Immerhin sind diese sicher und bekannt.

Eine häufig genannte Ursache für den geringeren Schulerfolg von Jungen und deren stärkere Anpassungsprobleme an das System Schule wird zudem häufig in einer Feminisierung der Schullandschaft gesehen.

7.3.3 Feminisierung der Schulen und Monoedukation

Häufig werden die schulischen Leistungsdefizite männlicher Jugendlicher mit einer Feminisierung der Schulen in Verbindung gebracht [20, 54, 56]. Die Feminisierung der Schulen bezieht sich zum einen auf den Mangel an männlichem Lehrpersonal, zum anderen aber auch auf einen Wandel in der Schulkultur hin zu einer Aufwertung eines Verhaltens, das eher Mädchen als Jungen im Laufe ihrer Sozialisation einüben, also ruhig, brav und fleißig sein [20].

Es wird angenommen, dass männliche Lehrpersonen für Jungen als Identifikationsfiguren dienen können, die anschlussfähig an den männlichen Habitus der Jungen sind und weniger angepasstes Sozialverhalten der Jungen, im Gegensatz zu weiblichem Lehrpersonal, weniger negativ konnotieren. Interessanterweise stützen bisherige Forschungsergebnisse diese Annahme jedoch nicht. So zeigt sich, dass dort, wo viele Männer unterrichten (an prestigehohen Institutionen mit älteren Jugendlichen, zum Beispiel Gymnasien, Hochschulen), die Leistungsdifferenzen zwischen Jungen und Mädchen ebenso wie die Schulunzufriedenheit der Jungen besonders hoch sind [49]. Dort, wo viele Frauen unterrichten (an prestigeferneren Institutionen mit jüngeren Kindern und Jugendlichen, zum Beispiel Kindergärten, Grundschulen, Hauptschulen, Förderschulen), sind die Leistungsdifferenzen zwischen Jungen und Mädchen jedoch besonders niedrig. Zudem finden sich Hinweise darauf, dass männliche Lehrpersonen die geschlechtsstereotypischen Verhaltensweisen der Jungen eher bestärken, als diese zu regulieren [33]. Auch stellen Lehrkräfte für Jungen anscheinend kaum Vorbilder dar [44, 67]. Die Anforderungen, die Jungen an Lehrkräfte stellen, scheinen vielmehr nicht an deren Geschlecht gebunden zu sein. So wünschen sich Jungen humor- und verständnisvolle Lehrkräfte, die Spaß verstehen [44], Autorität haben und sich durchsetzen können, aber zugleich einfühlsam und methodenkompetent [21] und zudem gerecht sind, gut erklären können und geduldig sind [63].

Neben der Forderung, mehr männliche Lehrkräfte einzusetzen, wird auch immer wieder eine Trennung von Jungen und Mädchen im Unterricht gefordert, der sich an den unterschiedlichen Bedürfnissen von Jungen und Mädchen orientieren soll. Der Forschungsstand ist diesbezüglich jedoch sehr uneinheitlich. Teilweise zeigt sich sogar eine Verstärkung des stereotypischen Geschlechtsrollenverhaltens von männlichen Jugendlichen in monoedukativen Klassen [24].

Interessant scheint es auch, dass stetig mehr männliches Lehrpersonal gefordert wird, zugleich aber übersehen wird, dass auch pädagogische Fachkräfte mit Migrationshintergrund im Vergleich zum Anteil von nicht deutschstämmigen Bildungsteilnehmern deutlich unterrepräsentiert sind. Während rund ein Viertel der Bildungsteilnehmer im Jahr 2007 einem Migrationshintergrund hatte, war dies bei nur 7 % der pädagogischen Fachkräfte im formalen Bildungswesen der Fall.

Unabhängig vom Geschlecht des Lehrpersonals ist es eine unbestreitbare Tatsache, dass es in den nächsten Jahren einen hohen Bedarf an pädagogischen Fachkräften geben wird. Rund die Hälfte der schulischen Lehrkräfte in Deutschland sind 50 Jahre und älter [2]. Möglicherweise stellt dieser personelle Wechsel eine Chance dar, unser Bildungssystem zu modernisieren und an neue Erkenntnisse anzupassen.

Zusammenfassend lassen sich die Mädchen ganz klar und immer deutlicher als Bildungsgewinner erkennen. Dieser schulische Vorsprung der Mädchen relativiert sich aber im Berufsleben sehr schnell. Abgesehen davon, dass Jungen häufiger besser bezahlte und karriereorientiertere Berufe ergreifen als Mädchen [12], ist die typisch weibliche Berufsbiographie meist durch familienbedingte Auszeiten gekennzeichnet, die zu einer Reihe von Benachteiligungen im Arbeitsleben führen. Es gibt immer noch einen deutlichen Lohnunterschied zwischen Männern und Frauen, Frauen sind in unsicheren und niedrig bezahlten Arbeitsverhältnissen über- und in Führungspositionen unterrepräsentiert [18]. Neben diesem Phänomen, das als gläserne Decke [16] bezeichnet wird, scheint es für Männer eine Art gläsernen Aufzug [66] zu geben, der ihnen in frauendominierten Berufen einen schnellen Aufstieg in leitende Positionen ermöglicht. Trotz der Tatsache, dass Mädchen und junge Frauen also zunehmend Bildungsgewinner sind, sind es nach wie vor die Männer, die in der Berufswelt in vielerlei Hinsicht bessere Aussichten haben und damit die Karrieregewinner sind. Dies gilt auch, wenn sie bei den ersten Schritten in die Berufswelt, beim Übergang von der Schule in die Ausbildung und den Beruf, häufig mehr Schwierigkeiten haben als ihre weiblichen Mitbewerber.

7.4   Übergang von der Schule in Ausbildung und Beruf

In Deutschland müssen sich Jugendliche – im Vergleich zu anderen Ländern – sehr früh für einen Ausbildungsberuf entscheiden. Die 1 bis 1,2 Mio. Jugendlichen, die jährlich in das berufliche Ausbildungssystem einmünden, sehen sich dabei einem fast unüberschaubaren Angebot von 350 Ausbildungsberufen gegenüber [32]. Allerdings konzentrierten sich 2009 rund 71 % aller weiblichen Auszubildenden auf die 20 häufigsten Ausbildungsberufe für Frauen (wie zum Beispiel Steuerfachangestellte, Medizinische Fachangestellte oder Kauffrau in verschiedenen Bereichen). Bei den männlichen Auszubildenden war und ist das Spektrum der ergriffenen Berufe etwas größer; hier konzentrieren sich rund 55 % auf die 20 am stärksten besetzten Ausbildungsberufe für junge Männer (wie zum Beispiel Kraftfahrzeugmechatroniker, Industriemechaniker oder Fachinformatiker) [32].

Jungen und Mädchen orientieren sich sowohl in ihren Berufswünschen als auch in ihren tatsächlichen Ausbildungswegen stark an traditionellen Geschlechtsrollenerwartungen. Allerdings zeigt es sich, dass Jungen oft weit weniger realistische Lebens- und Berufsplanungen haben als Mädchen [44, 57]. Während Jungen in der 7. Klasse noch häufig Berufswünsche wie Fußballprofi, Soldat oder Pilot nennen, äußern Mädchen hier bereits meist Berufswünsche, die der tatsächlichen Wahl vieler Frauen entsprechen, wie zum Beispiel Erzieherin oder Lehrerin [12]. Insbesondere bei männlichen Jugendlichen mit geringem sozioökonomischem Status klafft häufig eine große Lücke zwischen der aktuellen Lebenslage und den Erwartungen an eine oft unerreichbare Zukunft, die eine „glänzende Karriere" bereithält [13].

Oystein Holter führt in diesem Zusammenhang den Begriff der „double loser" [29] ein, der sich auf den Zusammenhang zwischen beruflichem und persönlich-sozialem Misserfolg bezieht. Besonders für männliche Jugendliche entsteht so eine große Diskrepanz zwischen überzogenen Zukunftsvorstellungen und einer Überschätzung der eigenen Kompetenzen einerseits und einer von Misserfolgen geprägten schulischen Realität aufgrund mangelnder Leistungen andererseits.

Im beruflichen Ausbildungssystem in Deutschland werden drei Sektoren unterschieden: das klassische Duale System (also die parallele Ausbildung in den Lernorten Betrieb und Berufsschule), das Schulberufssystem (also vollzeitschulische Berufsausbildungen) und das Übergangssystem für Bewerber, die den Übergang von der Sekundarstufe I in das Berufsbildungssystem nicht direkt schaffen. Das Übergangssystem soll Jugendlichen helfen, ausbildungsreif zu werden, ihnen einen Schulabschluss ermöglichen und ein Brückenangebot darstellen, bis eine reguläre Berufsausbildung begonnen werden kann. Männliche Teilnehmer sind in der dualen Ausbildung (mit kapp 60 %) leicht und in den Übergangssystemen (mit 69 % im Berufsgrundschuljahr, BGJ, und 60 % im Berufsvorbereitungsjahr, BVJ) deutlicher überrepräsentiert. Dies ist vor allem deshalb bedenklich, da nur rund jeder dritte Jugendliche nach dem Verlassen des Übergangssystems einen Ausbildungsplatz findet. Viele gehen direkt in die Arbeitslosigkeit über. Die vollzeitschulische Berufsausbildung ist von weiblichen Jugendlichen (72 %) dominiert [2], was sich vor allem durch die

Berufsfachschulen für Soziales, Gesundheit und Erziehung erklären lässt, die mehrheitlich von jungen Frauen besucht werden.

Der größte Anteil an Jugendlichen, die eine Ausbildung beginnen, hat einen Realschulabschluss (43 %). Rund ein Drittel der Ausbildungsanfänger hat zuvor die Hauptschule abgeschlossen (33 %), und rund jeder fünfte Bewerber hat bei Ausbildungsbeginn die allgemeine Hochschulreife (21 %). Bekannt ist, dass die Mehrzahl der Schülerinnen und Schüler mit Hauptschulabschluss keinen Ausbildungsplatz findet und stattdessen erst einmal vom Übergangssystem aufgefangen wird [32]. Wie gering die Chancen von Bewerbern ohne Schulabschluss sind, zeigt sich daran, dass nur rund jeder dreißigste Ausbildungsanfänger (3,5 %) keinen Schulabschluss hat [26]. Rund 80 % der Jugendlichen ohne Hauptschulabschluss gehen in die sogenannten Übergangssysteme [2].

Darüber hinaus sind insbesondere männliche Ausbildungsanfänger, die keinen Schulabschluss oder maximal einen Hauptschulabschluss haben, deutlich häufiger von Vertragsauflösungen in der Probezeit betroffen (v. a. im handwerklichen Bereich). Langfristig gesehen ist dies insbesondere deshalb besorgniserregend, da die Arbeitslosenquote unter Geringqualifizierten (Personen ohne Schulabschluss oder mit einem schwachen Hauptschulabschluss) in den letzten Jahren stark gestiegen ist [26] und die Arbeitsmarktnachfrage nach dieser Personengruppe voraussichtlich weiter sinken wird [2, 32]. Zudem scheiden gering qualifizierte Personen deutlich früher aus dem Erwerbsleben aus als höher qualifizierte Arbeitnehmer [2].

7.5   Anforderungen der Unternehmen an potentielle Auszubildende

Neben den Fragen nach den sich verändernden Lebensumständen und dem schulischen Leistungs- und Sozialverhalten der Jugendlichen sind die Anforderungen der Unternehmen an potentielle Auszubildende von großem Interesse. Insbesondere die wahrgenommene Ausbildungsreife der Bewerber und die von ihnen erwarteten Kompetenzen und Qualifikationen sollen im Folgenden betrachtet werden.

7.5.1   Ausbildungsreife und Entwicklung der Bewerberqualifikation

Viele Unternehmen beklagen eine mangelnde und abnehmende Ausbildungsreife ihrer Bewerber, die sich insbesondere in unzureichenden Mathematik-, Lese- und Schreibkompetenzen sowie einer defizitären mündlichen Ausdrucksfähigkeit bemerkbar macht. Neben mangelnden schulischen Fähigkeiten werden auch Defizite im Bereich der persönlichen und sozialen Kompetenzen beanstandet, wie etwa in Bezug auf Durchhaltevermögen, Sorgfalt, Motivation, Höflichkeit und Konfliktfähigkeit [23, 32]. In einigen Bereichen wird den Lehrstellenbewerbern allerdings auch ein Kompetenzzuwachs zugesprochen, so etwa, was die Grundkenntnisse im IT-Bereich und in der englischen Sprache angeht, sowie im Hinblick auf eine größere Selbstsicherheit.

Als mögliche Gründe für eine wahrgenommene abnehmende Ausbildungsreife der Bewerber werden häufig Veränderungen in den Familien der Jugendlichen angeführt, die sich auf die Ausbildungs- und Arbeitsmotivation der Jugendlichen auswirken. So wird vermutet, dass der Zusammenhalt in vielen Familien geringer wird, Jugendliche dort nicht mehr im selben Maße an grundlegende „Arbeitstugenden" und Kulturtechniken herangeführt und sich häufiger selbst überlassen werden. Ebenso findet immer seltener eine begleitete Auseinandersetzung der Jugendlichen mit dem Thema Berufswahl statt. Allerdings wird auch darauf hingewiesen, dass die Komplexität der Arbeitswelt und damit auch die Anforderungen an die Auszubildenden massiv zugenommen haben [23].

Allerdings besteht auch Einigkeit darüber, dass eine bestehende Ausbildungsreife keine Garantie für einen Ausbildungsplatz ist und auch Bewerber mit schlechten Schulnoten ausbildungsreif sein können. Das komplexe Thema der Ausbildungsreife wird in Kap. 4 kritisch diskutiert.

7.5.2   Auf dem Ausbildungsmarkt geforderte Kompetenzen und Qualifikationen

Seit einiger Zeit wird die Gewinnung von mehr Mädchen für typisch männliche Ausbildungsberufe und in den letzten Jahren verstärkt auch von mehr Jungen für eher weiblich konnotierte Tätigkeitsbereiche gefordert. So wird neuerdings neben bereits etablierten Initiativen, wie dem Girl's Day, auch ein Boy's Day angeboten, der Jungen an eher von Frauen besetzte Berufsfelder heranführen soll.

Vor dem Hintergrund dieser Entwicklung und auch angesichts der von den Ausbildungsbetrieben beklagten mangelnden Ausbildungsreife von Lehrstellenbewerbern stellt sich die Frage, welche Kompetenzen und Fähigkeiten von potentiellen männlichen und weiblichen Bewerbern in verschiedenen Berufsfeldern gefordert werden. Um diese Frage beantworten zu können, wurde eine Analyse von 270 Ausschreibungen der in 2009 laut Statistischem Bundesamt 15 am stärksten besetzten Ausbildungsberufe von jungen Männern und Frauen durchgeführt.

Die Ergebnisse zeigen, dass die am häufigsten geforderten Sozialkompetenzen Teamfähigkeit, gute Umgangsformen und Kontaktfreudigkeit sind. Interessant ist zudem, dass trotz der Forderung, mehr Mädchen für typische Männerberufe zu gewinnen und mehr Jungen für typisch weibliche Arbeitsbereiche, in den entsprechenden Stellenausschreibungen eher geschlechtsspezifische Anforderungen benannt werden (siehe **Abb. 7.1**).

So werden als Anforderungen für überwiegend von Frauen besetzte Ausbildungsberufe, im Vergleich zu typisch männlichen Arbeitsbereichen, signifikant häufiger gute Umgangsformen, Spaß am Umgang mit Menschen, eine hohe Lernbereitschaft sowie gute Deutschkenntnisse genannt. Ebenso werden für überwiegend von jungen Männern besetzte Ausbildungsberufe signifikant häufiger dem männlichen Geschlechtsstereotyp entsprechende Fähigkeiten wie gute Kenntnisse in Mathematik und den Naturwissenschaften sowie lösungsorientiertes Denken gefordert.

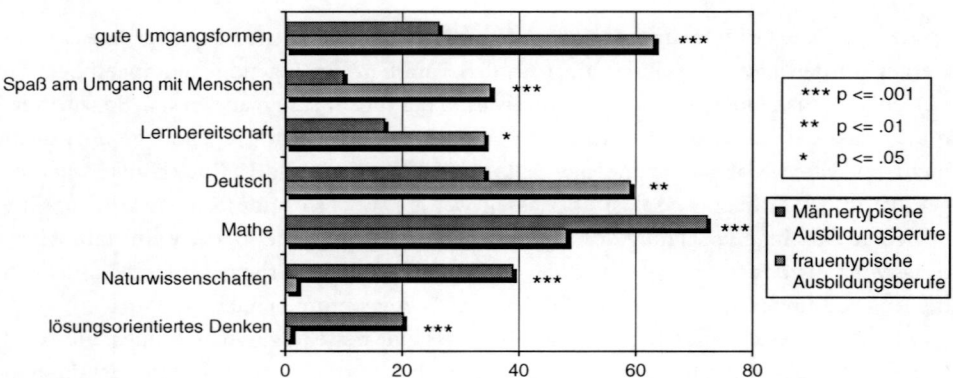

Abb. 7.1 Vergleich der in den Stellenausschreibungen für männer- bzw. frauentypische Ausbildungsberufe geforderten Fähigkeiten und Kompetenzen (absolute Häufigkeiten)

Dieses Ergebnis wirft die Frage auf, ob durch die geschlechtstypische Ausschreibung typisch männlicher bzw. typisch weiblicher Ausbildungsberufe eine Akquise von Bewerbern des jeweils anderen Geschlechts eventuell noch erschwert wird.

7.6   Sichtweise der Jugendlichen selbst

Der Übergang von der Schule in den Beruf ist für die Jugendlichen eine Umbruchsphase, die eine hohe Bedeutung für ihr ganzes Leben hat. Interessante Fragen in diesem Zusammenhang sind, wie die Jugendlichen selbst ihre Situation sehen, wie sie ihre Chancen einschätzen und was ihnen bei der Wahl eines Ausbildungsplatzes wichtig ist. In Kap. 3 werden die Ergebnisse einer Studie vorgestellt, die sich mit diesen und weiteren lebensweltbezogenen Themen der Jugendlichen befasst.

Wie bereits erwähnt, tun sich männliche Jugendliche mit einem erfolgreichen Übergang von der Schule in den Beruf deutlich schwerer als gleichaltrige Mädchen. Dennoch gelingt es einem großen Teil der Jungen, die ein schulisches oder berufliches Scheitern erlebt haben, etwas verspätet einen Einstieg in das Berufsleben zu finden. Um die Situation dieser männlichen Jugendlichen, die an der klassischen Schullaufbahn oder am Übergang zwischen Schule und Beruf gescheitert sind, sich später aber dennoch erfolgreich in Schule, Ausbildungsmarkt oder Studium eingliedern konnten, besser verstehen zu können, wurden Vertreter dieser Zielgruppe befragt.

Im Zeitraum von Januar bis März 2011 wurden halbstrukturierte Interviews mit acht jungen Männern im Alter zwischen 19 und 23 Jahren durchgeführt. Die Befragten wurden über verschiedene soziale Einrichtungen und Bildungsstätten akquiriert.

Die jungen Männer befanden sich in Ausbildung zu einem Handwerksberuf, hatten diese bereits abgeschlossen oder waren Fachoberschüler oder Student. Einige Jugendliche hatten einen Migrationshintergrund. Alle Teilnehmer hatten eine Reihe von Schulwechseln hinter sich, waren durch sozial unerwünschte Verhaltensweisen aufgefallen und hatten in den meisten Fällen Straftaten verschiedener Schweregrade begangen.

Bei allen Interviewpartnern kam es – zumeist im Alter zwischen 12 und 17 Jahren – zu Leistungseinbrüchen in ihrer schulischen Laufbahn. Die Mehrheit der befragten Jugendlichen geriet in dieser Zeit auch mit dem Gesetz in Konflikt. Bei einigen war der schulische Absturz von familiären Problemen begleitet, andere gerieten in dieser Zeit einfach in die „falsche Gesellschaft" einer Peer-Gruppe, für die eine Entwertung des Schulsystems, ein sozial unangepasstes Verhalten und kriminelle Aktivitäten wichtige Männlichkeitsbeweise waren. Teilweise führten auch erste schulische Misserfolge und soziale Ausgrenzungen, oft bedingt durch eine mangelnde Integration und Sprachprobleme, zu einer Art „Abwärtsspirale" in der schulischen Leistung. Alle gaben an, in dieser schwierigen Phase ihren schulischen Leistungen keinerlei Bedeutung zugemessen zu haben.

Bei allen Befragten gab es eine Art Realitätsschock, der zu einer Wende in ihren vorher durch Leistungsverweigerung und Regelverletzungen geprägten Verhaltensweisen führte. Bei einigen war dies eine Jugendstrafe, bei anderen negative Erlebnisse und Schicksale, häufig auch von älteren Freunden (beispielsweise längere Haftstrafen, langfristige berufliche Chancenlosigkeit, drogeninduzierte Psychosen) oder auch das Erlebnis des eigenen Scheiterns am Übergang von der Schule in den Beruf aufgrund von schlechten Schulabschlussnoten.

Alle Befragten gaben an, dass die Unterstützung von Freunden und Familie sowie stetige und geduldige Hilfsangebote aus der professionellen Jugendarbeit, von Lehrern und Ausbildern erheblich zu einer positiven Wende in ihrer schulischen und beruflichen Entwicklung beigetragen haben.

Auch schien es bei den meisten Befragten nicht an Hilfsangebote gemangelt zu haben, sondern eher an der Bereitschaft und dem Interesse, diese auch ernsthaft in Anspruch zu nehmen. So gaben die meisten Gesprächspartner an, in der Zeit, in der es bei ihnen zu einem schulischen Scheitern gekommen war, nicht für die Ratschläge der Eltern – insbesondere nicht die der Mütter – und anderer erwachsener Betreuungspersonen empfänglich gewesen zu sein („Was meine Eltern gesagt haben, ging bei mir zum einen Ohr rein und zum anderen wieder raus."). Diese Resistenz gegen Ratschläge Erwachsener trat meist zusammen mit einer Überschätzung der eigenen Potentiale und einer Unterschätzung der Bedeutung schulischer Leistungen für den späteren Berufseinstieg auf. Dabei gaben die meisten Befragten an, nicht ungern in die Schule gegangen zu sein, sondern nur ungern gelernt und im Unterricht mitgearbeitet zu haben. Dies ist nicht verwunderlich, da die Schule eine wichtige Plattform für den Austausch mit der jeweiligen Peer-Gruppe darstellt. Dieser schreiben interessanterweise nahezu alle Befragten eine große Bedeutung im Hinblick auf ihre schulischen Leistungseinbrüche zu.

Im Hinblick darauf, was ihnen vielleicht im Vorfeld geholfen hätte, äußerten die meisten Befragten, sich gerade zu Beginn des schulischen Scheiterns mehr Unterstützung durch ihr schulisches Umfeld gewünscht zu haben. So gaben viele der Befragten an, dass sie sich bereits nach den ersten schulischen und sozialen Verfehlungen, insbesondere im schulischen Umfeld, abgestempelt und stigmatisiert gefühlt hätten. Infolgedessen wurde ihnen nur wenig zugetraut („Das schaffst du eh nicht") und nur noch sehr niedrige Erwartungen an sie gestellt („Aus dir wird eh nichts"). Bei den Befragten führten diese Erlebnisse entsprechend einer sich selbst erfüllenden Prophezeiung wiederum zu einem Ausbleiben von Erfolgserlebnissen und einer Verstärkung der Leistungsverweigerungshaltung. Aus ihrer heutigen Perspektive zeigten alle Befragten eine klare Einsicht in die erlebte Problematik.

7.7   Bestehende Förderprogramme und Angebote

Betrachtet man die verschiedenen Förderprogramme und Initiativen staatlicher und privater Einrichtungen, die sich an Jugendliche in der Berufsorientierungsphase und in der Übergangsphase zwischen Schule und Beruf richten, so wird deutlich, dass diese Angebote sehr umfangreich sind. Die Initiativen reichen von begleitenden Hilfen, wie den Kompetenzagenturen, der Schulsozialarbeit oder berufseinstiegsbegleitenden Agenturen bis hin zu Übergangssystemen, wie den berufsvorbereitenden Maßnahmen (zum Beispiel Berufsgrundschuljahr), in die die Jugendlichen aufgenommen werden können, wenn sie bei der Ausbildungsplatzsuche nicht erfolgreich waren.

Um die zahlreichen Förderangebote für Jugendliche am Übergang zwischen Schule und Beruf überschaubarer und leichter zugänglich zu machen, wurden in den letzten Jahren verschiedene regionale Koordinierungsstellen, wie das „Koordinierungsbüro des regionalen Übergangsmanagements (KOSA)" in Saarbrücken, gegründet. Auf Bundesebene gibt es Schirmorganisationen wie die „Perspektive Berufsabschluss" des Bundesministeriums für Bildung und Forschung oder das Angebot „Jugend stärken" des Bundesministeriums für Familie, Senioren, Frauen und Jugend. Daneben sind verschiedene regionale Initiativen zu finden, die eine bessere Vernetzung von Schule und Wirtschaft fördern sollen, wie etwa die saarländischen „Arbeitskreise Schule und Wirtschaft". Ebenso gibt es hier bundesweite Angebote, wie das „Portal Schule und Wirtschaft", das „Netzwerk SchuleWirtschaft" der Stiftung der Deutschen Wirtschaft oder die „Arbeitsgemeinschaften SchuleWirtschaft".

Auch die Schulen selbst sind hier oft sehr aktiv, bieten meist Unterrichtseinheiten zum Thema Berufsorientierung und Berufswahlvorbereitung an und ermutigen die Schüler durch Kurzzeit- und Langzeitpraktika (wie im Rahmen des Projektes Zukunft konkret oder durch den Berufsorientierten Donnerstag) dazu, erste berufspraktische Erfahrungen zu sammeln.

Die große Zahl an Fördermaßnahmen und Initiativen macht deutlich, dass die Notwendigkeit einer Förderung und Unterstützung von Jugendlichen während der Berufsorientierung und beim Übergang von der Schule in den Beruf auf Landes- und Bundesebene allgemein anerkannt wird, auch wenn eine einheitliche bildungspolitische Konzeption bisher nicht zu erkennen ist. Hier wäre es dringend wünschenswert, eine übergeordnete Stelle zu installieren, die eine inhaltliche und organisatorische Abstimmung der Förderprogramme gewährleistet und Transparenz im Hinblick auf bestehende Angebote schafft.

7.8   Mädchen sind anders – Jungen auch!

Jugendliche sehen sich heute in ihrer Entwicklung mit sehr großen Herausforderungen konfrontiert. Das Konzept der Familie ist im Wandel, Geschlechtsrollenanforderungen verändern sich, Qualifikations- und Bildungsanforderungen steigen und der Anpassungsdruck an eine immer schnelllebiger werdende Arbeitswelt wird größer. Die Jugendlichen bewältigen die sich daraus ergebenden Entwicklungsanforderungen individuell sehr unterschiedlich. Besonders deutlich treten hier Geschlechtsunterschiede hervor, die sich – wie in diesem Kapitel dargelegt – auf vielfältige Weise zeigen. Die Frage ist nun, wie man mit diesen Geschlechtsunterschieden umgeht, die sich potentiell auf die Chancen der Jugendlichen auf eine erfolgreiche Teilhabe an der Gesellschaft auswirken.

Mädchen gehen aus der Schulphase eher als Bildungsgewinner hervor, sind in der Arbeitswelt aber nach wie vor – im Vergleich zu ihren männlichen Kollegen – benachteiligt. Demgegenüber gelten Jungen eher als die Bildungsverlierer, ziehen im Arbeitsleben aber in der Regel an ihren Kolleginnen vorbei. Zudem fallen Jungen und Mädchen durch sehr unterschiedliche und vor allem auch in unterschiedlichem Maße schulkompatible Verhaltensweisen auf. Hier ist interessant, in welch hohem Maße den traditionellen Geschlechtsrollen entsprechende Verhaltensweisen, Berufswünsche und Zukunftspläne von den Jugendlichen geäußert werden.

Berücksichtigt man diese Gegebenheiten, so lassen sich daraus bestimmte Notwendigkeiten für eine geschlechtsspezifische Förderung der Jugendlichen ableiten.

Insbesondere in Bezug auf die männlichen Jugendlichen wären mehr Förderprogramme am Übergang von der Schule in den Beruf wünschenswert, die sich speziell an den Lebenswelten und Interessen der Jungen ausrichten und diese methodisch-didaktisch in zielgruppengerechter Weise ansprechen. Bis jetzt werden für diese Zielgruppe – im Vergleich zu den Mädchen im selben Alter – relativ wenige geschlechtsspezifische Angebote gemacht. Hier wäre auch eine stärkere Beteiligung der Unternehmen sinnvoll, sowohl im Sinne einer frühen Nachwuchsgewinnung als auch im Sinne einer sozialen Verantwortung. Unternehmensvertreter, insbesondere wenn sie aus für Jungen attraktiven Branchen stammen, haben häufig einen besonders großen Einfluss auf Jungen, da sie die für diese attraktive und praxisorientierte „reale Erwachsenenwelt" der Wirtschaft und Industrie vertreten.

Daneben ist eine intensive Förderung der weiblichen Jugendlichen ebenso sinnvoll und wichtig, genauso wie die Forderung nach einer Gleichstellung der Geschlechter in Bezug auf Vergütung und Aufstiegschancen. Der zunehmende Bildungserfolg von Mädchen und Frauen macht sehr deutlich, dass die geringen Zahlen von Frauen in Führungspositionen sicher nicht durch ein Pipeline-Problem [22] zu erklären sind, also dadurch, dass zu wenige qualifizierte Frauen zur Verfügung stehen, sondern durch althergebrachte, gesellschaftlich vermittelte Geschlechtsstereotypen. Vor allem bedarf es zudem auch weiterer Modelle, die – sowohl Müttern als auch Vätern – eine Vereinbarung von Familie und Beruf ermöglichen.

Literatur

1. Ainley M, Hillman K, Hidi S (2002) Gender and interest processes in response to literary texts: situational and individual interest. Learning and Instruction 12 (2002) 411–428
2. Autorengruppe Bildungsberichterstattung (2010) Bildung in Deutschland 2010. Ein indikatorengestützter Bericht mit einer Analyse zu Perspektiven des Bildungswesens im demografischen Wandel
3. Baumert J u. a. (2001) PISA 2000. Basiskompetenzen von Schülerinnen und Schülern im internationalen Vergleich. Deutsches PISA-Konsortium. Leske + Budrich, Opladen
4. Baumert J, Lehmann R, Lehrke M, Schmitz B, Clausen M, Hosenfeld I, Köller O, Neubrand J (1997) TIMSS. Mathematisch-naturwissenschaftlicher Unterricht im internationalen Vergleich – Deskriptive Befunde, Opladen
5. Bellenberg G (1999) Individuelle Schullaufbahnen. Weinheim
6. Beutel SI (2005) Zeugnisse aus Kindersicht. Weinheim
7. Bevölkerung: Daten, Fakten, Trends zum demographischen Wandel in Deutschland, Bundesinstitut für Bevölkerungsforschung in Zusammenarbeit mit dem Statistischen Bundesamt, 2008
8. Bishop JH, Mane F (2004) The impacts of career-technical education on high school labor market success. Econ Educ Rev 23:395
9. Bos W, Pietsch M (2005) Kess 4. Kompetenzen und Einstellungen von Schülerinnen und Schülern. Jahrgangsstufe 4. Hamburg. S 115
10. Bos W, Lankes EM, Prenzel M, Schwippert K, Valtin R, Walther G (2003) Erste Ergebnisse aus IGLU. Schülerleistungen am Ende der vierten Jahrgangsstufe im internationalen Vergleich. Münster/New York/München/Berlin. www.erzwiss.unihamburg.de/IGLU/home.htm
11. Budde J (2005) Männlichkeit und gymnasialer Alltag. Doing Gender im heutigen Bildungssystem. transcript, Bielefeld.
12. Budde J (2008) Bildungs(miss)erfolge von Jungen und Berufswahlverhalten bei Jungen/männlichen Jugendlichen. Bildungsforschung Bd. 23. Bundesministerium für Bildung und Forschung (BMBF)
13. Budde J, Drobek A (2004) Geschlechterreflektierende Pädagogik „Familiengeschichten". Forum für Kinder- und Jugendarbeit 20(1):47–49
14. Bundesagentur für Arbeit (2010) Bewerber für Berufsausbildungsstellen und Berufsausbildungsstellen in Deutschland. Zeitreihe der Berichtsjahre 1991/92–2008/09. [http://statistik.arbeitsagentur.de/Navigation/Statistik/Statistik-nach-Themen/Ausbildungsstellenmarkt/Ausbildungsstellenmarkt-Nav.html]. Zugegriffen: 12. Okt. 2012
15. Carrington B, Skelton C (2003) Rethinking ,role models'. Equal opportunities in teacher recruitment in England and Wales. J Educ Policy 18(3):253–265
16. Cotter DA, Hermsen JM, Ovadia S, Vanneman R (2001) The glass ceiling effect. Soc Forces 80(2):655–681
17. Cremers, Michael (2007): Neue Wege für Jungs?! Ein geschlechtsbezogener Blick auf die Situation von Jungen im Übergang Schule-Beruf. Expertise im Auftrag des Kompetenzzentrum Technik-Diversity-Chancengleichheit e.V.
18. Das geschlechtsspezifische Lohngefälle. Europäische Kommission, 14. März 2012. [http://ec.europa.eu/justice/gender-equality/gender-pay-gap/index_de.htm]. Zugegriffen: 18. Feb. 2012
19. Deutsches PISA-Konsortium (Hrsg) (2004) PISA 2003. Der Bildungsstand der Jugendlichen in Deutschland – Ergebnisse des zweiten internationalen Vergleichs. Münster
20. Diefenbach H, Klein A (2002) Bringing boys back in. Z Pädagogik 48(6):938–958
21. Ditton H (2002) Lehrkräfte und Unterricht aus Schülersicht. Ergebnisse einer Untersuchung im Fach Mathematik. Z Pädagogik 48(2):262–287
22. Ehrenberg RG (1991) Academic labor supply. In: Clotfelter CT, Ehrenberg RG, Getz M, Siegfried JJ (Hrsg) Economic challenges in higher education (Chapters 6–10). University of Chicago Press, Chicago

23. Ehrenthal B, Eberhard V, Ulrich G (2005 Oct.) „Ausbildungsreife – auch unter den Fachleuten ein heißes Eisen" (Ergebnisse des BIBB-Expertenmonitors). Bonn
24. Faulstich-Wieland H, Hostkemper M (1995) „Trennt uns bitte, bitte nicht!" Opladen
25. Flaake K (2006) Geschlechterverhältnisse – Adoleszenz – Schule. Zeitschrift für Frauenforschung und Geschlechterstudien 24(1):3–13
26. Friedrich M (2009) Datenreport zum Berufsbildungsbericht 2009, Informationen und Analysen zur Entwicklung der beruflichen Bildung. BiBB, Bonn
27. Fuhr T (2006) Interaktionsformen. In: Schultheis K./Strobel-Eisele G./Fuhr T. (Hrsg) Kinder: Geschlecht männlich. Pädagogische Jungenforschung. Stuttgart. 129–150.
28. Geißler R (2005) Die Metamorphose der Arbeitertochter zum Migrantensohn. In: Berger, Peter A, Kahlert H (Hrsg) Institutionalisierte Ungleichheiten. Weinheim und München, S 71–102
29. Gerstekamp T (2005) Double looser. Arm und Gleich. In: tageszeitung vom 8.1. 2005
30. Godard S, Rees G, Salisbury J (2001) The differential attainment of boys and girls at school. Brit Educ Res 27(2) S 125–139
31. Haug S (2005) Zum Verlauf des Zweitspracherwerbs im Migrationskontext. Zeitschrift für Erziehungswissenschaft 8(2):263–284
32. Hoeckel K, Schwartz R (2010) Lernen für die Arbeitswelt. OECD-Studien zur Berufsbildung. September 2010. Deutschland. [www.oecd.org/dataoecd/46/6/45924455.pdf]
33. Horstkemper M (1999) Ausgewählte Aspekte der Lehrer-Schüler-Interaktion. In: Horstkemper M (Hrsg) Koedukation. Erbe und Chancen Weinheim S 139–158
34. House of Representatives Standing Committee on Education and Training (2002) Boys: getting it right. Report on the inquiry into the education of boys. Canberra: Commonwealth of Australia, 72
35. Hurrelmann K. Die Lebenssituation von Kindern und Jugendlichen Herausforderungen für Schulpädagogik und Sozialarbeit. http://sfbb.berlin-brandenburg.de/sixcms/media.php/bb2.a.5723.de/Lebenssituation%20von%20Kindern%20und%20Jugendlichen-Herausforderungen%20f%C3%BCr%20Schulp%C3%A4dagogik%20und%20Sozialarbeit.pdf. Zugegriffen: 28. Feb. 2013
36. Hunt E (2010) Human intelligence. Cambridge University Press, S 265
37. Jahnke-Klein S (2001) Sinnstiftender Mathematikunterricht für Mädchen und Jungen. Baltmannsweiler: Schneider-Verlag Hohengehren (Reihe Grundlagen der Schulpädagogik; Bd 39).
38. Jösting S (2005) Jungenfreundschaften. Zur Konstruktion von Männlichkeit in der Adoleszenz. Wiesbaden
39. Kaiser, Astrid (Hrsg) (2005): Koedukation und Jungen. Soziale Jungenförderung in der Schule. 2. Aufl. Wein heim: UTB.
40. Kalthoff H (2000) „Wunderbar, richtig". Zur Praxis mündlichen Bewertens im Unterricht. Zeitschrift für Erziehungswissenschaft 3(3):429–446
41. Klieme E et al PISA (2009) Bilanz nach einem Jahrzehnt – Zusammenfassung. S 16
42. Konsortium Bildung (2006) Bildung in Deutschland. Ein indikatorengestützter Bericht mit einer Analyse zu Bildung und Migration. Bielefeld
43. Krappmann L, Oswald H (1995) Alltag der Schulkinder. Weinheim und München
44. Krebs A (2002) Ergebnisse einer Befragung unter 14- bis 17-jährigen Schülerinnen und Schülern an Hamburger Schulen. Hamburg
45. Kultusministerkonferenz (2010) Statistische Veröffentlichungen der Kultusministerkonferenz, Dokumentation Nr. 18 http://www.kmk.org/fileadmin/pdf/Statistik/SKL_2008_Dok_Nr_188.pdf. Zugegriffen: 21. Nov. 2012
46. Linnehan F (2003) A longitudinal study of work-based, adult-youth mentoring. J Vocat Behav 63:40–54
47. Michel B (2011) Power, gender, and emotion: effects of gender typical emotions on evaluations of women and men in high and low power positions. Universität Genf

48. Mikrozensus 2008. Statistisches Bundesamt
49. Neutzling R (2005) Besser arm dran als Arm ab. Der Medienboom um die ‚armen Jungs‘ und ‚starke Mädchen‘. In: Rose L, Schmauch U (Hrsg) Jungen – die neuen Verlierer? Königsstein/ Taunus, S 55–77
50. Oakhill J, Petrides A (2007) Sex differences in the effect of interest on boys_ and girls' reading comprehension. Brit J Psychol 98(2):223–235
51. OECD (2010) PISA 2009 results: what students know and can do – student performance in reading, Mathematics and Science (Volume I). http://dx.doi.org/10.1787/9789264091450-en. Zugegriffen: 9. Nov. 2013
52. Pellegrini A (1995) School recess and playground behavior. New York: State University of New York
53. Phoenix A, Frosh S (2005) Hegemoniale Männlichkeiten. Männlichkeitsvorstellungen und -ideale in der Adoleszenz. In: King V, Flaake K (Hrsg) Männliche Adoleszenz. Frankfurt a. M.
54. Preuss-Lausitz U (2005) Anforderungen an eine jungenfreundliche Schule. In: Die Deutsche Schule 97(2):222–235
55. Rhodes JE, Grossman JB, Resch NR (2000) Agents of change: pathways through which mentoring relationships influence adolescents' academic adjustment. Child Dev 71(6):1662–1671
56. Rose L, Schmauch U (2005) Jungen – die neuen Verlierer? Königsstein/Taunus
57. Shell Jugendstudie (2006) Jugend 2006. Eine pragmatische Generation unter Druck. Frankfurt a. M.
58. Shell Jugendstudie (2010) Jugend 2010. Eine pragmatische Generation behauptet sich. Frankfurt a. M.
59. Stürzer M (2003) Unterrichtsformen und die Interaktionen der Geschlechter in der Schule. In: Stürzer M, Roisch H, Hunze A, Cornelißen W (Hrsg) Geschlechterverhältnisse in der Schule. Leske + Budrich, Opladen, S 151–170
60. Stürzer M (2005) Bildung, Ausbildung und Weiterbildung. In: Cornelißen W (Hrsg) Gender-Datenreport, S 17–91. www.bmfsfj.de/Publikationen/genderreport/root.html
61. The University of Manchester (2008) Teenagers tested by top employers. [http://www.Manchester.ac.uk/aboutsus/news/display/?id=3697]. Zugegriffen: 14. Nov. 2010
62. Tiedemann J (1995) Geschlechtstypische Erwartungen von Lehrkräften im Mathematikunterricht der Grundschule. In: Zeitschrift für pädagogische Psychologie 9(3/4):153–161
63. Todt E (2000) Geschlechtsspezifische Interessen – Entwicklungen und Möglichkeiten der Modifikation. Empirische Pädagogik 14(3):215–254
64. Valtin R, Wagner C, Schwippert K (2006) Jungen – benachteiligt? Einige Ergebnisse aus IGLU. Die Grundschulzeitschrift 20(194):18–19
65. Weaver-Hightower M (2003) The „boy turn" in research on gender and education. Rev Educ Res Winter 2003 73(4):471–498
66. Williams CL (1992) The Glass Escalator: Hidden Advantages for Men in the „Female" Professions. Social Problems Vol. 39, No. 3 (Aug., 1992), S 253–267 Published by: University of California Press
67. Zimmermann P (1999) Junge, Junge! Theorien zur geschlechtstypischen Sozialisation und Ergebnisse einer Jungenbefragung. Dortmund

Geschlechtsaspekte am Übergang von der Schule in den Beruf

8

Jürgen Budde

Inhaltsverzeichnis

8.1 Übergänge als Statuspassage 119
8.2 Genderdimensionen 122
8.3 Berufsorientierung 122
8.4 Berufswahl 125
8.5 Duale Ausbildung 125
8.6 Vollzeitschulische Ausbildung 127
8.7 Übergangssysteme 128
8.8 Lebensplanung 130
8.9 Fazit 132
Literatur 133

8.1 Übergänge als Statuspassage

Fragt man Studierende der Erziehungswissenschaft nach der Bedeutung des Geschlechts bei ihrer Berufswahl, werden sie dies entschieden zurückweisen. Ihrer Meinung nach leben wir in einem Land, in dem ihr Geschlecht – zum Glück – keinen Einfluss auf ihre Entscheidung hat, Erziehungswissenschaft studieren zu wollen und später als Lehrer/-in oder Pädagog/-in tätig zu sein. Gleichzeitig sind die Studierenden erstaunt, wenn sie darauf hingewiesen werden, dass drei Viertel von ihnen Frauen sind – und nur ein Viertel Männer. Dies habe aber nichts mit Geschlecht zu tun – so wird dann immer versichert, sondern damit, dass sich Frauen halt mehr für Erziehungsfragen interessieren – aber gezwungen

J. Budde (✉)
Sophienallee,
20257 Hamburg, Deutschland
E-Mail: juergen.budde@zsb.uni-halle.de

W. Appel, B. Michel-Dittgen (Hrsg.), *Digital Natives*,
DOI 10.1007/978-3-658-00543-6_8, © Springer Fachmedien Wiesbaden 2013

habe sie ja keiner. In diesem Beispiel werden zwei wesentliche Aspekte deutlich, die das Feld der Berufsorientierung und Berufswahl von weiblichen und männlichen Jugendlichen konstituieren.

Denn auf der einen Seite dominiert die Vorstellung, dass tradierte Geschlechterstereotypen bei der Berufswahl nicht mehr wirken. Gesellschaftliche Normen und juristische Hürden befinden sich auf dem Rückzug, wie beispielhaft an der Integration von Frauen in Bundeswehr und Polizei zu sehen ist. Mit einem positiven Selbstbewusstsein reklamieren viele Frauen, dass ihnen die gleichen Berufswege offen stehen wie Männern auch – Angela Merkel ist ein prominentes Beispiel dafür.

Auf der anderen Seite können Frauen zwar den gleichen Beruf ergreifen wie Männer, sie tun es aber nicht, oder zumindest längst nicht in dem Maße, in dem dies von feministischer Seite erwartet wurde. Der Anteil von Frauen in ingenieurswissenschaftlichen Studiengängen hat sich zwar in den letzten 30 Jahren verdreifacht, liegt aber dennoch nur bei knapp unter 20 %, in Mathematik stagniert der Wert (vgl. [19]). Männliche Jugendliche interessieren sich im Gegenzug kaum für einen Job als Erzieher, Krankenpfleger o. ä., auch wenn die die Anzahl von Männern, die für die Erziehung ihrer Kinder in ihrem Beruf aussetzen, seit 1980 etwa um das 800-fache gestiegen ist, und nach der Einführung des neuen Elternzeitmodells nun bei dem Wert von 16 % liegt (vgl. [5]). Es lohnt sich also, einen Blick auf die Geschlechterperspektive am Übergang von der Schule in den Beruf zu werfen.

Es kann nicht davon ausgegangen werden, dass Jugendliche – gleich welchen Geschlechts – ihre berufliche Orientierung im Sinne einer einmaligen Entscheidung festlegen, sondern die Berufswahl gestaltet sich als Prozess, der zu unterschiedlichen Entwicklungszeitpunkten unterschiedlich verläuft und vielfaktoriell beeinflusst wird. Dies trifft auf alle Jugendlichen zu; der prozesshafte Charakter findet sich ebenso bei denjenigen, die zwischen Übergangssystemen, prekären Beschäftigungsverhältnissen und Arbeitslosigkeit hin und her pendeln wie auch bei denjenigen, die eine berufliche Ausbildung oder ein Studium erfolgreich durchlaufen.

Der Übergang kann in diesem Sinne als Statuspassage verstanden werden, da die Jugendlichen vom Status Schüler/-in überwechseln in ein ausdifferenziertes berufliches Feld mit unterschiedlichem Status. Im Statuspassagenkonzept ist der Übergang von einer Statusgruppe in eine andere Statusgruppe beschrieben (vgl. [22]). Die Statuspassage des Übergangs von der Schule in den Beruf besitzt eine hohe Relevanz, denn zum einen wird das von den Jugendlichen angehäufte soziale, symbolische und kulturelle Kapital für die Jugendlichen erstmalig in ökonomisches Kapital tauschbar. Zum zweiten weist zum Beispiel die Shell-Studie darauf hin, dass der Beruf und damit materielle Absicherung neben der Familie die zentrale Bezugsgröße für Jugendliche ist (vgl. [15]). Zum Dritten können die Richtungsentscheidungen in dieser Statuspassage zumeist eigenständig gefällt werden, im Gegensatz zu den bisherigen Übergängen vom Kindergarten bis zur weiterführenden Schule. Und schließlich manifestieren sich im beruflichen Orientierungsprozess dauerhaft jene sozialen Ungleichheiten, die durch das mehrgliedrige Schulsystem und die daraus resultierenden, qualitativ unterschiedlichen Schulabschlüsse prädisponiert werden, indem manche Jugendliche statusniedrige Ausbildungen ergreifen müssen, während andere besonders exzellente Ausbildungswege einschlagen können. Die in der Statuspassage zwischen Schule und Beruf eingeschlagenen Wege haben eine bedeutsame Funktion bei der zukünftigen gesellschaftlichen Positionierung und können zwar durch Weiterbildung und Umschulung modifiziert, aber nur in den seltensten Fällen vollständig revidiert werden.

Die Statuspassage ist dabei eingebettet in widersprüchliche gesellschaftliche Transformationsprozesse. Auf der einen Seite findet eine Ausdehnung des Jugendbegriffs statt. Die Jugendphase beginnt biographisch immer früher, der Prozess des Erwachsenwerdens ist immer später abgeschlossen. Gleichzeitig jedoch verliert diese Phase ihre Moratoriumsfunktion (vgl. [23]). Galt Jugend auch als Phase des Erprobens mit der tendenziellen Möglichkeit, Fehler zu machen und zu revidieren (vgl. [16]) und sicherlich auch als Phase der strengen Einsozialisation in die „Regeln der Erwachsenenwelt", wachsen heute viele Kinder schon mit dem Wissen um spätere Arbeitsplatzunsicherheit und die Relevanz von Bildung für den beruflichen Erfolg auf. Dies führt zu einem verstärkten Druck auf die Bildungsinstitutionen; bis hinein in die Kindergärten werden Maßnahmen implementiert, die auch auf spätere berufliche Verwertung abzielen, beispielsweise durch spielerischen Englischunterricht.

Jugendliche beiderlei Geschlechts vollziehen den Übergang vor dem Hintergrund ihrer bisherigen Bildungsbiographie. Jugendliche wählen berufliche Bildungswege in engem Zusammenhang nicht nur mit persönlichen Neigungen und Erfahrungen, sondern auch aufgrund der bisherigen Erfahrungen mit institutionalisierter Bildung, sei es durch Fächerpräferenzen, aber auch durch ihren bildungsbezogenen Habitus. Wie im Folgenden gezeigt wird, sind für die Ausgestaltung der Bildungsbiographien Genderaspekte von erheblicher Relevanz. Vereinfacht formuliert zeichnen sich die Bildungsbiographien zahlreicher männlicher Jugendlicher durch größere Distanz zu Bildung und den vermittelnden Institutionen aus, während die in die Bildungsbiographien vieler Mädchen eingepflegten Elemente weiblicher Sozialisation zu eingeschränkten beruflichen Perspektiven führen. Dies äußert sich beispielsweise darin, dass junge Frauen auch nach Abschluss der Regelschulzeit mehr zeitliche und finanzielle Ressourcen in weitere Bildungsanstrengungen investieren, während junge Männer schneller auf Erwerbstätigkeit orientiert sind.

Die Phase kann einhergehen mit biographischen Verunsicherungen: Die Bewältigung des Übergangs ist eine Bewährungsprobe für die eigenen Kompetenzen vor dem Hintergrund der (Ausbildungs-)Marktbedingungen. Die Verunsicherungen können dadurch noch zunehmen, dass die beratenden Kompetenzen relevanter Sozialisationsagenten (zu denken ist vor allem an Mutter und Vater) tendenziell nachlassen, da der Arbeitsmarkt tiefgreifenden und rasanten Transformationsprozessen unterworfen ist. Empfehlungen von Berufen oder Karrierestrategien der Eltern können sich in der aktuellen Situation als unpassend erweisen. Zahlreiche von der Elterngeneration ergriffene Berufe existieren kaum noch oder sind in ihrer Bedeutung stark zurückgegangen. Gerade in der verunsichernden Phase des Übergangs bietet das Geschlecht eine relativ leicht zugängliche Orientierungsfolie, die Sicherheit gewährt und zugleich das Risiko der Einengung der Optionen beinhaltet.

8.2 Genderdimensionen

Die aktuelle Situation von Mädchen und Frauen ist von einem Widerspruch gekenn-
zeichnet. Einerseits haben gesellschaftliche Individualisierung, Feminismus sowie Ver-
änderungen in der nationalen und globalen Wirtschaftsordnung – zum Beispiel durch
Digitalisierung, Globalisierung oder etwa die weltweite Durchsetzung eines neoliberalen
Wirtschaftsmodells – vor allem auf der symbolischen Ebene zu einer Auffächerung der
Optionen für Mädchen und Frauen geführt (das heißt, dass sich weniger die materiellen
Grundlagen des Geschlechterverhältnisses verändert haben, sehr wohl aber die legitimen
Leitbilder); der Bildungserfolg von Mädchen und jungen Frauen seit der sogenannten Bil-
dungsreform veranschaulicht dies. Andererseits bleiben jedoch tradierte Ungleichheiten
weiter bestehen, vor allem auf der materiellen Ebene im beruflichen Sektor, in der An-
erkennung von Leistungen sowie der Verteilung von Ressourcen. Angesichts dieses Wider-
spruchs erhöht sich der Anspruch von Mädchen und Frauen, gleichzeitig beruflich erfolgreich, familienorientiert und sozial engagiert zu sein. In den letzten Jahren sind ebenfalls
Jungen und Männer stärker ins Blickfeld gerückt. Hier lassen sich vergleichsweise wenige
Veränderungen feststellen; nach wie vor dominieren traditionelle Einstellungen, habituelle
Haltungen und Lebensverläufe. Zwar äußern Jungen in größerem Maße gleichstellungsorientierte Einstellungen als zu früheren Zeiten; je älter sie werden, umso dominanter wird
jedoch die Vorstellung des männlichen Alleinfamilienernährers, der nach wie vor als pri-
märes männliches Leitbild fungiert. Während Männlichkeit früher in Bildungsinstitutionen als „heimlicher Maßstab" galt und Frauen als „das abweichende Geschlecht", werden
mittlerweile auch die Risiken deutlich, die mit einer Orientierung an tradierten Vorstellungen von Männlichkeit einhergehen können. Dazu gehören die wachsenden Unsicherheiten
hinsichtlich des Übergangs von der Schule in den Beruf, aber auch im Hinblick auf den
männlichen Part im Geschlechterverhältnis sowie gesundheitliche und soziale Risiken.
Auch auf Jungen- und Männerseite ergibt sich somit ein Widerspruch. Denn einerseits
sind tradierte Vorstellungen und Erwartungen nach wie vor gültig und versprechen Zugang zu gesellschaftlichen Privilegien, andererseits garantiert Männlichkeit nicht länger
selbstverständlich sozialen Erfolg, wie der durchschnittliche Bildungsrückstand von Jungen und die prekäre Situation junger Männer ohne Qualifikationen verdeutlichen. Auch
für Jungen und Männer wächst der Anspruch, gleichzeitig leistungsfähig, flexibel, fürsorg-
lich, stark und familienorientiert zu sein (vgl. [7]).

8.3 Berufsorientierung

Die Shell-Studie belegt, dass die Frage nach beruflichen Perspektiven für männliche und
weibliche Jugendliche gleichermaßen hohe Priorität hat (vgl. [15]). Dies wird deutlich,
wenn man Jugendliche zu ihren Ängsten befragt. Bei Jungen wie Mädchen dominieren
Sorgen vor schlechter Wirtschaftslage, Arbeitsplatzverlust sowie Armut. Jungen äußern
jedoch generell seltener Ängste. Dies hängt vermutlich mit einem Bild von Männlichkeit
zusammen, nach dem Jungen keine Schwächen zeigen sollen (vgl. [29]).

Tab. 8.1 Berufswünsche von Jungen und Mädchen. (Quelle: [28], S. 119)

		4. Klasse (%)		5. Klasse (%)		6. Klasse (%)		7. Klasse (%)
Jungen	Polizei/ Militär	19	Polizei/ Militär	14	Polizei/ Militär	11	Techn. Handwerk	11
	Fußball- profi	15	Fußballprofi	11	Fußball- profi	11	Polizei/ Militär	12
	Andere Sportler	8	Andere Sportler	6	Techn. Handwerk	8	Fußball- profi	10
	Luft-/ Raum- fahrt	7	Techn. Handwerk	6	Kauf- mann	7	Computer	8
Mädchen	Ärztin	22	Ärztin	18	Ärztin	12	Ärztin	12
	Lehrerin	9	Künstlerin	8	Kranken- schwester	9	Erzieherin	9
	Erziehe- rin	6	Beruf mit Tieren	7	Erzieherin	8	Kranken- schwester	8
	Kranken- schwester	6	Kranken- schwester	7	Künstlerin	7	Lehrerin	7

Schaut man auf die Berufswünsche von Kindern zwischen der 4. und der 7. Klasse, werden einige Geschlechterdifferenzen deutlich. Jungen wollen zur „Polizei" sowie zum „Militär" oder träumen von einer Karriere als „Profisportler". Insbesondere der „Fußballprofi" rangiert bis in die 7. Klasse sehr weit oben auf der Skala der Berufswünsche. Bei Jungen gewinnen erst im Laufe der Zeit realistische Berufswünsche wie „technisches Handwerk" oder „Computer" an Bedeutung. Mädchen möchten „Ärztin", „Erzieherin" oder „Lehrerin" werden und orientieren sich damit an einer Auswahl von Berufen, die tatsächlich der späteren Berufswahl vieler Frauen entspricht. Hier zeigt sich, dass Mädchen und Jungen geschlechterstereotype Berufswünsche äußern. Beide geben bereits im Alter von 10 Jahren Berufswünsche an, in denen jeweils das „eigene Geschlecht" dominiert und in denen zum anderen auch eine große Anzahl von Personen des gleichen Geschlechts arbeitet. Die Jungen verfolgen weniger realistische Lebens- und Berufsplanungen als Mädchen. Bei vielen, gerade unterprivilegierten Jungen, ergibt sich für diese Altersspanne eine Lücke zwischen dem „Hier-und-Jetzt" und den weit in der Zukunft liegenden Plänen. Konkrete, kleinschrittige und realistische Planungen fallen einem Teil der Jungen deutlich schwerer (Tab. 8.1).

Je älter die Kinder werden, desto häufiger revidieren Jungen und Mädchen ihre Vorstellungen von Zukunft, Beruf und Lebenslauf; teils, weil sie mit zunehmendem Alter ein breiteres Tätigkeitsspektrum wahrnehmen und sich ihre Wünsche dadurch verändern, teils, weil sie ihre eigenen Potentiale und Zukunftschancen im Laufe der Jahre realistischer einschätzen und nicht erreichbare Ziele aufgeben (vgl. [11]). Jugendliche orientieren sich vor und in der Statuspasssage zwischen Schule und Berufseinstieg an den Möglichkeiten,

die ihnen ihre schulische Ausbildung bietet, und passen sich den vorliegenden Ausbil-
dungs- und Beschäftigungsmöglichkeiten, das heißt also den Bedingungen des Arbeitsmarktes, an (vgl. [25], S. 46). Die Entwicklung seit den 1990er Jahren verdeutlicht, dass
kaum eine Berufswahl möglich ist, die den Wünschen und Erwartungen der Jugendlichen
entsprechen würde, denn die Verknappung des Angebots verlangt Konzessionen oder Flexibilität schon bei der Berufssuche (vgl. [14], S. 601). Dies beweist auch die Tatsache, dass
ein erheblicher Teil der Jugendlichen es sich vorstellen kann, in einem beliebigen Beruf
ausgebildet zu werden.

Das Interesse für bestimmte Berufszweige wird weiter durch symbolische Kodierungen
geregelt. So erfüllen die Berufsbezeichnungen bei der Berufswahl von Jugendlichen drei
wichtige Funktionen.

- **Signalfunktion**: Berufsbezeichnungen lösen bei den Jugendlichen Vorstellungen zu
  den Tätigkeiten, Inhalten und Anforderungen der jeweiligen Berufe aus.
- **Selektionsfunktion**: Da eine umfassende Kenntnis aller Ausbildungsberufe nahezu un-
  möglich ist, fungieren Berufsbezeichnungen als Filter.
- **Selbstdarstellungsfunktion**: Jugendliche achten bei der Auswahl ihres Berufes nicht
  nur darauf, welche Tätigkeiten und Inhalte mit dem ausgewählten Beruf verbunden
  sind, sondern auch darauf, wie das soziale Nahumfeld – vor allem die Peer-Group – auf
  die jeweiligen Berufsbezeichnungen reagiert.

Entscheidend ist für die Jugendlichen, ob der gewählte Beruf einen gewinnbringenden
Beitrag zur eigenen Außendarstellung zu leisten vermag. Damit ist nicht nur entscheidend,
ob der angestrebte Beruf mit dem eigenen Geschlechterbild in Übereinstimmung gebracht
werden kann, sondern auch mit dem der jeweiligen Peer-Group. Junge Frauen können sich
vielleicht für eine Ausbildung zur Tischlerin interessieren, die Sorge vor der Ablehnung
durch ihre Freundinnen kann jedoch dazu führen, dass sie einen für Mädchen „angemes-
seneren" Beruf ergreifen.

Wie bedeutsam die Berufsbezeichnung für die Orientierung der Jugendlichen sein
kann, hat der neu geschaffene Ausbildungsberuf „Mediengestalter/Mediengestalterin für
Digital- und Printmedien" gezeigt, in dem die alten Berufsbilder „Schriftsetzer/Schriftset-
zerin" „Reprohersteller/Reproherstellerin" aufgegangen sind. Der neue Name hat dazu geführt, dass dieser Beruf mittlerweile zu den begehrtesten überhaupt zählt. Die Attraktivität
von Ausbildungsberufen für junge Männer und junge Frauen ist in hohem Maße von ihrer
Bezeichnung abhängig. Berufe, deren Bezeichnungen die Wortteile „-bau-", „-elektronik-",
„-fachkraft-", „-führer-", „-system-", usw. beinhalten, weisen einen hohen Anteil an männlichen Auszubildenden auf. Frauen dominieren hingegen in Ausbildungsberufen mit den
Namensbestandteilen „-büro-", „-fachangestellte(r)-", „-helfer(in)/hilf-" „- -labor-" und
„-pflege-". Gleich hoch bei Männern und Frauen stehen Berufe im Kurs, die „-fachmann/
fachfrau-", „-handel/händler(in)-", „-medien-", „-wirtschaft-" im Namen führen (vgl. [14],
S. 30 f.).

8.4 Berufswahl

Für die Passage von der Schule in den Beruf kann und muss eine Wahl zwischen verschiedenen Ausbildungsformen getroffen werden, wobei auch hier Geschlechterdifferenzen deutlich zutage treten. Wie das Jahresgutachten des Aktionsrats Bildung 2009 festhält [20], münden männliche Jugendliche zu einem höheren Prozentsatz als weibliche in die duale Ausbildung ein, während weibliche Jugendliche in noch höherer Vergleichszahl in vollzeitschulischen Ausbildungsgängen aufzufinden sind.

8.5 Duale Ausbildung

Im Jahr 2005 entfielen 337.315 und damit 58,5 % der existierenden Ausbildungsverträge auf junge Männer (vgl. [2]), wobei das Spektrum der ergriffenen Berufe bei Jungen größer ist. Über 70 % aller Frauen konzentrieren sich auf lediglich 20 Ausbildungsberufe, bei den Männern sind dies nur 52,6 %. Dies hängt nicht zuletzt damit zusammen, dass dieses System an ein Konstrukt von „Beruflichkeit" angelehnt ist, welches sich an dem männlichen Alleinernährermodell orientiert (vgl. [21, 27]). Da das deutsche Ausbildungssystem an sogenannte Ausbildungsberufe gekoppelt ist, lassen sich an der Ausbildungswahl gleichzeitig die Berufsvorstellungen der Geschlechter ablesen: Junge Frauen bevorzugen Berufe im Dienstleistungs- und im kaufmännischen Bereich, junge Männer gewerblich-technisch ausgerichtete Berufe, aber auch eine Ausbildung zum Koch ist für junge Männer äußerst attraktiv (vgl. Abb. 8.1, auch [13], S. 87). Junge Frauen finden sich überproportional häufig (mit Anteilen zwischen 55 und 80 %) in Verwaltungs- und Büroberufen, in Körperpflege-, Haushalts- und Reinigungsberufen, in Waren- und Dienstleistungsberufen, in Gesundheitsberufen und in Textilbekleidungsberufen. Junge Männer hingegen dominieren in Metall- und Elektroberufen, in Bauberufen sowie in Verkehrsberufen (vgl. [2], S. 33). Das genderbestimmte Selbstkonzept der Jugendlichen und die zum jeweiligen Geschlechterbild passende Signalwirkung greifen ineinander. Dies geschieht nach geschlechtsstereotypen Mustern und mit anhaltender Tendenz. So lässt sich in vielen Berufsgruppen eine hohe Geschlechterkonzentration feststellen. Insgesamt fällt auf, dass die meisten Ausbildungsgänge entweder von Frauen oder von Männern geprägt sind, wobei die Zahl der Ausbildungsgänge, die einseitig männlich besetzt sind, deutlich höher ist als die Zahl der Ausbildungsgänge, die einseitig weiblich besetzt sind (Tab. 8.2).

Die größten Unterschiede zwischen Mädchen und Jungen zeigen sich im Hinblick auf die sozialen und technischen Arbeitsbedingungen: Mehr Mädchen interessieren sich für sozial orientierte Berufe und geben als wichtige Entscheidungskriterien für ihre Berufswahl zum Beispiel „im Team arbeiten" oder „anderen Menschen helfen" an. Jungen hingegen legen auf eine stärkere Technik- und Freizeitorientierung Wert und benennen als wichtige Aspekte für die spätere Berufstätigkeit zum Beispiel „häufig mit dem Computer arbeiten" oder „häufig mit moderner Technik arbeiten" ([20], S. 117). Die Tab. 8.1 veranschaulicht diese Geschlechterdifferenz auf einen Blick. Die Differenzierung in „Ge-

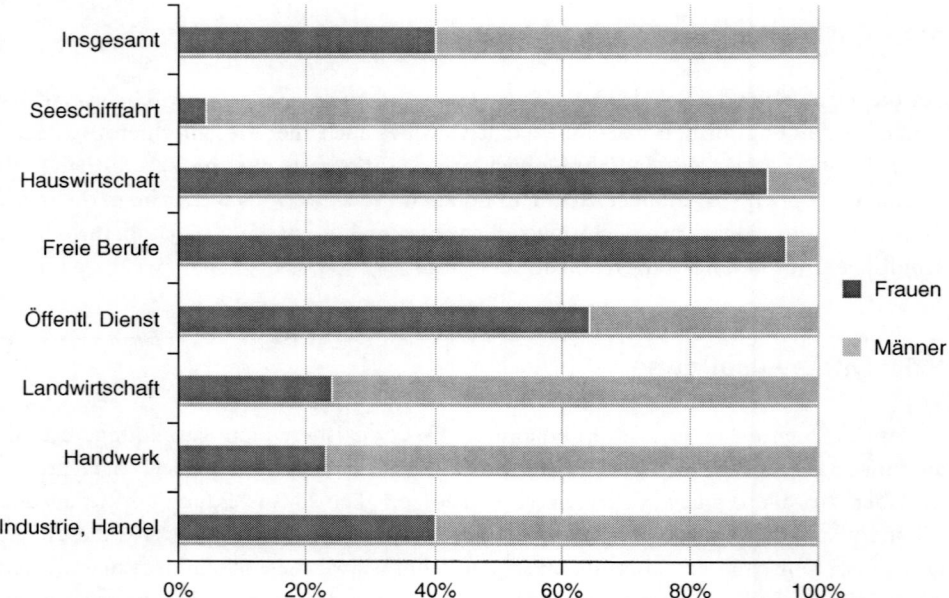

Abb. 8.1 Männer- und Frauenanteil an Auszubildenden in beruflicher Bildung nach Ausbildungs-berufen (in Prozent), 2004. (Quelle: GEW 2006)

Tab. 8.2 Die fünf von jungen Männern und Frauen am häufigsten gewählten Ausbildungsberufe in Deutschland 2007. (Quelle: [4])

Rang	Frauen		Männer	
	Ausbildungsberuf	Anzahl	Ausbildungsberuf	Anzahl
1	Kauffrau im Einzelhandel	20.079	Kraftfahrzeug-mechatroniker	21.015
2	Bürokauffrau	17.665	Kaufmann im Einzelhandel	15.782
3	Verkäuferin	16.084	Industriemecha-niker	14.515
4	Friseurin	15.441	Koch	14.172
5	Med. Fachangestellte	14.530	Elektroniker	11.061

schlechterterritorien" [18], die bereits in der Kita einsetzt und sich in der Schule fortsetzt, findet einen deutlichen Niederschlag beim Zugang zu Ausbildungsbereichen und dem da-mit verknüpften Berufswunsch.

Häufig bieten die männlich dominierten Ausbildungsberufe höhere Bezahlung und bessere Karrierechancen. Bei den weiblich konnotierten Berufen wird deswegen auch von sogenannten „Sackgassenberufen" gesprochen (vgl. [19]). Andererseits kommt es auf-

Tab. 8.3 Ausbildungsbeteiligungsquote nach Geschlecht und Herkunft. (Quelle: [3])

	Ausbildungsbeteiligungsquote	
	Ausländer	Deutsche
Frauen	21,2	46,6
Männer	26,1	68,0
Insgesamt	23,7	57,5

Anteil der Auszubildenden an der Wohnbevölkerung im Alter von 18 bis unter 21

grund von Umstrukturierungen auf dem Arbeitsmarkt zunehmend zu einer Ausweitung des Dienstleistungsbereichs und von Beschäftigungen, für die höhere Bildungsabschlüsse vorausgesetzt werden, sowie zur Abnahme von industriell-handwerklichen Beschäftigungen. In den bislang stärker weiblich besetzten Wachstumsbranchen „Finanzierung/Unternehmensdienste" und „öffentliche/private Dienstleistungen" werden bis 2020 2,7 Mio. neue Arbeitsplätze entstehen (vgl. [6]). Der Arbeitsplatzabbau im produzierenden und verarbeitenden Gewerbe könnte mittel- bis langfristig dazu führen, dass die Berufsorientierung der jungen Männer in klassische „Männerberufe" zukünftig weniger Sicherheit und Aufstiegsmöglichkeiten garantiert.

Männliche und weibliche Jugendliche mit Migrationshintergrund zeigen beim Übergang in das duale Ausbildungssystem eine ähnliche Orientierung wie ihre deutschen Kolleg/-innen. Auch hier haben Jungen Vorteile gegenüber Mädchen. Die Ausbildungsbeteiligungsquote für männliche Migranten erreicht einen um 4,9 Prozentpunkte höheren Wert als für weibliche Migrantinnen, beide bleiben aber weit unter der Ausbildungsquote deutscher Jugendlicher, bei denen die Geschlechterdifferenz deutlich ausgeprägter ist. Gleichzeitig liegt die Quote von Jugendlichen, die ohne Ausbildung bleiben, bei Migrantinnen und Migranten dreimal so hoch wie bei deutschen Jugendlichen (vgl. [3]). Bei einer Differenzierung nach Staatsangehörigkeit zeigt sich, dass Unterschiede zwischen verschiedenen Herkunftsländern existieren. Während insbesondere Jugendliche aus der Türkei und Griechenland – also aus zwei ehemaligen Anwerberländern von „Gastarbeitern" – weniger erfolgreich agieren, sind Jugendliche aus Frankreich sogar erfolgreicher bei der Ausbildungsplatzsuche als deutsche Jugendliche (Tab. 8.3).

8.6   Vollzeitschulische Ausbildung

Im Gegensatz zur betrieblichen Ausbildung sind junge Männer mit einem Gesamtanteil von 27 % an vollzeitschulischen Ausbildungsgängen unterrepräsentiert (vgl. [19]). In den personen- und gesundheitsbezogenen Sparten sowie der Gastronomie finden sich überwiegend junge Frauen, mit Anteilen von über 80 %, wobei dieser Anteil in den letzten Jahren eher noch ansteigt. Dies liegt vor allem daran, dass die vollzeitschulischen Ausbildungen klassisch weiblich konnotierte Tätigkeiten lehren. So sind an Berufsfachschulen des Gesundheitswesens lediglich 18 % der Schüler männlich. Vermutlich blockiert u. a.

eine tradierte Geschlechterauffassung von Jungen einen Besuch dieser Berufszweige. Weniger das konkrete Gehalt als vielmehr mangelndes Prestige und an der Alleinernährerrolle sowie tradierten Geschlechterstereotypen orientierte Männlichkeitsnormen stehen hier einem stärkeren Engagement von jungen Männern entgegen (vgl. [10]). Dass der Gesamtanteil von Jungen in der vollzeitschulischen Ausbildung dennoch ansteigt, liegt an der Zunahme von Schülern im Bereich von Informations- und Kommunikationstechnologie.

8.7 Übergangssysteme

Für einen nicht geringen Anteil von Jugendlichen führt der Weg nach der Schule jedoch in befristete, gering entlohnte und/oder nicht-qualifizierende Jobverhältnisse oder in die Jugendarbeitslosigkeit. Dies ist in einigen Milieus der „Regelweg". Eine Möglichkeit sind in diesem Falle berufsvorbereitende Maßnahmen wie das Berufsvorbereitungsjahr (BVJ) oder das Berufsgrundbildungsjahr (BGJ), wo die Jugendlichen Hauptschulabschlüsse nachholen und grundlegende Qualifikationen für den Arbeitsmarkt erwerben können. Im Übergangssystem verkehrt sich die nach Geschlecht unterscheidbare Lage, denn da es deutlich mehr junge Männer als Frauen ohne Hauptschulabschluss oder lediglich auf dem Hauptschulniveau gibt, stehen diese als Geringqualifizierte vor großen Hürden bei der Einmündung in den Ausbildungsmarkt (vgl. [12]). Die Hauptschule aber hat ihre Funktion als vorbereitende Institution für die Berufsausbildung eingebüßt, so dass Hauptschulabsolventen generell schlechtere Berufsausbildungschancen haben. Für Jugendliche ohne Hauptschulabschluss erhöht sich dieses Risiko um ein Vielfaches. „Die Benachteiligung junger Männer in der Berufsbildung ist insofern auch eine Folge der ‚Umkehrung' der Unterschiede im schulischen Niveau zwischen Mädchen und Jungen in den letzten Jahrzehnten" ([1], S. 47). Mit anderen Worten: Lernschwierigkeiten, Schulmüdigkeit oder -abbrüche, mit denen Jungen in der Pflichtschulzeit mehr als die Mädchen zu kämpfen haben, verschwinden nicht einfach, sondern setzen sich im Übergangssystem als Problemkonstellation fort und nehmen teilweise an Schärfe zu. Auf die besonderen Problemlagen männlicher Jugendlicher gepaart mit der „Persistenz des traditionellen Rollenbilds des Familienernährers" (ebd., S. 44) wird in der wissenschaftlichen Fachliteratur ausdrücklich hingewiesen. Die Bildungspolitik wird hier in die Pflicht genommen, gezielt zu intervenieren. Fachliche Appelle sparen an dieser Stelle auch die genderrelevanten Faktoren nicht aus:

> Vor allem stieg die Arbeitslosenquote der jungen Männer stärker als die der gleichaltrigen Frauen (…). Die Armut an beruflichen Perspektiven strahlt auf die gesamte Lebensgestaltung und soziale Situation der jungen Männer aus. Politisch brisant kann dieser Sachverhalt dadurch werden, dass unter der Vorherrschaft traditioneller Geschlechterstereotypen jungen Männern in der Regel weniger ‚Alternativrollen' in Bildung und Familie zur Verfügung stehen als jungen Frauen und nicht auszuschließen ist, dass sich die Frustration über die fehlenden Erwerbsperspektiven in sozialer Unruhe Gehör verschafft. (ebd., S. 49 f.).

In diesem Milieu wird eine Orientierung an problematischen Vorstellungen von hegemo-
nialer Männlichkeit attestiert (vgl. [7]). Sofern junge Männer sie offensiv als Schutzschild
aufbauen, ist zu beobachten, dass die Abwehr von Lernleistungen damit Hand in Hand
gehen kann. Lernbedarf zu signalisieren wird als Zeichen von Schwäche ausgelegt, an
das weibliche Geschlecht delegiert und das Lernen im gleichen Atemzug abgewertet. Wie
Untersuchungen zeigen, erfolgt der Rückgriff auf einen hegemonialen Männlichkeitsges-
tus wegen gebrochener Statussicherheit vor allem aufgrund folgender Anlässe:

- angesichts der Herkunft aus bildungsarmen Familien,
- angesichts ungünstiger Bildungsverläufe und des dadurch erzeugten Mangels an Zu-
  kunftsoptionen (vgl. [26]).

In einer solchen Situation kann die übertriebene und zugespitzte Inszenierung von Männlichkeit zur einzigen noch verbliebenen Ressource für Selbstbehauptung werden, die „na-
türlicherweise" zugestanden wird. Ob die dezidierte Darstellung einer solchen Männlich-
keitstypik für den Moment tatsächlich Geltung verschafft, hängt zudem von der Resonanz
in der jeweiligen Peer-Group ab, die bei Jugendlichen im Übergangssystem eine bedeutende Unterstützungsfunktion hat.

Nicht zu vernachlässigen ist eine hohe Zahl unterprivilegierter junger Männer, deren
Statuspassage aufgrund von Gefängnisaufenthalten äußerst problematisch verläuft. Ob
aufgrund von Straftaten zur Sicherung und Steigerung des Lebensstandards (Diebstahl),
von Bewältigungsstraftaten (Verstoß gegen das Betäubungsmittelgesetz) oder von Straftaten, die Stärke und Männlichkeit vermitteln sollen (körperliche Gewalt), männliche Jugendliche aus sozial schlecht gestellten Milieus haben ein relativ hohes Risiko, einen Ge-
fängnisaufenthalt zu absolvieren und damit aus den bestehenden Unterstützungsstruktu-
ren noch weiter herausgedrängt zu werden.[1]

Aber nicht nur junge Männer, auch junge Frauen neigen angesichts der Häufung sys-
tembedingter Zukunftshindernisse dazu, nach der vermeintlichen Sicherheit des traditionellen Geschlechterbildes zu greifen und sich beispielsweise früh auf eine Mutterschaft
einzulassen. Diese Strategie ist jedoch ziemlich riskant, da es eine besondere Herausforderung bedeutet, sich als Teenager sowohl um das berufliche Fortkommen als auch um ein
Kind zu kümmern.

Neben die Mädchenpädagogik ist in den letzten Jahren auch eine Jungenpädagogik
getreten – beide mit dem Anspruch, eindimensionale Geschlechterkonzeptionen zu ver-
mindern Wenngleich beispielsweise die wissenschaftliche Begleitung des Modellprojekts
„Neue Wege für Jungs" auf kritische Aspekte einer geschlechterdramatisierenden Pädagogik hindeutet (vgl. [8]), so ist gleichzeitig nicht von der Hand zu weisen, dass die pädagogische Beschäftigung mit geschlechtsbezogenen Sozialisationsbedingungen positive Poten-

---

[1] So gab es 2006 fast 65.000 Strafgefangene in Deutschland. Davon sind 95 % Männer und 5 % Frau-
en; 40 % im Alter unter 40 Jahren. Die meisten Gefangenen saßen wegen Diebstahl (21 %), Drogen-
delikten (15 %) oder Raub (13 %) im Gefängnis (vgl. [24]).

Tab. 8.4 Lebensentwürfe bezüglich der partnerschaftlichen Arbeitsteilung von 16- bis 23-jährigen Männern und Frauen. (Quelle: [11], S. 5)

	West		Ost	
	Weiblich (%)	Männlich (%)	Weiblich (%)	Männlich (%)
A. Ich möchte mich hauptsächlich um Kinder und Haushalt kümmern	38	23	35	25
B. Ich möchte die Hausarbeit mit meinem Partner/ meiner Partnerin teilen	90	74	94	85
C. Der Beruf wird für mich das Wichtigste im Leben sein	48	60	61	66

tiale vor allem dann bieten kann, wenn sie sich nicht an tradierten Klischees orientiert. Dies bedeutet, dass Jungenarbeit nicht versuchen sollte, beispielsweise durch so genanntes „Coolness-Training" traditionelle Formen von Männlichkeit zu rekonstruieren, sondern auf die Reflexion von Männlichkeitsstereotypen und die Erweiterung von Handlungsoptionen abzuzielen, beispielsweise indem Fragen der Berufsplanung systematisch mit Lebensplanung, unterschiedlichen Familienkonzepten etc. verknüpft werden.

8.8 Lebensplanung

Die Ausgestaltung der Statuspassage zwischen Schule und Berufseinstieg kann jedoch nicht nur unter Fokussierung auf den Übergang in den Beruf betrachtet werden, auch die sozialen Lebensumstände müssen mit einbezogen werden. Bei Frauen wurde dies bislang vor allem unter dem Stichwort Vereinbarkeitsproblematik diskutiert. Mittlerweile mehren sich die Initiativen, die „Lebensplanung" als einen relevanten Aspekt für beide Geschlechter anerkennen. Insgesamt lässt sich feststellen, dass es zahlreiche Überschneidungen in den Zukunftsvorstellungen von Jungen und Mädchen gibt; schaut man jedoch genauer hin, verdichtet sich das Bild, dass Mädchen und Frauen durchschnittlich ein moderneres Geschlechterbild vertreten als Jungen und Männer, die Einstellungen beider Geschlechter in der Tendenz jedoch geschlechterstereotyp sind. Die geschlechterstereotype Einstellung der Mädchen und Jungen zeigt sich darin, dass mehr Mädchen als Jungen sich in der Zukunft hauptsächlich um Kinder kümmern wollen und für wesentlich mehr Jungen als Mädchen der Beruf das Wichtigste im Leben ist (Tab. 8.4).

Tab. 8.5 Wichtigkeit von Lebensbereichen bei 16- bis 23-jährigen jungen Männern und Frauen, Prozent der Zustimmung; Skalapunkte 5 bis 7 einer Skala von 1 (= überhaupt nicht wichtig) bis 7 (= sehr wichtig). Reihenfolge der Items nach Höhe der Zustimmung „gesamt" sortiert. (Quelle: [11])

	West		Ost	
	Weiblich	Männlich	weiblich	männlich
Freunde und Bekannte	97	96	98	97
Eltern und Geschwister	96	93	97	94
Schul- und Berufsausbildung	95	92	96	91
Beruf und Arbeit	91	91	94	93
Partnerschaft	89	84	90	85
Freizeit und Erholung	89	89	92	92
Eigene Familie und Kinder	77	70	82	69
Kunst und Kultur	47	32	53	37
Politik	40	43	43	43
Religion	36	27	18	16

Es überrascht, dass ein Großteil der Mädchen und fast ebenso viele Jungen sich die Hausarbeit mit dem Partner/der Partnerin teilen möchten und dass der Beruf für immerhin ca. ein Drittel der Jungen nicht das Wichtigste im Leben ist. Je älter die Jugendlichen sind, desto wichtiger wird der Beruf, während die Zahl derjenigen, die sich hauptsächlich um Kinder und Haushalt kümmern wollen, insgesamt abnimmt, wobei der Rückgang bei den jungen Männern stärker ist als bei den jungen Frauen. Der Wunsch nach einer egalitären Aufteilung der Hausarbeit nimmt in dieser Altersklasse, im Vergleich zu den Jüngeren, sogar noch leicht zu. In den ostdeutschen Bundesländern ist dieses Lebensziel verbreiteter als in den westdeutschen Bundesländern.

Befragt nach der Wichtigkeit von Lebensbereichen, geben 16- bis 23-jährige Männer und Frauen an, dass Freunde und Familie die höchste Priorität genießen. Gemeinsamkeiten bestehen vor allem in Bezug auf Schule, Ausbildung und Beruf. Dieser Bereich ist für alle Jugendlichen von großer Bedeutung, wobei er denjenigen aus den neuen Bundesländern etwas wichtiger ist als denjenigen im Westen. In diesen Zahlen schlägt sich vermutlich die wesentlich schlechtere Arbeitsmarkt- und Ausbildungslage in den östlichen Bundesländern nieder. Die Zahlen dokumentieren eindrücklich gleichstellungsorientierte Einstellungen bei beiden Geschlechtern, die allerdings im tendenziellen Widerspruch zum tatsächlichen Berufswahl- und Lebensplanungsverhalten stehen (Tab. 8.5).

Unterschiede existieren insbesondere bei Nennungen wie „eigene Kinder" und „Kunst und Kultur", die von jungen Frauen als wichtiger angegeben werden. Die Werte der jungen Männer liegen (außer in Westdeutschland beim Thema Politik) immer unter denen der jungen Frauen. Dies könnte ein Hinweis darauf sein, dass Jungen weniger Vorstellungen von einer positiven und gelingenden Lebensgestaltung haben. Zu fordern ist hier die Anregung einer reflexiven Auseinandersetzung mit Trauer, Enttäuschung und Hilflosigkeit. Ebenso wichtig wäre es, mit Mädchen ihre Bilder von ihrem „Traummann" zu reflektieren. Häufig finden sich romantisierende, pragmatische, moderne und tradierte Erwartungen zugleich, denen ein Teil der Jungen nicht genügen kann.

8.9   Fazit

Als Fazit lässt sich festhalten, dass der Prozess der Berufsorientierung tiefgreifend mit gesellschaftlichen Vorstellungen über Geschlechter verbunden ist. Dabei finden sich zwar viele Überschneidungen zwischen männlichen und weiblichen Jugendlichen, aber auch tradierte Stereotype, die tief in die Berufskultur in Deutschland eingelassen sind. Andererseits erleben viele junge Männer und Frauen die Statuspassage zwischen Schule und Berufseinstieg als Phase der Unsicherheit – dies wiederum plausibilisiert die anhaltende berufliche Orientierung auf geschlechtertraditionelle Berufe. Ungeklärt ist weitestgehend, welchen Effekt der Umbau von der Industrie- zur wissensbasierten Dienstleistungsgesellschaft auf die Geschlechterdimension haben wird. Bereits jetzt zeichnet sich ab, dass vor allem für nicht bzw. niedrig qualifizierte junge Männer erhebliche Risiken vorliegen. Dies zeigt sich nicht nur in den prekären Übergängen, sondern teilweise auch in problematischen sozialen Orientierungen.

Perspektiven liegen zum einen in der verbindenden Betrachtung von Beruf und Lebensplanung in Berufsorientierung und Berufsberatung, aber auch in der wissenschaftlichen Auseinandersetzung mit dem Thema, um Jugendliche beiderlei Geschlechts einen gelingenden Übergang zu erleichtern und der Bezogenheit beruflicher und privater Pläne junger Menschen in ihrer Vielschichtigkeit gerecht zu werden. Zum zweiten bedarf es einer Reflexion und Überarbeitung der Praxis bisheriger Berufsorientierung und -beratung, beispielsweise in Schulen oder bei der Agentur für Arbeit, die weggeht von der Empfehlung geschlechterstereotyper Berufe hin zum Aufzeigen von Alternativrouten, vor allem für benachteiligte Jugendliche. Für beide Perspektiven braucht es Genderkompetenz bei denjenigen, die Jugendliche in der Statuspassage begleiten (vgl. [9]). Ähnliches gilt auch für Unternehmen, die sich bei den Suchstrategien für qualifizierte MitarbeiterInnen weniger von Geschlechterstereotypen leiten lassen sollten (vgl. [17]). Darüber hinaus wäre es für Betriebe sinnvoll, die Frage der Vereinbarkeit von Berufs- und Lebensplanungen sowohl in ideeller als auch in praktischer Hinsicht (Reduzierung der Wochenarbeitszeit, Gleitzeitmodelle etc.) stärker auszubauen, um ihre MitarbeiterInnen in diesem Balanceakt zu unterstützen.

Literatur

1. Baethge M, Solga H, Wieck M (2007) Berufsbildung im Umbruch. Signale eines überfälligen Aufbruchs. Netzwerk – Bildung. Friedrich Ebert Stiftung. http://library.fes.de/pdf-files/stabsab-teilung/04258/studie.pdf. Zugegriffen: 9. Nov. 2013
2. BMBF (2005) Grund- und Strukturdaten. BMBF, Bonn. http://www.bmbf.de/pub/GuS_2005_ges_de.pdf. Zugegriffen: 9. Nov. 2013
3. BMBF (2006) Berufsbildungsbericht 2006. BMBF, Berlin. www.bmbf.de/pub/bbb_2006.pdf. Zugegriffen: 9. Nov. 2013
4. BMBF (2008) Berufsbildungsbericht 2008. BMBF, Bonn. www.bmbf.de/pub/bbb_08.pdf. Zugegriffen: 9. Nov. 2013
5. BMFSFJ (2008) Evaluation des Gesetzes zum Elterngeld und zur Elternzeit – Endbericht 2008. www.bmfsfj.de/bmfsfj/generator/BMFSFJ/Service/Publikationen/publikationsliste,did=113998.html. Zugegriffen: 9. Nov. 2013
6. Bonin H, Schneider M, Quinke H, Arens T (2007) IZA Resarch Report No. 9. Zukunft von Bildung und Arbeit; Perspektiven von Arbeitskräftebedarf und -angebot bis 2020. Bonn. http://opus.kobv.de/zlb/volltexte/2007/1509/. Zugegriffen: 9. Nov. 2013
7. Budde J (2008) Bildungs(miss)erfolge von Jungen und Berufswahlverhalten bei Jungen männlichen Jugendlichen. BMBF, Bonn. www.bmbf.de/pub/Bildungsmisserfolg.pdf. Zugegriffen: 9. Nov. 2013
8. Budde J (2012) Geschlechtsbezogene pädagogische Jungenpädagogik als Beitrag zur Demokratiepädagogik? Theoretische und empirische Überlegungen. Jahrbuch Demokratiepädagogik 2(2)
9. Budde J, Venth A (2009) Genderkompetenz für lebenslanges Lernen. Bildungsprozesse geschlechterorientiert gestalten. Bertelsmann, Bielefeld
10. Budde J, Böhm M, Willems K (2009) Wissen, Image und Erfahrungen mit Sozialer Arbeit – relevante Faktoren für die Berufswahl junger Männer? Zeitschrift für Sozialpädagogik 7(3):264–283
11. Cornelißen W / Gille M (2005): Lebenswünsche junger Menschen und die Bedeutung geschlechterstereotyper Muster. In: Zeitschrift für Frauenforschung und Geschlechterstudien, 23, (4), S 52–67
12. Cremers M (2007): Neue Wege für Jungs?! Ein geschlechtsbezogener Blick auf die Situation von Jungen im Übergang Schule-Beruf. Expertise im Auftrag des Kompetenzzentrum Technik-Diversity-Chancengleichheit e.V.
13. Geißler R (2005) Die Metamorphose der Arbeitertochter zum Migrantensohn. Zum Wandel der Chancenstruktur im Bildungssystem nach Schicht, Geschlecht, Ethnie und deren Verknüpfung. In: Berger PA, Kahlert H (Hrsg) Institutionalisierte Ungleichheiten. Wie das Bildungssystem Chancen blockiert. Juventa, Weinheim, S 71–102
14. Heinz W (2002) Jugend, Ausbildung und Beruf. In: Heinz-Hermann K., Grunert C. (Hrsg) Handbuch der Kindheits- und Jugendforschung. Leske+Budrich, Opladen
15. Hurrelmann K (2006) Jugend 2006. Eine pragmatische Generation unter Druck. 15. Shell Jugendstudie. Fischer Taschenbuch Verlag, Frankfurt a. M.
16. Hurrelmann K, Quenzel G (2010) Lebensphase Jugend. Eine Einführung in die sozialwissenschaftliche Jugendforschung. Beltz Verlag, Weinheim
17. Imdorf C (2010) Wie Ausbildungsbetriebe soziale Ungleichheit reproduzieren. Der Ausschluss von Migrantenjugendlichen bei der Lehrlingsselektion. In: Heinz-Hermann K, Rabe-Kleberg U, Rolf-Torsten K, Budde J (Hrsg) Bildungsungleichheit revisited. Bildung und soziale Ungleichheit vom Kindergarten bis zur Hochschule. VS Verlag für Sozialwissenschaften, Wiesbaden, S 259–274
18. Kelle H (2003) Geschlechterterritorien. Eine ethnographische Studie über Spiele neun- bis zwölfjähriger Schulkinder. In: Alkemeyer T, Boschert B, Schmidt R, Gebauer G (Hrsg) Aufs Spiel

gesetzte Körper. Aufführungen des Sozialen in Sport und populärer Kultur. UvK Verlag, Konstanz, S 187–211

19. Konsortium Bildungsberichterstattung (2006) Bildung in Deutschland. Ein indikatorengestützter Bericht mit einer Analyse zu Bildung und Migration. Bertelsmann Verlag, Bielefeld

20. Lenzen D (2009) Geschlechterdifferenzen im Bildungssystem. Jahresgutachten 2009. Wiesbaden

21. Liedtke Sabine (2006) Eine gendersensible Studie zur Krise des Beruflichen Bildungswesens in Deutschland. fwpf Verlag, Freiburg

22. Sackmann R, Wingens M (2001) Theoretische Konzepte des Lebenslaufs: Übergang, Sequenz und Verlauf. In: Sackmann R, Wingens M (Hrsg) Strukturen des Lebenslaufs. Übergang – Sequenz – Verlauf. Weinheim, S 17–48.

23. Schröder A, Balzter N, Schroedter T (2004) Politische Jugendbildung auf dem Prüfstand. Juventa Verlag, Weinheim

24. Statistisches Bundesamt (2006) Mehr als 64 000 Strafgefangene in deutschen Gefängnissen. Pressemitteilung Nr. 517 vom 11.12.2006. http://www.presseportal.de/pm/32102/913059/mehr-als-64-000-strafgefangene-in-deutschen-gefaengnissen. Zugegriffen: 9. Nov. 2013

25. Stürzer M (2005) Bildung, Ausbildung und Weiterbildung. In: Cornelißen W (Hrsg) 1. Datenreport zur Gleichstellung von Frauen und Männern in der Bundesrepublik Deutschland, S 21-98. München. http://www.bmfsfj.de/doku/Publikationen/genderreport/01-Redaktion/PDF-Anlagen/gesamtdokument,property=pdf,bereich=genderreport,sprache=de,rwb=true.pdf. Zugegriffen: 9. Nov. 2013

26. Tunç M (2006) Migrationsfolgegenerationen und Männlichkeiten in intersektioneller Perspektive. Forschung, Praxis und Politik. In: Heinrich-Böll-Stiftung (Hrsg) Migration und Männlichkeiten. Dokumentation einer Fachtagung des Forum Männer in Theorie und Praxis der Geschlechterverhältnisse und der Heinrich-Böll-Stiftung am 9./10. Dezember 2005 in Berlin. Nr. 14. Berlin. S 17–31

27. Venth A (2006) Gender-Porträt Erwachsenenbildung. Diskursanalytische Reflexionen zur Konstruktion des Geschlechterverhal̈tnisses im Bildungsbereich. Bielefeld

28. Walper S, Schröder R (2002) Kinder und ihre Zukunft. In: LBS-Initiative Junge Familie (Hrsg) Kindheit 2002. Das LBS-Kinderbarometer. Was Kinder wünschen, hoffen und befürchten. Leske + Budrich, Opladen

29. Winter R, Neubauer G (2001) Dies und das! Das Variablenmodell „balanciertes Junge- und Mannsein" als Grundlage für die pädagogische Arbeit mit Jungen und Männern. Tübingen

Teil V
Digital Natives: Förderung spezifischer Zielgruppen

Migration und Berufsausbildung

9

Stephan Kroll und Mona Granato

Inhaltsverzeichnis

9.1   Einleitung 137
9.2   Ausbildungsnachfrage und Demografie 138
9.3   Ausbildungsangebot und betriebliche Rekrutierung 140
9.4   Bildungsziele junger Menschen mit Migrationshintergrund 142
9.5   Übergang in berufliche Ausbildung 143
9.6   Einmündung in berufliche Ausbildung 144
9.7   Platzierung in Ausbildung und Erfolg der Ausbildung 145
9.8   Diskussion und Ausblick 146
Literatur 148

9.1   Einleitung

Die Zukunft hat schon begonnen. Der demografische Umbruch verbunden mit einem deutlichen Rückgang an Schulabgängern hat in Ostdeutschland bereits sichtbare Spuren hinterlassen. Diese Veränderungen mit ihren gravierenden Folgen für das Potential junger Menschen, die eine berufliche Ausbildung nachfragen, werden in den nächsten Jahren ebenso vehement in Westdeutschland einsetzen. Wenngleich sich deutliche regionale Ungleichgewichte zeigen – viele Regionen mit einem Mangel an Ausbildungsplätzen stehen wenigen Regionen mit einem Mangel an Nachwuchspotential gegenüber – herrscht

S. Kroll (✉) · M. Granato
Bundesinstitut für Berufsbildung, Robert-Schuman-Platz,
53175 Bonn, Deutschland
E-Mail: Kroll@bibb.de

M. Granato
E-Mail: granato@bibb.de

W. Appel, B. Michel-Dittgen (Hrsg.), *Digital Natives,*
DOI 10.1007/978-3-658-00543-6_9, © Springer Fachmedien Wiesbaden 2013

deutschlandweit auch 2012 noch immer ein Mangel an Ausbildungsplätzen. Die Lage auf dem Ausbildungsmarkt bleibt in den nächsten Jahren gerade in Westdeutschland weiter angespannt [41].

Erhebliche Engpässe auf dem Ausbildungsmarkt haben in den letzten zwei Jahrzehnten zu einer längeren, schwierigeren und intransparenteren Übergangsphase in berufliche Ausbildung beigetragen. Dies gilt namentlich für Jugendliche mit Migrationshintergrund. Sie sind in besonderem Maße von den Ungleichgewichten auf dem Ausbildungsmarkt betroffen, die bei ihnen selbst bei einem mittleren Schulabschluss oftmals zu prekären Übergangsprozessen sowie geringeren Einmündungschancen in eine vollqualifizierende Ausbildung führen [6].

Dabei stellen Schulabgänger[1] mit Migrationshintergrund angesichts des sich abzeichnenden demografischen Umbruchs in Westdeutschland eine wichtige Qualifikationsreserve dar. Doch inwieweit schätzen und nutzen Betriebe das Potential junger Menschen mit Migrationshintergrund für eine betriebliche Ausbildung? Bisherige Forschungsergebnisse weisen darauf hin, dass es die Jugendlichen mit Migrationshintergrund sind, die die Betriebe bei der Suche nach einer Ausbildungsstelle mit ihrem Engagement umwerben, und weniger die Betriebe, die gezielt nach dieser Gruppe von Jugendlichen Ausschau halten.

Der folgende Beitrag beleuchtet daher auf der einen Seite aktuelle und künftige Entwicklungen auf dem Ausbildungsmarkt sowie das Rekrutierungsverhalten von Betrieben und nimmt auf der anderen Seite die (Aus)Bildungsorientierung, den Übergang junger Menschen mit Migrationshintergrund in eine berufliche Ausbildung sowie den Ausbildungserfolg in den Blick und zeigt dabei noch ungenutzte Potentiale auf.

9.2   Ausbildungsnachfrage und Demografie

Die Übergänge an der ersten Schwelle sind zunehmend geprägt von „komplexen Verlaufsmustern, bei denen einzelne Stufen wiederholt oder in anderer Reihenfolge kombiniert werden" [18]. Jugendliche in Westdeutschland finden sich noch immer häufiger in Maßnahmen des „Übergangssystems" wieder [12]. Wenngleich sich auf dem Ausbildungsmarkt in den letzten Jahren insgesamt Tendenzen einer leichten Entspannung zwischen Angebot und Nachfrage nach Ausbildungsplätzen andeuten, gibt es noch immer nicht genügend Ausbildungsplätze für alle ausbildungsplatzsuchenden Jugendlichen. Bis Ende September 2012 haben in Deutschland 627.300 ausbildungsinteressierte Jugendliche eine Ausbildungsstelle gesucht. Das Angebot an Ausbildungsplätzen lag bei 584.600, was einem Rückgang von 2,4 % im Vergleich zum Vorjahr entspricht [40]. Insgesamt wurden in Deutschland 2012 551.300 neue Ausbildungsverträge abgeschlossen – das sind 3,2 % weniger als 2011. Bundesweit stehen 89,1 betriebliche bzw. 93,2 betriebliche und außerbetriebliche Ausbildungsplätze 100 Nachfragenden zur Verfügung [40]. Ende September 2012 sind in

---

[1] Im folgenden Beitrag steht bei personenbezogenen Bezeichnungen die männliche Form für beide Geschlechter.

Deutschland noch 76.000 bei der Bundesagentur für Arbeit gemeldete Bewerber auf der Suche nach einer Lehrstelle; sei es als offiziell „unversorgte Bewerber", sei es, dass sie (vorübergehend) in eine sogenannte „Alternative", zum Beispiel im Übergangssystem, eingemündet sind, aber ihren Vermittlungswunsch aufrechterhalten haben [40]. Die Zahl der unbesetzten Ausbildungsstellen liegt weit darunter bei 33.300.

Insbesondere in Westdeutschland, wo die große Mehrheit der Jugendlichen mit Migrationshintergrund lebt, ist das Ausbildungsangebot zu knapp für alle ausbildungsinteressierten Jugendlichen: 2012 sank hier im Vergleich zu 2011 das betriebliche Ausbildungsangebot um rund 9.900 Ausbildungsplätze (-1,9 %) auf rund 481.800 Ausbildungsplätze und damit deutlich unter die Zahl der ausbildungsinteressierten Jugendlichen (537.900) [40]. Ende September 2012 sind in Westdeutschland noch 65.500 bei der Bundesagentur für Arbeit gemeldete Bewerber auf der Suche nach einer Lehrstelle; ihnen steht weniger als die Hälfte an unbesetzten Lehrstellen gegenüber (27.000) [40].

Auch in den nächsten Jahren bleibt die Lage auf dem Ausbildungsmarkt weiter angespannt, insbesondere in Westdeutschland, wenngleich das Nachfragepotential nach dualer Ausbildung auch hier anfängt zurückzugehen. Der demografische Umbruch ist unumkehrbar, denn „jede Generation reproduziert sich nur noch zu zwei Dritteln" [40]. Die Zahl nichthochschulberechtigter Schulabgänger, also gerade der Schulabgänger, die eine nichtakademische Ausbildung nachfragen, sinkt. Gab es 2005 noch 703.400 nichtstudienberechtigte Schulabgänger und Schulabsolventen aus allgemeinbildenden Schulen, ist ihre Zahl 2011 auf 543.100 gesunken und wird bis 2025 weiter absinken auf dann 442.400. Dies entspricht insgesamt einem Rückgang von über 36 % ([27, 40]). In Westdeutschland hat der Rückgang nichtstudienberechtigter Schulabgänger und Schulabsolventen erst später eingesetzt. Hier wird es vorliegenden Prognosen zufolge 2025 mit 366.400 nichtstudienberechtigten Schulabgängern im Vergleich zu 2005 ca. 188.000 Jugendliche weniger geben, die die allgemeinbildende Schule beenden [40]. Dies bedeutet für Westdeutschland einen erheblichen Einbruch des Nachfragepotentials [28].

Diese Entwicklungen haben gravierende Auswirkungen auf die Nachfrage nach Ausbildung. Auf der einen Seite ist mindestens bis 2025 insbesondere in vielen westdeutschen Regionen mit einer größeren Zahl von Bewerbern zu rechnen, die nicht sofort mit einem Ausbildungsplatz versorgt werden können. Auf der anderen Seite ist mittel- bis langfristig ein erheblicher Rückgang des Nachfragepotentials nach beruflicher Ausbildung zu erwarten. Den vorliegenden Prognosen zufolge lassen sich 2025 aus dem Geburtsjahrgang 2009 noch 365.000 Ausbildungsanfänger gewinnen – die Zahl des jährlichen betrieblichen Fachkräftenachwuchses liegt zur Zeit aber bei rund 550.000 und damit erheblich höher als die Zahl des Nachfragepotentials 2025 [40]. „Die Passung zwischen den beruflichen Wünschen der Jugendlichen und dem Bedarf der Wirtschaft" zu verbessern ist eine wachsende Herausforderung [29]. Der Trend zu einer günstigeren Marktposition für Jugendliche dürfte sich in den kommenden Jahren fortsetzen. Der einstige Wettbewerb um eine Lehrstelle entwickelt sich zunehmend zu einem Wettbewerb um Auszubildende.

Zudem erreichen in den nächsten Jahren wesentlich mehr Erwerbstätige als zuvor das Rentenalter und scheiden aus dem Arbeitsmarkt aus [17]. Die Zahl der Erwerbspersonen wird dadurch im Vergleich zu 2010 auf 39,1 Millionen sinken, das heißt um 9,6 % [17]. Besonders gravierend ist diese Entwicklung auf mittlerer Qualifikationsebene, das heißt im Bereich der beruflichen Ausbildung: 11,5 Millionen Personen mit mittlerer Qualifikation verlassen den Arbeitsmarkt und nur 7 Millionen Personen kommen neu hinzu, so dass 2030 laut Prognosen rund 4,5 Millionen Erwerbspersonen weniger mit einer beruflichen Ausbildung dem Arbeitsmarkt zur Verfügung stehen. Die Zahl der Erwerbspersonen auf mittlerer Qualifikationsebene liegt 2030 voraussichtlich bei 18,7 Millionen; dies entspricht im Vergleich zu 2010 einem Rückgang um 19,3 % [17]. 2030 zeigt sich ein gesamtwirtschaftlicher Engpass an Arbeitskräften, auch wenn man die Erwerbspersonen ohne Berufsabschluss sowie die berufliche Flexibiliät der Erwerbstätigen, das heißt ihren möglichen Einsatz in anderen Berufen bzw. Berufsfeldern als in denjenigen, in denen sie ausgebildet wurden, berücksichtigt. Dieser wird besonders deutlich bei den Gesundheits- und Sozialberufen, in Gastronomie- und Reinigungsberufen, im Warenhandel und Vertrieb, bei den Geistes- und Sozialwissenschaftlern sowie in be- und verarbeitenden und instandsetzenden Berufen [17]. Darüber hinaus sind weitere Engpässe in „hochspezialisierten Einzelberufen" möglich, insbesondere dann, wenn Betriebe nicht auf Erwerbspersonen aus anderen Berufen zurückgreifen (können) [17].

Inwieweit mit diesen Entwicklungen eine Entspannung auf dem Ausbildungsmarkt verbunden ist bzw. wie die Nachfrage nach Auszubildenden in den einzelnen Ausbildungsberufen ausfällt, hängt neben der wirtschaftlichen Entwicklung davon ab, wie Betriebe auf den demografischen Umbruch reagieren.

9.3 Ausbildungsangebot und betriebliche Rekrutierung

Betriebe orientieren ihre Personalpolitik nur bedingt an langfristigen Entwicklungen [37]. Ihre Entscheidung, einen betrieblichen Ausbildungsplatz anzubieten und zu besetzen, treffen sie meist kurzfristig. Ausbildungskapazitäten werden zum Beispiel dann aufgestockt, wenn „sich in der Arbeitsagentur für das Folgejahr ein Rückgang in der nachfragerelevanten Alterskohorte der unter 20-Jährigen" abzeichnet ([38], S. 17). Die Entscheidung von Betrieben, neue Ausbildungsplätze anzubieten, hängt darüber hinaus weniger von demografischen und nachfrageinduzierten Faktoren ab, also von der Entwicklung der Nachfrage der Jugendlichen, als von der Entwicklung des Arbeitsmarktes und damit von angebotsinduzierten Faktoren [38].

Dass der Fachkräftemangel in Zukunft verstärkt zu einem Problem werden könnte, wird inzwischen allerdings auch von Personalverantwortlichen vieler Betriebe gesehen: 2010 gaben 43 % der befragten Betriebe an, in den nächsten fünf Jahren einen Fachkräftemangel zu erwarten [13]. Als personalwirtschaftliches Instrument, um dieser Entwicklung entgegenzuwirken, wird neben der Weiterbildung vor allem auch die Ausbildung genannt: „Mehr als jedes dritte Unternehmen will als Reaktion auf drohenden Fachkräftemangel die Ausbildung ausweiten (35 %). Mehr als jedes zweite (55 %) will das bisherige Ausbildungsniveau in gleichem Umfang aufrechterhalten" [13]. Ein Jahr später, 2011, rechnen nach dem BIBB-Qualifizierungspanel bereits drei von vier Betrieben in den nächsten Jahren mit wachsenden Schwierigkeiten bei der Besetzung von Ausbildungsstellen [37]. Bereits jetzt hat ein Teil der Betriebe Schwierigkeiten, Nachwuchs für seine Ausbildungsplätze zu finden: Jeder dritte Ausbildungsbetrieb konnte 2010/2011 seine angebotene(n) Ausbildungsstelle(n) nicht besetzen (34,8 %) [37]. Besondere Schwierigkeiten zeichnen sich dabei für Betriebe in Ostdeutschland, in Kleinstbetrieben und in solchen Betrieben ab, die Ausbildungsplätze in Berufen anbieten, die von Jugendlichen weniger nachgefragt werden. Dennoch planen neun von zehn Ausbildungsbetrieben, ihr Angebot an betrieblichen Ausbildungsplätzen beizubehalten (75 %) oder sogar auszuweiten (16 %) [37]. Dies gilt auch für Betriebe, die ihre Ausbildungsstelle(n) nicht besetzen konnten.

Inwieweit Betriebe bereits heute Schwierigkeiten bei der Besetzung ihrer Ausbildungsstellen haben, hängt allerdings auch von ihren Anforderungen an Ausbildungsplatzbewerber ab: „Betriebe mit Besetzungsproblemen stellen im Leistungsbereich (Testergebnisse, Schulleistungen, Fremdsprachenkenntnisse) höhere Anforderungen als Betriebe ohne Besetzungsprobleme. Letztere legen vergleichsweise höheren Wert auf die soziale Kompetenz (Eindruck, Vereinsengagement)" [10]. Ob eine Absenkung der ursprünglichen Anforderungen erfolgt oder die Lehrstelle unter Beibehaltung der ursprünglichen Anforderungen unbesetzt bleibt, hängt mit der Personalpolitik des Betriebes zusammen. Betriebe, für die die Ausbildung ein wichtiges Instrument ihrer Fachkräftesicherung ist, zeigen sich bei den erwarteten Eingangsqualifikationen der Bewerber eher kompromissbereit als Betriebe, bei denen die betriebliche Ausbildung eine geringere Rolle für die Personalrekrutierung spielt. Bei letzteren „bleiben Ausbildungsstellen bei Fehlen des Wunschkandidaten eher unbesetzt" [10].

So bestimmen private wie öffentliche Arbeitgeber als „Eingangswächter" des dualen Systems nicht nur darüber, wie viele Ausbildungsplätze sie anbieten, sondern auch, wen sie ausbilden ([12, 20]). Bei den Personalverantwortlichen der Betriebe besteht oftmals Unsicherheit über das Lern- und Leistungspotential und die künftige Produktivität der Bewerber um eine Ausbildungsstelle. Im Rekrutierungsprozess greifen sie daher oftmals auf leicht zugängliche und ihrer Ansicht nach zuverlässige Indikatoren zurück [36]. Hierbei ziehen sie als maßgeblichen Indikator für die Lern- und Leistungsbereitschaft des Bewerbers häufig seine Schulnoten heran, die als Eingangsfilter bei der Bewerberbeurteilung dienen ([4, 9, 12, 20]).

Doch erlangen Arbeitgeber über das formale Bildungskapital und andere kulturelle Ressourcen keine vollkommene Transparenz über die Leistungsfähigkeit eines Bewerbers und verwenden daher zur Selektion zusätzlich Wahrscheinlichkeitsannahmen. Dafür stützen sie sich statt auf leistungsbezogene Kriterien auf Annahmen über das Risiko, das sie bei einem Bewerber bzw. bei der Gruppe, zu welchem ein Bewerber gehört, vermuten. Für solche Zuschreibungen nutzen Arbeitgeber „askriptive" Merkmale wie „Herkunft" oder „Geschlecht" als gruppenspezifische Signale [36]. Die Verwertbarkeit von Bildungstiteln und Ressourcen hängt demnach auch von diesen Zuschreibungen bzw. Signalen ab.

In Süddeutschland sind zwar drei von vier befragten Betrieben, die selbst Jugendliche mit Migrationshintergrund ausbilden, mit der Leistung ihrer Auszubildenden mit und ohne Migrationshintergrund unterschiedslos zufrieden [32]. Rund jeder fünfte Betrieb gibt dennoch an, aufgrund seines wirtschaftlichen Tätigkeitsfeldes bzw. der Kundenerwartungen Ausbildungsplätze bevorzugt an deutschstämmige Jugendliche zu vergeben. Dies gilt insbesondere für Betriebe, die aktuell keine Erfahrung mit der Ausbildung von Jugendlichen mit Migrationshintergrund haben [32]. Ergebnisse aus der Schweiz deuten darauf hin, dass die von den untersuchten Betrieben verwendeten Argumente und Zuschreibungen mehrheitlich dazu dienen, den Ausschluss von „als ausländisch geltenden Bewerbern" [20] und das sogenannte Inländerprimat, das heißt den Erhalt ethnischer Homogenität in der Belegschaft, zu legitimieren. Durch solche Entscheidungslogiken – und die damit verbundenen Argumentationsmuster – wird das bildungspolitische Postulat einer leistungsgerechten Zuweisung betrieblicher Ausbildungsplätze an die bestqualifizierten Bewerber (meritokratische Allokation, Humankapitalansatz) verletzt [36]. Diese Befunde, die einer weiteren empirischen Vertiefung bedürfen, lassen vermuten, dass ein Teil der geringeren Chancen von Jugendlichen mit Migrationshintergrund beim Zugang in betriebliche Ausbildung insbesondere bei einer türkisch-arabischen Herkunft ([4, 11, 39]) durch betriebliche Sortierlogiken erklärbar ist.

9.4   Bildungsziele junger Menschen mit Migrationshintergrund

Heranwachsende mit und ohne Migrationshintergrund sind an qualifizierter Ausbildung und Erfolg im Beruf interessiert, wobei eine Vielfalt von Vorstellungen darüber existiert, wie die jeweiligen Lebens-, Bildungs- und Berufsziele erreicht und die Lebenswünsche erfüllt werden sollen ([8, 33]). Wenngleich Eltern in Migrantenfamilien erheblich seltener über einen Schul- und Berufsabschluss verfügen als in Familien ohne Migrationshintergrund, hat dies auf ihre Bildungsmotivation keinen signifikant ungünstigen Einfluss [6]: Die hohe Bildungsorientierung hat in Migrantenfamilien auch unter Berücksichtigung ihrer ungünstigeren sozialen Herkunft Bestand.

Unter Kontrolle der ungünstigeren sozialen Herkunft der Eltern (beide Eltern mit max. Hauptschulabschluss) geben Schulabgänger mit Migrationshintergrund (weiterführenden) schulischen bzw. berufsschulischen Bildungsgängen den Vorrang und entscheiden sich seltener für eine betriebliche Ausbildung als Jugendliche ohne Migrationshintergrund [6, 7]. Eltern mit Migrationshintergrund sind unter Kontrolle ihrer eigenen ungünstigeren (beruflichen) Bildungsabschlüsse stärker an einem Hochschulstudium als an einer beruflichen Ausbildung für ihre Töchter und Söhne interessiert [3].

Die ausgeprägte Bildungsorientierung in Migrantenfamilien bezieht sich auf Söhne wie Töchter. Die hohen Erwartungen der Eltern verbinden sich mit einer emotionalen Unterstützung in Bildungsfragen unabhängig vom Geschlecht ([8, 30]), seltener jedoch mit einer konkreten Unterstützung zum Beispiel bei der Lehrstellensuche [6]. Eltern mit Migrationshintergrund fehlt im Übergangsprozess zum Teil das „schulrelevante Wissen", doch „gleichzeitig sind oft (nur) sie es, die ihre Kinder bei erfahrenen Rückschlägen zum

Beispiel bei der Lehrstelle immer wieder ermutigen" [30]. Junge Frauen und Männer mit Migrationshintergrund sind im Übergangsprozess daher stärker auf sich gestellt [8].

Jugendliche haben am Ende der Schulzeit meist konkrete (berufliche) Bildungspläne; Unterschiede bestehen hierbei weniger nach dem Migrationshintergrund [9] als nach schulischer Voraussetzung und Geschlecht ([9, 26]). Hauptschulabgänger – junge Männer häufiger als junge Frauen – zielen auf eine betriebliche Ausbildung. Bei einem mittleren Abschluss interessieren sich gerade junge Frauen mit Migrationshintergrund häufiger für eine schulische Ausbildung als junge Männer; mit einer (Fach)Hochschulreife steht ein Studium im Vordergrund [6].

Das Spektrum der Ausbildungsberufe im dualen System, auf das sich Ausbildungsplatz-suchende mit und ohne Migrationshintergrund bewerben, weist große Gemeinsamkeiten und einige Unterschiede auf: Bei einem Migrationshintergrund suchen Bewerber durch-schnittlich in etwas mehr Ausbildungsberufen des dualen Systems einen Ausbildungsplatz (3,5 versus 3,2 Berufe) [5]. 90 % der Bewerber mit Migrationshintergrund und 78 % derjenigen ohne Migrationshintergrund bewerben sich dabei auf mindestens einen der 20 am stärksten besetzten Ausbildungsberufe. Insgesamt ziehen beide Bewerbergruppen ein breites Spektrum von Berufen bei ihrer Ausbildungssuche in Betracht. Stark nachgefragt sind bei Jugendlichen mit Migrationshintergrund (MH) die Ausbildungsberufe „Kauf-leute im Einzelhandel" (mit MH 31 %, ohne MH 18 %) und „Büro- bzw. Bankkaufleute" (mit MH 36 %, ohne MH 27 %) [5]. Im gewerblich-technischen Bereich sind besonders die Ausbildungsberufe „Kraftfahrzeugmechatroniker" (mit MH 16 %, ohne MH 9 %) und „Industriemechaniker" (mit MH 14 %, ohne MH 9 %) von Bewerbern mit Migrations-hintergrund gefragt. Insgesamt bevorzugen Bewerber mit Migrationshintergrund häufiger Dienstleistungs- als Fertigungsberufe [5].

Bei den Strategien der Suche nach einer betrieblichen Ausbildung gibt es zwischen jungen Frauen und Männern mit und ohne Migrationshintergrund eine große Überein-stimmung und nur wenig Unterschiede: Sie nutzen in hohem Maße die verschiedenen Such- und Bewerbungsstrategien und zeigen dabei eine beachtliche Flexibilität in Bezug auf die Ausbildungsberufe, auf die sie sich bewerben, sowie eine ähnliche räumliche Mo-bilitätsbereitschaft. Allerdings erfahren Schulabgänger mit Migrationshintergrund bei der Ausbildungssuche verglichen mit jungen Nichtmigranten seltener konkrete Hilfe aus ih-rem Familien- und Bekanntenkreis. Dafür geben sie häufiger eigene Stellengesuche auf, was möglicherweise ihre geringeren Möglichkeiten, Netzwerkressourcen zu nutzen, kom-pensieren soll [6].

9.5 Übergang in berufliche Ausbildung

Bei einem Migrationshintergrund durchlaufen Jugendliche häufiger längere, schwierige und prekäre Übergangsprozesse in eine berufliche Ausbildung([6, 19]). Dabei nehmen sie häufiger an Maßnahmen und Bildungsgängen des Übergangssystems teil (mit MH 38 %, ohne MH 31 %), insbesondere bei einem mittleren Schulabschluss (mit MH 36 %, ohne

MH 20 %) [6]. Knapp 30 % der Jugendlichen, die ihre (erste) Maßnahme nach Ende der allgemeinbildenden Schulzeit in einer Berufsvorbereitung (BvB/BVJ), einem Berufsgrundbildungsjahr (BGJ) oder einem teilqualifizierenden Bildungsgang regulär absolvieren, erreichen einen bzw. einen weiterführenden Schulabschluss (mit MH 28 %, ohne MH 29 %).[2] Beim Besuch einer teilqualifizierenden Berufsfachschule gelingt der Erwerb eines höherwertigen Schulabschlusses der Hälfte der Absolventen und damit besonders häufig (51 %), bei den beiden anderen Maßnahmearten erheblich seltener (BvB/BVJ 12 %, BGJ 10 %) [6]. Die Absolventen, die im Übergangssystem ihren Schulabschluss verbessern können, erreichen mit 57 % am häufigsten einen mittleren Schulabschluss, junge Migranten häufiger als Nicht-Migranten (mit MH 61 %, ohne MH 55 %). 24 % der AbsolventInnen (mit MH 29 %, ohne MH 23 %) erzielen die Fachhochschulreife und 19 % holen den Hauptschulabschluss nach (mit MH 10 %, ohne MH 22 %) [6].

9.6 Einmündung in berufliche Ausbildung

Trotz einer hohen Bildungsmotivation, konkreten Bildungsplänen, ähnlichen Bildungspräferenzen, ihrem Engagement bei der Suche nach einem Ausbildungsplatz (vgl. 9.4) sowie der Nutzung von Übergangsmaßnahmen, um einen (weiterführenden) Schulabschluss zu erreichen, finden Jugendliche mit Migrationshintergrund seltener einen Ausbildungsplatz. 2010 mündeten 30 % der ausbildungsreifen, bei der Bundesagentur gemeldeten Bewerber mit Migrationshintergrund und 44 % der Bewerber ohne Migrationshintergrund in eine betriebliche Ausbildung ein [4].

Die ungünstigeren schulischen Voraussetzungen von Jugendlichen mit Migrationshintergrund erschweren zwar die Einmündung in berufliche Ausbildung. Doch selbst mit einem mittleren Schulabschluss haben sie erheblich geringere Aussichten auf einen Ausbildungsplatz. So mündete 2010 nur jeder dritte Bewerber mit Migrationshintergrund in eine betriebliche Ausbildung, aber jeder zweite Bewerber ohne Migrationshintergrund (mittlere Reife: mit MH 32 %, ohne MH 50 %) [4]. Gute schulische Voraussetzungen, das heißt, ein mittlerer Schulabschluss und gute Schulnoten, wirken sich bei Ausbildungssuchenden ohne Migrationshintergrund häufiger förderlich aus auf die Aussicht, einen betrieblichen Ausbildungsplatz zu finden, als bei denjenigen mit Migrationshintergrund. Dies gilt nicht nur unmittelbar am Ende der Schulzeit, sondern auch noch drei Jahre danach [6]. Besonders geringe Einmündungschancen in eine betriebliche Ausbildung haben Jugendliche mit einer türkisch-arabischen Herkunft [4].

Soziale bzw. weitere kulturelle Ressourcen, die soziale Herkunft sowie die Ausbildungslage in der Region, haben meist einen statistisch signifikanten Einfluss auf den Einmündungserfolg ([4, 9, 11, 19, 24, 34, 39]). Wie wirken sich nun diese Einflussfaktoren auf die Einmündungschancen junger Frauen bzw. Männer mit Migrationshintergrund aus?

---

[2] Insgesamt 19 % der Jugendlichen brechen die erste Übergangsmaßnahme vorzeitig ab (mit MH 20 %, ohne MH 19 %) [6].

Die meisten der untersuchten Einflussgrößen erweisen sich zwar als relevant (statistisch signifikant) für den Einmündungserfolg in berufliche Ausbildung. Sie erklären jedoch die geringeren Aussichten von Schulabsolventen mit Migrationshintergrund nicht vollständig. Junge Menschen mit Migrationshintergrund verfügen zwar häufiger als junge Nichtmigranten über einen Hauptschulabschluss, ihre Schulnoten fallen im Durchschnitt etwas schlechter aus, sie verfügen seltener über soziale bzw. kulturelle Ressourcen und ihre Eltern haben seltener einen Berufsabschluss. Bei gleichzeitiger Berücksichtigung all dieser Faktoren bleibt dennoch ein eigenständiger Einfluss des Migrationshintergrunds bestehen. Das heißt, dass junge Menschen mit Migrationshintergrund selbst mit den gleichen Voraussetzungen in Bezug auf Schulabschluss, Schulnoten, soziale Herkunft, kulturelle Ressourcen und soziale Einbindung schlechtere Aussichten auf einen betrieblichen sowie einen vollqualifizierenden Ausbildungsplatz haben als junge Menschen ohne Migrationshintergrund [6].

Dies gilt auch für die schulische bzw. kognitive Leistungsfähigkeit von Jugendlichen mit Migrationshintergrund, für den sozioökonomischen Status der Familie und die Netzwerke junger Frauen und Männer mit Migrationshintergrund, für die Berufspräferenzen sowie für Bildungsmaßnahmen und andere institutionelle Unterstützungsleistungen (zum Beispiel Mentoring) im Übergangsprozess, die (zum Teil) einen fördernden Einfluss auf die Einmündungschancen haben. Wenngleich Familien mit Migrationshintergrund häufiger in Westdeutschland leben und damit in einer Region, die von einem geringeren Ausbildungsangebot geprägt ist, erklärt dies ebenfalls nicht vollständig die niedrigeren Einmündungschancen junger Menschen mit Migrationshintergrund, insbesondere bei einer türkischen bzw. türkisch-arabischen Herkunft und selbst bei einem sich entspannenden Ausbildungsmarkt ([4, 6, 9, 11, 19, 24, 34, 35, 39]). Somit sind über die berücksichtigten Faktoren hinaus weitere Einflussgrößen wirksam, die in Verbindung mit dem Migrationshintergrund stehen und auf eine strukturelle Ausgrenzung hinweisen.

9.7 Platzierung in Ausbildung und Erfolg der Ausbildung

Die geringeren Einmündungschancen und die damit verbundene ungünstigere Platzierung in beruflicher Ausbildung, wie zum Beispiel die geringeren Aussichten auf eine Ausbildung im Wunschberuf [9], haben Auswirkungen auf Rahmenbedingungen und Qualität der Ausbildung [31]. Auszubildende mit Migrationshintergrund erhalten seltener eine betriebliche Ausbildung und werden signifikant häufiger in Ausbildungsberufen ausgebildet, die von einer höheren Vertragslösungsquote geprägt sind [4]. Diese ungünstigeren Rahmenbedingungen wirken sich auf das Ergebnis der Ausbildung aus: Die große Mehrheit der Auszubildenden mit Migrationshintergrund – 77 % – durchläuft zwar die Ausbildung bis zum Ende erfolgreich, allerdings signifikant seltener als Auszubildende ohne Migrationshintergrund (85 %). Auch ihre Prüfungsnoten fallen ungünstiger aus. Zudem münden sie nach erfolgreichem Abschluss der Ausbildung signifikant seltener in eine qualifizierte Berufstätigkeit ein bzw. werden – nach Abschluss einer betrieblichen Ausbildung – auch seltener von ihrem Ausbildungsbetrieb übernommen [4].

Unter Kontrolle der Rahmenbedingungen der Ausbildung (Höhe der statistischen Vertragslösungsquote im Ausbildungsberuf, Ausbildung im Wunschberuf, Ausbildungsform u. a.), der schulischen Voraussetzungen sowie familiärer und kultureller Ressourcen lässt sich kein signifikanter Unterschied zwischen Auszubildenden mit und ohne Migrationshintergrund beim Erfolg der betrieblichen Ausbildung – das heißt beim Beenden der Ausbildung, beim Abschluss mit (sehr) gutem Prüfungsergebnis, bei der Übernahme vom Betrieb, beim Übergang in eine qualifizierte Erwerbsarbeit – feststellen [4]: Nur wenn gleiche Ausbildungsbedingungen gegeben sind, erzielen Auszubildende mit und ohne Migrationshintergrund die gleichen Ausbildungsergebnisse, was aber in der Realität zu selten der Fall ist.

9.8 Diskussion und Ausblick

In beiderseitigem Interesse wird es zukünftig immer wichtiger, bestehende Passungsprobleme zwischen Angebot und Nachfrage auf dem Ausbildungsmarkt deutlich zu reduzieren. Neben den regionalen, beruflichen und informationsbedingten Ungleichgewichten zwischen nachfragenden Jugendlichen und betrieblichen Ausbildungsangeboten, die sich zumindest zum Teil durch einen erhöhten Informationsaufwand verringern lassen, stehen sogenannte qualifikatorische Ungleichgewichte im Zentrum der Aufmerksamkeit. Dieses Ungleichgewicht beruht vor allem auf Unterschieden zwischen den Leistungsvoraussetzungen von Bewerbern und den Anforderungen der Ausbildungsbetriebe [15]; dem kann beispielsweise durch Kompromisse der Ausbildungsbetriebe bei den gewünschten Zugangsvoraussetzungen begegnet werden (siehe Kap. 9.3) [10]. Eine solche Anpassung ist sowohl im Interesse der Betriebe als auch der Jugendlichen auf Lehrstellensuche. Denn eine paradoxe Situation, die so aussieht, dass es in Zukunft zahlreiche unversorgte Jugendliche bei einer gleichzeitig steigenden Zahl an unbesetzten Stellen gibt, ist sozial und wirtschaftlich nicht zu verantworten.

Eltern aus Migrantenfamilien sind am Bildungsaufstieg ihrer Kinder stark interessiert, auch wenn sie ihre Kinder im Übergangsprozess seltener konkret unterstützen können. Jugendliche mit Migrationshintergrund – junge Frauen wie Männer – orientieren sich ebenso wie Jugendliche ohne Migrationshintergrund konkret an einem Hochschulstudium, an schulischer Weiterqualifizierung oder an beruflicher Ausbildung und sind bei der Suche nach einem Ausbildungsplatz genauso engagiert. Eine unzureichende Bildungsorientierung, ein enges Berufswahlspektrum oder eine weniger intensive Ausbildungsplatzsuche sind daher als Erklärung für die geringeren Einmündungschancen von Jugendlichen mit Migrationshintergrund in eine berufliche Ausbildung auszuschließen ([5, 7, 9, 14, 33]). Unterschiede zwischen Jugendlichen mit bzw. ohne Migrationshintergrund im Hinblick auf ihre soziale Herkunft, ihre individuellen und familiären Ressourcen an sozialem und kulturellem Kapital (u. a. Schulabschlüsse), aber auch regionale Disparitäten im Ausbildungsangebot können die geringeren Einmündungschancen junger Menschen mit Migrationshintergrund in eine berufliche Ausbildung ebenfalls nicht abschließend erklären ([4, 6, 9, 11, 24, 34, 39]). Wenngleich prekäre Übergangsprozesse und geringere Einmündungschancen junger Menschen mit Migrationshintergrund in berufliche Ausbildung empirisch belegt sind, gibt es für dieses Verhalten noch keine schlüssige Begründung.

Die Verwerfungen, die für Auszubildende mit Migrationshintergrund beim Eintritt in eine berufliche Ausbildung entstehen, lassen sich im Verlauf und beim Ergebnis der Ausbildung nicht kompensieren: Die ungünstigeren Ausbildungsbedingungen, insbesondere die höheren Vertragslösungsquoten in den Berufen, in denen sich Auszubildende mit Migrationshintergrund überproportional wiederfinden, haben einen signifikanten Einfluss darauf, dass sie seltener die Ausbildung vollständig durchlaufen und abschließen, sowie darauf, dass sie seltener eine (sehr) gute Prüfungsnote erhalten. Bei gleichen Rahmenbedingungen der Ausbildung sowie gleichen kulturellen und sozialen Ressourcen haben Auszubildende mit Migrationshintergrund die gleichen Aussichten auf erfolgreichen Abschluss und Verwertung der Ausbildung wie Nichtmigranten [4]. Dies bedeutet, dass ungünstigere Ausbildungsbedingungen und insbesondere die höheren Vertragslösungsquoten in den Berufen, in denen Auszubildende mit Migrationshintergrund ausgebildet werden, einen signifikanten Anteil an den ungünstigeren Ausbildungsergebnissen haben. Erst wenn Betriebe Auszubildenden mit und ohne Migrationshintergrund gleich gute Ausbildungsbedingungen zur Verfügung stellen, können sie die Potentiale junger Menschen mit Migrationshintergrund für die berufliche Qualifizierung auch tatsächlich ausschöpfen.

Die Bildungsetappe berufliche Ausbildung (re)produziert Verwerfungen entlang der Ungleichheitsachse ethnische Herkunft jedoch vorrangig beim Zugang in berufliche Ausbildung, da junge Menschen mit Migrationshintergrund, namentlich bei einer türkisch-arabischen Herkunft, besonders geringe Chancen auf einen Ausbildungsplatz haben. Selbst mit guten schulischen Voraussetzungen liegt ihre Einmündungsquote deutlich niedriger als bei Nichtmigranten. Es ist anzunehmen, dass der den Bildungstiteln zugeschriebene „Wert" nach der ethnischen Herkunft differiert und zusätzliche „Zuschreibungen" zur Anwendung kommen. In der betrieblichen Wahrnehmung kann ein mittlerer Schulabschluss sehr unterschiedlich angesehen werden, je nach Herkunft oder Geschlecht eines Bewerbers (siehe Kap. 9.3) ([20, 36]).

Letztlich bleiben junge Menschen mit Migrationshintergrund erheblich häufiger ohne beruflichen Abschluss und damit ohne reelle Aussicht auf eine dauerhafte berufliche Teilhabe. Damit werden ihre Potentiale als Nachwuchskräfte in doppelter Weise nicht ausreichend genutzt: Ein Teil findet keinen Ausbildungsplatz, und von denjenigen, die in eine betriebliche Ausbildung einmünden, erhalten überproportional viele ihre Ausbildung unter ungünstigeren Rahmenbedingungen im Vergleich zu Jugendlichen ohne Migrationshintergrund, was sich auf das Ergebnis der Ausbildung ungünstig auswirkt (siehe Kap. 9.6). Um ihre Ausbildungschancen zu verbessern, ist es vorrangig, die Zugangschancen junger Menschen mit Migrationshintergrund in eine berufliche Ausbildung zu erhöhen, aber auch die Qualität der Ausbildung, gerade im betrieblichen Teil der Ausbildung, zu verbessern ([6, 16, 25]).

Angesichts des demografischen Umbruchs gilt es jedoch bereits heute, die Potentiale aller ausbildungsinteressierten Jugendlichen in Deutschland für eine berufliche Ausbildung auszuschöpfen. Trotz der Skepsis von Berufsbildungsexperten gegenüber Handlungsvorschlägen, die die Zugangsregeln in die berufliche Ausbildung, insbesondere das Prinzip des Marktzugangs in die betriebliche Ausbildung, ergänzen oder relativieren möchten [2], sollten gerade solche bildungspolitischen Vorschläge (weiter) im Zentrum der Diskussion stehen. Dabei bedarf es einer Vertiefung des gesellschaftlichen Diskurses über die institutionellen Mechanismen beim Zugang in die duale Ausbildung und ihre Bedeutung für die Herstellung von Chancengerechtigkeit bzw. die (Re)Produktion von Chancenungleichheit am Übergang Schule – Ausbildung ([12, 16]). So trägt beispielsweise eine Ausbildungsplatzgarantie für alle ausbildungsinteressierten Schulabgänger nicht nur zu faireren Chancen für alle Jugendlichen beim Zugang in Ausbildung, unabhängig von ihrer ethnischen, sozialen und regionalen Herkunft, sowie zur Reduzierung des zu erwartenden Fachkräftemangels bei, sondern langfristig auch zu Einsparungen durch höhere Einnahmen aus Lohnsteuer und Beiträgen aus der Arbeitslosenversicherung bzw. zu sinkenden Ausgaben für Arbeitslosengeld und Sozialausgaben [23]. Das Institut der Deutschen Wirtschaft (2010) kommt auf anderem Wege zu einer ähnlichen Schlussfolgerung: Bereits eine Halbierung der Qualifikationsunterschiede zwischen der Bevölkerung mit und ohne Migrationshintergrund würde die Wachstumsdynamik in Deutschland erhöhen und der öffentlichen Hand bis 2050 zusätzliche Einnahmen von 164 Milliarden Euro einbringen – ein für alle lohnendes Ziel.

Literatur

1. Autorengruppe Bildungsberichterstattung (2010) Bildung in Deutschland (2010) Ein indikatorengestützter Bericht mit einer Analyse zu Perspektiven des Bildungswesens im demografischen Wandel. Bielefeld
2. Autorengruppe (2011) Autorengruppe BIBB/ Bertelsmann Stiftung: Beicht U, Eberhard V, Gei J, Granato M, Krewerth A, Ulrich JG, Gouverneur C, Wieland C, Reform des Übergangs von der Schule in die Berufsausbildung. Aktuelle Vorschläge im Urteil von Berufsbildungsexperten und Jugendlichen. Wissenschaftliche Diskussionspapiere 122, BIBB, Bonn
3. Becker R (2011) Integration durch Bildung: Bildungserwerb von jungen Migranten in Deutschland. In: Becker R (Hrsg) Integration von Migranten durch Bildung und Ausbildung. Wiesbaden, S 11–36
4. Beicht U (2011) Junge Menschen mit Migrationshintergrund: Trotz intensiver Ausbildungsstellensuche geringere Erfolgsaussichten. BIBB-Analyse der Einmündungschancen von Bewerberinnen und Bewerbern differenziert nach Herkunftsregionen. BIBB-Report 16. BIBB. Bonn
5. Beicht U (2012) Berufswünsche und Erfolgschancen von Ausbildungsstellenbewerberinnen und -bewerbern mit Migrationshintergrund. Berufsbildung Wissenschaft Praxis 6:44–48
6. Beicht U, Granato M (2011) Prekäre Übergänge vermeiden – Potenziale nutzen. Junge Frauen und Männer mit Migrationshintergrund an der Schwelle von der Schule zur Ausbildung. Friedrich-Ebert-Stiftung WISO Diskurs, Bonn. http://library.fes.de/pdf-files/wiso/08224.pdf
7. Beicht U, Granato M (2010) Ausbildungsplatzsuche: Geringere Chancen für junge Frauen und Männer mit Migrationshintergrund. BIBB-Analyse zum Einfluss der sozialen Herkunft beim

Übergang in die Ausbildung unter Berücksichtigung von Geschlecht und Migrationsstatus. BIBB REPORT 15. BIBB. Bonn

8. Boos-Nünning U, Karakaşoğlu Y (2006) Viele Welten leben. Lebenslagen von Mädchen und jungen Frauen mit Migrationshintergrund, Münster

9. Diehl C, Friedrich M, Hall A (2009) Jugendliche ausländischer Herkunft beim Übergang in die Berufsausbildung: Vom Wollen, Können und Dürfen. Z Soziologie 38:48–68

10. Ebbinghaus M, Katarzyna L (2010) Besetzung von Ausbildungsstellen. Welche Betriebe finden die Wunschkandidaten – welche machen Abstriche bei der Bewerberqualifikation – bei welchen bleiben Ausbildungsplätze unbesetzt? http://www.bibb.de/de/55671.htm

11. Eberhard V (2012) Der Übergang von der Schule in die Berufsausbildung – Ein ressourcentheoretisches Modell zur Erklärung der Übergangschancen von Ausbildungsstellenbewerbern. Bielefeld

12. Eberhard V, Ulrich JG (2010) Übergänge zwischen Schule und Berufsausbildung. In: Bosch G, Krone S, Langer D (Hrsg) Das Berufsbildungssystem in Deutschland. Wiesbaden, S 133–148

13. Deutscher Industrie- und Handelskammertag (2010) Mitarbeiter dringend gesucht! Fachkräftesicherung – Herausforderung der Zukunft. Berlin, Brüssel

14. Gaupp N, Lex T, Reißig B (2011) HauptschülerInnen auf dem Weg von der Schule in Ausbildung: Zur Situation von Jugendlichen mit Migrationshintergrund. In: Reißig B, Schreiber E (Hrsg) Jugendliche mit Migrationshintergrund im Übergang Schule – Berufsausbildung. Arbeitshilfen für regionales Übergangsmanagement 4. Deutsches Jugendinstitut, München/Halle, S 12–19

15. Gericke N, Krupp T, Troltsch K (2009) Unbesetzte Ausbildungsplätze – warum Betriebe erfolglos bleiben. Ergebnisse des BIBB-Ausbildungsmonitors. BIBB-Report 10. BIBB. Bonn

16. Granato M, Beicht U, Eberhard V, Friedrich M, Schwerin C, Ulrich JG, Weiß U (2011) Ausbildungschancen von Jugendlichen mit Migrationshintergrund. Abschlussbericht. Bundesinstitut für Berufsbildung, Bonn

17. Helmrich R, Zika G, Kalinowski M, Wolter M u. a. (2012) Engpässe auf dem Arbeitsmarkt: Geändertes Bildungs- und Erwerbsverhalten mildert Fachkräftemangel. Neue Ergebnisse der BIBB-IAB-Qualifikations- und Berufsfeldprojektionen bis zum Jahr 2030. BIBB-Report 18. BIBB. Bonn

18. Hillmert S (2010) Betriebliche Ausbildung und soziale Ungleichheit. Sozialer Fortschritt, 6–7:167–174

19. Hupka-Brunner S, Gaupp N, Geier, Lex T, Stalder BE (2011) Chancen bildungsbenachteiligter Jugendlicher: Bildungsverläufe in der Schweiz und in Deutschland. Z Soziologie Erziehung Sozialisation 31:62–78

20. Imdorf C (2010) Wie Ausbildungsbetriebe soziale Ungleichheit reproduzieren: Der Ausschluss von Migrantenjugendlichen bei der Lehrlingsselektion. In: Krüger HH (Hrsg) Bildungsungleichheit revisited. Wiesbaden, S 259–274

21. Imdorf C (2008) Der Ausschluss „ausländischer" Jugendlicher bei der Lehrlingsauswahl – ein Fall von institutioneller Diskriminierung? In: Rehberg K-S (Hrsg) Die Natur der Gesellschaft. Verhandlungen des 33. Kongresses der Deutschen Gesellschaft für Soziologie. Frankfurt a. M., S 2048–2058

22. Institut der Deutschen Wirtschaft (2010) Integrationsrendite -Volkswirtschaftliche Effekte einer besseren Integration von Migranten. Abschlussbericht (Anger C, Edmann V, Plünnecke A, Riesen I) Köln

23. Klemm K (2012) Was kostet eine Ausbildungsgarantie in Deutschland? Gütersloh

24. Kohlrausch B (2011) Die Bedeutung von Sozial- und Handlungskompetenzen im Übergang in eine berufliche Ausbildung, In: Krekel E, Lex T (Hrsg) Neue Jugend? Neue Ausbildung? Beiträge aus der Jugend- und Bildungsforschung. Bielefeld, S 129–141

25. Krewerth A, Beicht U (2011) Qualität der Berufsausbildung in Deutschland: Ansprüche und Urteile von Auszubildenden. In: Krekel E, Lex T (Hrsg) Neue Jugend, neue Ausbildung? Beiträge aus der Jugend- und Bildungsforschung. Bielefeld, S 221–241

26. Kuhnke R, Müller M (2009) Lebenslagen und Wege von Migrantenjugendlichen im Übergang Schule – Beruf: Ergebnisse aus dem DJI-Übergangspanel. Deutsches Jugendinstitut Wissenschaftliche Texte, München

27. Maier T, Ulrich JG (2012) Vorausschätzung des Ausbildungsplatzangebots und der Ausbildungsplatznachfrage. In: Bundesinstitut für Berufsbildung (Hrsg) Datenreport zum Berufsbildungsbericht 2012. Bielefeld, S 69–76

28. Maier T, Ulrich JG (2011) Entwicklung des Nachfragepotenzials. In: Bundesinstitut für Berufsbildung (Hrsg) Datenreport zum Berufsbildungsbericht 2011. Bielefeld, S 71–81

29. Maier T, Troltsch K, Walden G (2011) Längerfristige Entwicklung der dualen Ausbildung. Eine Projektion der neu abgeschlossenen Ausbildungsverträge bis zum Jahr 2020. Berufsbildung Wissenschaft Praxis 3:6–8

30. Mey E (2009) „Ich habe alle Chancen gepackt" – Ressourcen von Jugendlichen mit Migrationshintergrund. Psychologie Erziehung 1:8–12

31. Quante-Brandt E, Grabow T (2009) Die Sicht von Auszubildenden auf die Qualität ihrer Ausbildungsbedingungen. Regionale Studie zur Qualität und Zufriedenheit im Ausbildungsprozess. Bielefeld

32. Scherr A, Gründer R (2011) Toleriert und benachteiligt – Jugendliche mit Migrationshintergrund auf dem Ausbildungsmarkt im Landkreis Breisgau-Hochschwarzwald, Ergebnisse einer Umfrage unter Ausbildungsbetrieben 2011. Institut für Soziologie. Pädagogische Hochschule Freiburg

33. Schittenhelm K (2007) Statuspassagen junger Frauen zwischen Schule und Berufsausbildung im interkulturellen Vergleich. In: Schlemmer E (Hrsg) Ausbildungsfähigkeit im Spannungsfeld zwischen Wissenschaft, Politik und Praxis. Wiesbaden. S 55–68

34. Seibert H, Hupka-Brunner S, Imdorf C (2009) Wie Ausbildungssysteme Chancen verteilen. Berufsbildungschancen ethnischer Herkunft in Deutschland und der Schweiz unter Berücksichtigung des regionalen Verhältnisses von betrieblichen und schulischen Ausbildungen. Kölner Z Soziologie Sozialpsychologie 4:595–620

35. Skrobanek J (2009) Migrationsspezifische Disparitäten im Übergang von der Schule in den Beruf. Ergebnisse aus dem DJI-Übergangspanel. Deutsches Jugendinstitut. Wissenschaftliche Texte 1

36. Solga H (2005) Ohne Abschluss in der Bildungsgesellschaft. Opladen

37. Troltsch K, Gerhards C, Mohr S (2012) Vom Regen in die Traufe? Unbesetzte Ausbildungsstellen als künftige Herausforderung des Ausbildungsstellenmarktes. BIBB-Report 19. BIBB. Bonn

38. Troltsch K, Walden G (2010) Beschäftigungsentwicklung und Dynamik des betrieblichen Ausbildungsangebots. Z Arbeitsmarktforschung 43:107–124

39. Ulrich JG (2011) Übergangsverläufe von Jugendlichen aus Risikogruppen. bwp@ Spezial 5

40. Ulrich JG, Frieling F (2012) Ausbildungschancen benachteiligter Jugendlicher im Zuge des prognostizierten Fachkräftemangels. In: Landesarbeitsgemeinschaft Jugendaufbauwerk (Hrsg) Reformansätze am Übergang Schule – Beruf Bd 2. S 2–9

41. Ulrich JG, Krekel EM, Flemming S, Granath RO (2012) Die Entwicklung des Ausbildungsmarktes im Jahr 2012: Entspannung auf dem Ausbildungsmarkt gerät ins Stocken. Bundesinstitut für Berufsbildung, Bonn

"Meine Chance – ich starte durch"

10

Ein Projekt der Deutschen Telekom zur Integration
benachteiligter Jugendlicher in eine duale
Berufsausbildung

Nancy Schütze

Inhaltsverzeichnis

10.1   Qualifizierung in schwierigem Umfeld 151
10.2   „Meine Chance – ich starte durch" 152
    10.2.1   Integration in reguläre Auszubildendengruppen und -prozesse 153
    10.2.2   Lernen im Arbeitsprozess und Lernprozessbegleitung 154
    10.2.3   Orientierung an den individuellen Stärken 154
10.3   Bisherige Erfahrungen 155
10.4   Ergebnisse der biografischen Interviews 156
10.5   Resümee 158
Literatur 161

10.1   Qualifizierung in schwierigem Umfeld

Nach dem Verlassen der allgemeinbildenden Schule stehen viele Jugendliche und junge Erwachsene vor der Herausforderung des Übergangs in eine berufliche Erstausbildung. Die Chancen auf einen Ausbildungsplatz haben sich in den letzten Jahren zwar deutlich verbessert, dennoch gelingt vielen jungen Menschen der Übergang von der Schule in den Beruf nur mit zeitlicher Verzögerung oder im schlimmsten Fall gar nicht (vgl. [5]).

In diesem Zusammenhang wird seitens der Unternehmen häufig die mangelnde Ausbildungsreife vieler Jugendlicher beklagt, die steigenden Qualifikationsanforderungen in immer komplexeren und anspruchsvolleren Ausbildungsberufen gegenübersteht (vgl. [1], S. 11 f.). Es handelt sich offenbar nicht nur um ein quantitatives, sondern auch um ein

N. Schütze (✉)
Telekom Ausbildung, Deutsche Telekom AG, Bonner Talweg,
53113 Bonn, Deutschland
E-Mail: Nancy.Schuetze@telekom.de

W. Appel, B. Michel-Dittgen (Hrsg.), *Digital Natives*,
DOI 10.1007/978-3-658-00543-6_10, © Springer Fachmedien Wiesbaden 2013

qualitatives Problem der Passung von Ausbildungsplatzangebot und -nachfrage. Es stellt sich die Frage, wie es gelingen kann, Jugendliche, denen der Stempel „benachteiligt", „nicht ausbildungsreif" oder „nicht ausbildungsfähig" aufgedrückt wird (vgl. [7], S. 86), so zu fördern, dass sie einen anerkannten Ausbildungsberuf erlernen und später auch ausüben können und nicht von einer Maßnahme in die nächste weitergereicht werden, um am Ende in einer Sackgasse zu enden oder, wie Euler sagt: „… noch vor dem Einstieg in Beruf und Arbeit die Erfahrung [zu machen], dass sie nicht gebraucht werden" (vgl. [5], S. 205)."

Mittlerweile gibt es eine Reihe von Schulen, Bildungsträgern und auch Unternehmen, die sich diese Frage stellen und mit verschiedenen Programmen und Ansätzen versuchen, sie zu beantworten (vgl. [2], S. 39).

Die Deutsche Telekom integriert benachteiligte Jugendliche über eine besondere Form der Einstiegsqualifizierung in eine duale Berufsausbildung. Das Projekt wurde im Rahmen einer Forschungsarbeit an der Alanus Hochschule für Kunst und Gesellschaft im Fachbereich Bildungswissenschaften wissenschaftlich untersucht. Dabei wurden die Biografien einzelner Teilnehmer mit dem Bildungsangebot in Beziehung gesetzt.

Im Folgenden werden die wesentlichen Ergebnisse der intensiven Auseinandersetzung mit einzelnen Fallstudien dargestellt. Darüber hinaus werden Empfehlungen für die Praxis und Perspektiven für eine weitere Auseinandersetzung mit dem Thema aufgezeigt.

10.2 „Meine Chance – ich starte durch"

Die Deutsche Telekom führt seit September 2009 an ihren 33 Ausbildungsstandorten das Projekt „Meine Chance – ich starte durch" zur Förderung benachteiligter junger Menschen durch. Zentrales Anliegen ist die berufliche und damit auch soziale Integration junger Erwachsener, die in der Regel aus verschiedenen Gründen seit mindestens einem Jahr erfolglos auf der Suche nach einem Ausbildungsplatz sind. Den „Altbewerbern" soll über ein einjähriges betriebliches Praktikum – eine „Einstiegsqualifizierung" (EQ) – der Weg in eine qualifizierende berufliche Erstausbildung bei der Deutschen Telekom ermöglicht werden. Das zunächst auf vier Jahre angelegte Projekt soll Erkenntnisse bringen über die Frage, ob und unter welchen Bedingungen über eine arbeitsprozessintegrierte Einstiegsqualifizierung eine Eingliederung von benachteiligten Jugendlichen mit unterschiedlichen Voraussetzungen (und Problemlagen) in die Ausbildung gelingen kann. Außerdem soll das Projekt die Grenzen der Integration und Begleitung dieser Jugendlichen ausloten.

Die Zielgruppe des Projektes und das Instrument zur Förderung der jungen Menschen wurden gemeinsam mit der Bundesagentur für Arbeit festgelegt. Über die Teilnahme erhalten Schulabsolventen, die zum Personenkreis des Sozialgesetzbuches II gehören (und damit entweder selbst Grundsicherung (Hartz IV) beziehen oder in einem Haushalt leben, in dem Grundsicherung bezogen wird), die Chance auf einen Ausbildungsplatz im Unternehmen. Förderungsfähig im Sinne der Einstiegsqualifizierung sind junge Menschen, die bei der Agentur für Arbeit gemeldet sind und

- aus individuellen Gründen eingeschränkte Vermittlungsperspektiven haben und auch nach den bundesweiten Nachvermittlungsaktionen keinen Ausbildungsplatz gefunden haben und/oder
- noch nicht in vollem Maße über die erforderliche Ausbildungsbefähigung verfügen und/oder
- lernbeeinträchtigt und/oder sozial benachteiligt sind (vgl. § 54a, SGB III).

Die Auswahl der Jugendlichen erfolgt vor Ort in Zusammenarbeit des ansässigen Ausbildungszentrums (AZ) der Deutschen Telekom mit dem zuständigen Jobcenter bzw. kommunalen Träger. Nachdem das Jobcenter eine Vorauswahl getroffen hat, finden gemeinsame Gespräche mit den Kandidaten statt, durch die sichergestellt wird, dass die infrage kommenden Jugendlichen die Voraussetzungen für eine Förderung mittels einer Einstiegsqualifizierung erfüllen und grundsätzlich Interesse haben an einer der vier infrage kommenden Fachrichtungen:

- Handel (Berufsbild: Kaufleute im Einzelhandel),
- Wirtschaft und Verwaltung/Büroassistenz (Berufsbild: Kaufleute für Bürokommunikation),
- IT-Installation und Konfiguration (Berufsbild: IT-Systemelektroniker/in),
- Call Center/Dialogmarketing (Berufsbild: Kaufleute für Dialogmarketing).

Neben dem Vorhandensein des fachlichen Interesses an einem der möglichen Berufsbilder und entsprechenden Dispositionen achtet die Deutsche Telekom insbesondere darauf, ob bei den Praktikanten eine „positive Einstellung" vorhanden ist. In einem sogenannten „ereignis- und verhaltensorientierten Interview" wird den Kandidaten u. a. eine Aufgabe gestellt, die an den spezifischen Herausforderungen der angestrebten Fachrichtung orientiert ist. Im IT-Bereich stehen die Kandidaten beispielsweise vor dem Problem, einen neuen PC anzuschaffen; sie werden gefragt, wie sie hierbei vorgehen würden. Dabei soll beobachtet werden, wie die möglichen Praktikanten auf eine Aufgabe reagieren, die sie nicht kennen, wie sie mit dieser umgehen und ob die infrage kommende Fachrichtung tatsächlich die richtige ist. Es ist für die Auswahl entscheidend, dass die Kandidaten überzeugend darstellen können, dass sie motiviert und willens sind, das einjährige Praktikum zu absolvieren, und dass sie eine entsprechende „Lernbereitschaft" und „Wissbegierde" mitbringen.

10.2.1   Integration in reguläre Auszubildendengruppen und -prozesse

Das Besondere des Projektes ist die (Einzel-)Integration der ausgewählten Jugendlichen in reguläre Auszubildendengruppen und -prozesse des ersten Ausbildungsjahres der vier angebotenen Berufsbilder. Die Übertragung des integrationspädagogischen Ansatzes (vgl. [4], S. 17) auf die duale Berufsausbildung scheint eine vielversprechende Möglichkeit zu sein, junge Menschen zu fördern, die bisher die Erfahrung gemacht haben, dass sie nicht

„dazu gehören". Sie besuchen – wie ihre Mitauszubildenden auch – die Berufsschule und sind im Rahmen ihrer Betriebseinsätze in den verschiedenen Einheiten und Betrieben der Deutschen Telekom tätig. Die Deutsche Telekom zahlt ihren EQ-Praktikanten eine Vergütung, die exakt der Höhe des maximalen Zuschusses der Arbeitsagentur zur Vergütung in Höhe von derzeit 216 € pro Monat entspricht, da sich ein höheres Gehalt direkt auf den Grundsicherungsbezug des Praktikanten oder des Haushaltes, in dem er bzw. sie lebt (und in dem Hartz IV bezogen wird), auswirkt und letztlich zu einem geringeren Haushaltseinkommen führen würde (vgl. [3], S. 4).

10.2.2 Lernen im Arbeitsprozess und Lernprozessbegleitung

Das pädagogische Herzstück der Ausbildung bei der Deutschen Telekom ist das Lernen im Arbeitsprozess mit dem Instrument der sogenannten „Lernprozessbegleitung".

Die Ausbildung findet in den unterschiedlichen Betrieben und Einheiten des Unternehmens statt, also im realen Geschäftsprozess – mit Ausnahme von einigen wenigen Anlässen, zu denen alle Auszubildenden einer Ausbildungsgruppe mit ihrem Ausbilder im Ausbildungszentrum zusammenkommen, und in den Berufsschulphasen, die Bestandteil jeder Ausbildung sind. Die Auszubildenden und EQ-Praktikanten arbeiten nach einer kurzen Kennenlern- und Einführungsphase im Ausbildungszentrum unmittelbar in den betrieblichen Arbeitsabläufen. Über die arbeitsprozessintegrierte Ausbildung findet eine direkte Verbindung von Lernen und Arbeiten statt, was einen hohen Motivationscharakter hat –insbesondere für schulmüde und leistungsschwächere Jugendliche.

10.2.3 Orientierung an den individuellen Stärken

Die Auszubildenden und EQ-Praktikanten werden in ihrem Lernprozess selbstverständlich nicht alleingelassen. Der Ausbilder übernimmt jedoch nicht die Rolle des „Unterweisers", sondern die eines „Lernprozessbegleiters". Als solcher ist er dafür verantwortlich, Situationen zu erkennen oder zu schaffen, „in denen der Auszubildende sich selbst ausbilden kann" (vgl. [3], S. 64). Es geht darum, die Jugendlichen dort abzuholen, wo sie stehen. Der Lernprozessbegleiter kennt die betrieblichen Prozesse und Aufgaben und erschließt diese für das Lernen in der Ausbildung. Konkret bedeutet dies, dass er mit dem Auszubildenden bzw. EQ-Praktikanten gemeinsam Lernziele definiert, Lernschritte verabredet und Kontrollpunkte festlegt. Lernergebnisse werden gemeinsam reflektiert und gesichert, und neue Lernziele werden vereinbart. Der Lernprozessbegleiter schafft die notwendigen (lernförderlichen) Rahmenbedingungen, beobachtet, berät bei Bedarf und unterstützt, wenn der Praktikant nicht weiter kommt oder sich auf dem Lösungsweg verirrt hat. Er ermuntert und hilft dabei, dass der Praktikant seine eigenen Fragen und Unsicherheiten deutlicher erkennt, vor allem aber auch seine Stärken – und das, was er bereits kann.

Tab. 10.1 Übersicht Einstiegsqualifizierungen bei der
Deutschen Telekom

	2009	2010	2011
Begonnene Einstiegsqualifizierungen	61	67	100
Übergang nach der EQ in das 1. Ausbildungsjahr	8	17	19
Übergang nach der EQ in das 2. Ausbildungsjahr	42	31	47
ausgeschieden während oder direkt nach der EQ	11	19	34

Für die EQ-Praktikanten können die Lernprozessbegleiter im Bedarfsfall zusätzlich ausbildungsbegleitende Hilfen über die Jobcenter und/oder die Unterstützung der Mitarbeiterberatung des Konzerns organisieren. Letztere unterstützt vorrangig mit Hilfe von ausgebildeten Sozialpädagogen und Psychologen in den Fällen, in denen psychologische, psycho-soziale oder auch gesundheitliche Hilfe erforderlich ist. Es werden zum Beispiel erste „Entlastungsgespräche" mit den Betroffenen geführt, zeitnahe Therapieplätze oder Arzttermine organisiert, und in finanziellen Notlagen wird auch eine Schuldnerberatung hinzugezogen.

Während des einjährigen Praktikums werden die Jugendlichen insgesamt drei Mal beurteilt. Am Ende wird auf Basis der Berufsschulleistungen und der Beurteilungen des Betriebes eine Abwägung vorgenommen, ob der jeweilige Praktikant im Anschluss an die Einstiegsqualifizierung eine reguläre Ausbildung im ersten Ausbildungsjahr beginnen kann (Option 1) oder – bei besonders guter Leistung – mit seiner Gruppe in das zweite Ausbildungsjahr übergeht (Option 2). Bei Nichteignung wird dem Praktikanten kein Ausbildungsvertrag angeboten, er muss das Unternehmen wieder verlassen (Option 3).

10.3 Bisherige Erfahrungen

Das Projekt läuft seit Ende 2009, sodass mittlerweile bereits drei Jahrgänge die Einstiegsqualifizierung abgeschlossen haben und die Praktikanten des vierten Jahrgangs sich aktuell in der Einstiegsqualifizierung befinden.

Besonders interessant an der in Tab. 10.1 dargestellten Übersicht ist der hohe Anteil Jugendlicher, die nach der EQ direkt in das zweite Ausbildungsjahr einmünden. Das Instrument der Einstiegsqualifizierung ermöglicht diesen Übergang explizit; mit einer derart hohen Übergangsquote hatten jedoch weder die Beteiligten auf Seiten der Bundesagentur noch die Vertreter der Deutschen Telekom gerechnet. Dem gegenüber steht – gemessen an der Abbrecherquote von circa 3 % bei „normalen" Auszubildenden – ein relativ hoher Anteil an vorzeitigen Beendigungen. Hinzu kommen Nicht-Übernahmen nach der EQ und Abbrüche nach der erfolgten Übernahme in eine Ausbildung, sodass sich die Frage stellt, wie sich diese Ergebnisse erklären lassen.

Die Analyse der bisher vorliegenden Daten zeigt, dass die Beendigungen zu allen drei Zeitpunkten sowohl vom Unternehmen als auch von den Praktikanten selbst ausgehen. Neben nachvollziehbaren Gründen für die Beendigung, wie dem Finden eines alternativen, mehr den eigenen Neigungen und Interessen entsprechenden Berufsbildes, sehen sich die Ausbilder oft mit Fällen konfrontiert, in denen die Praktikanten plötzlich unentschuldigt fehlen und zum Teil überhaupt nicht mehr erreichbar sind. Einige Teilnehmer brechen die EQ aus persönlichen, teilweise aus gesundheitlichen Gründen ab. Andere wiederum nennen keine Gründe für die Eigenkündigung oder das Nicht-mehr-Erscheinen, dem später eine Arbeitgeberkündigung folgt. Es gab auch Fälle, in denen Jugendliche aufgrund groben Fehlverhaltens nicht weiter beschäftigt werden konnten, um keine Mit-Auszubildenden, Berufsschullehrer oder andere zu gefährden. In wieder anderen Fällen entscheidet sich die Deutsche Telekom am Ende des Praktikumsjahres gegen eine Übernahme, weil die betrieblichen und/oder berufsschulischen Leistungen vermutlich nicht ausreichen, um die anschließende Ausbildung erfolgreich zu beenden.

Wie können nun diese ersten Ergebnisse des Projektes verstanden werden? Warum gelingt es, einige der Teilnehmer über diese spezielle Form der Einstiegsqualifizierung bei der Deutschen Telekom (mit ihren entsprechenden Rahmenbedingungen) in eine Ausbildung zu integrieren und andere nicht? Es lohnt sich hier, der Frage nachzugehen, unter welchen Bedingungen die Einstiegsqualifizierung bei der Deutschen Telekom gelingt und unter welchen Bedingungen nicht beziehungsweise welche Faktoren hierbei wie zusammenwirken. Darüber hinaus stellt sich die Frage, wo die Grenzen der Integration benachteiligter Jugendlicher in eine duale Berufsausbildung liegen.

Um diese Fragen beantworten zu können, schien es zielführend, die gesamte Biografie einzelner Teilnehmer in den Blick zu nehmen und diese in Beziehung zur Einstiegsqualifizierung bei der Deutschen Telekom zu setzen. Um dies zu ermöglichen, wurde in biografisch-narrativen Interviews (vgl. [6], S. 326) nach der gesamten Lebensgeschichte der Jugendlichen gefragt und nicht ausschließlich nach den Erfahrungen in der Einstiegsqualifizierung, um nachvollziehen zu können, was die Jugendlichen in ihrem bisherigen Leben erlebt haben und „[…] wie dieses Erleben ihre gegenwärtigen Perspektiven und Handlungsorientierungen konstituiert" (vgl. [8], S. 141). Dabei wird davon ausgegangen, dass Handlungen wie das Nicht-mehr-Erscheinen im Ausbildungsbetrieb tiefer liegende (biografische) Ursachen haben könnten.

10.4 Ergebnisse der biografischen Interviews

Die Auseinandersetzung mit den Jugendlichen am Übergang von der Schule in eine duale Berufsausbildung bei der Deutschen Telekom hat vor allem gezeigt, dass diese jungen Menschen aus den negativen Erfahrungen, die sie bisher bei der Ausbildungsstellensuche gemacht haben, gelernt haben, wie wichtig ein gelungener Einstieg in das Berufsleben für den weiteren Werdegang ist. Besonders überrascht hat das Bewusstsein zweier Interviewpartner darüber, wie wichtig es ist, nicht aus der „Norm" zu fallen, um beruflich erfolgreich zu sein. In anderen Interviews war die Intention, die eigene Biografie als möglichst „normal" darzustellen, ebenfalls deutlich zu spüren.

Viele der jungen Menschen sind Altbewerber und als solche schon mindestens ein Jahr erfolglos auf der Suche nach einem Ausbildungsplatz. Sie kamen zum Teil frustriert und mutlos bei der Deutschen Telekom an. Einige von ihnen standen der EQ aufgrund ihrer bisherigen Erfahrungen mit Eingliederungsmaßnahmen zunächst sehr kritisch gegenüber. Sie befürchteten eine weitere „Maßnahme" ohne wirkliche Perspektive.

Neben echten Leistungsschwächen im Bereich Fremdsprachen oder Mathematik waren es in vielen Fällen vor allem persönliche Gründe, die dazu geführt haben, dass die Jugendlichen bisher keinen Weg in eine Ausbildung gefunden hatten. Eine junge Frau hatte in der Situation als alleinerziehende Mutter keine Möglichkeit gesehen, eine Ausbildung zu beginnen. In einem weiteren Fall gab es am Ende der Schullaufbahn und damit verbundenen Negativerfahrungen Vordringlicheres als die Suche nach einem Ausbildungsplatz. Hinzu kommen Biografien, in denen direkt am Ende der Schullaufbahn keine Benachteiligung zu erkennen war. Diese war erst im Laufe einer mehrjährigen, erfolglosen Ausbildungsplatzsuche entstanden und manifestierte sich unter anderem in Lustlosigkeit und Frust.

Es ist erstaunlich, aber auch nachvollziehbar – angesichts der Erfahrungen, die die jungen Menschen gemacht haben –, wie sensibel sie gegenüber Andersbehandlung und Ausgrenzung sind. Die Vorannahme, dass die Gleichstellung von Jugendlichen, die bisher aus verschiedenen Gründen als benachteiligt galten, mit regulären Auszubildenden erfolgversprechend ist, hat sich durch die Auseinandersetzung mit den Fällen grundsätzlich bestätigt. Die Integration in reguläre Ausbildungsgruppen und die Gleichstellung mit den anderen, „normalen" Azubis ist für die Praktikanten enorm wichtig.

Die Einstiegsqualifizierung bei der Deutschen Telekom gibt denjenigen Jugendlichen, die ansonsten durch das Gitter der Auswahlverfahren gefallen wären, die Chance, „normal" zu sein; ihr Anliegen ist es, die EQ-Praktikanten in die Ausbildung zu integrieren und sie dazu zu befähigen, diese erfolgreich abzuschließen. Die eingangs dargestellte Übersicht zu den Übergängen nach der Einstiegsqualifizierung (siehe Tab. 10.1) zeigt eindrücklich, wie gut dies gelingt. Circa 70 % der Teilnehmer schaffen den Übergang in eine Ausbildung, und ungefähr die Hälfte aller begonnenen Einstiegsqualifizierungen bei der Deutschen Telekom werden sogar im zweiten Ausbildungsjahr fortgesetzt.

Schwierigkeiten in der Einstiegsqualifizierung haben in den analysierten Fällen eine (biografische) Vorgeschichte oder sind von einschneidenden biografischen Ereignissen begleitet. So zeigte der Fall einer EQ-Praktikantin, dass das Vermeiden von Situationen, in denen eine Ausgrenzung drohen könnte oder empfunden wird, ein biografisch erworbenes Handlungsmuster ist. Dies äußerte sich zum Beispiel in einer Fluchtreaktion einer EQ-Praktikantin, sobald eine überfordernde Lernsituation im Betrieb entstand. Die junge Frau fühlte sich beispielsweise ausgegrenzt, da sie noch nicht so gut mit den Produkten der Telekom zurechtkam, und erschien daraufhin nicht mehr im Betrieb.

Ein weiteres Beispiel ist die Geschichte einer jungen Frau, die während der EQ in eine persönliche Krisensituation geriet. Sie wurde ungewollt schwanger und trieb das Kind aus Angst vor den Konsequenzen in ihrer Herkunftsfamilie ab. Die junge Frau tauchte für einige Zeit ab. Nach ihrer Rückkehr hatte das Praktikum nur noch die Funktion der Ablenkung und Alltagsbewältigung beziehungsweise des Schaffens von Routinen in einer Lebensphase der Überforderung und Angst.

  Bei einer erfolgreichen Einstiegsqualifizierung kommt es auf ein gelungenes Passungsverhältnis der individuellen biografischen Handlungsstrukturen mit den für die jeweilige Person gestalteten beziehungsweise vorhandenen Rahmungen und Bedingungen des Bildungsangebotes an. Dieses gelungene Passungsverhältnis ist jedoch keine feste Größe. Es kann von vornherein gegeben sein, und in den Fällen, in denen dies nicht so ist, kann es unter bestimmten Voraussetzungen im Rahmen eines Interaktionsprozesses „hergestellt" werden. In der Auseinandersetzung mit dem analysierten Datenmaterial hat sich herausgestellt, dass in einem gelungenen Passungsverhältnis die biografischen Handlungsstrukturen der Teilnehmer (bewusst oder unbewusst) Berücksichtigung finden und dass es zu einem Interaktionsprozess der Beteiligten kommt, der die beiderseitige Bereitschaft und Fähigkeit zur Kooperation und Veränderung voraussetzt. In einem Fall ging der Lernprozessbegleiter zum Beispiel unbewusst auf das unbedingte (biografisch begründete) Bedürfnis eines Praktikanten ein, nicht aus der „Norm" zu fallen und – vor allem – nicht schlechter behandelt zu werden als die Mit-Auszubildenden. Die Rahmenbedingungen wurden für den jungen Mann entsprechend gestaltet, indem man es ihm beispielsweise selbst überließ, ob er sich in der Azubigruppe als Praktikant „outete" oder nicht, und ihm spannende und herausfordernde Aufgaben übertrug, entsprechend seinem Wunsch, „normal" sein zu dürfen. Seine Defizite wurden zudem nicht als Defizite gewertet. Es wurde professionelle Hilfe organisiert, um gemeinsam unter anderem an der Verbesserung der Fremdsprachenkompetenz zu arbeiten.

10.5   Resümee

Förderlich für einen gelingenden Interaktionsprozess scheinen also folgende Aspekte zu sein:

*   Es ist ein hohes Maß an Einfühlungsvermögen, Sensibilität und Aufmerksamkeit für die individuellen Bedürfnisse der einzelnen Jugendlichen und ihre biografischen Handlungsstrukturen gefragt, bei einer gleichzeitigen Berücksichtigung des Bestrebens der Jugendlichen nach Gleichbehandlung und Gleichstellung beziehungsweise „Normalsein" in der Gruppe. Die Interviews geben in diesem Kontext auch Anlass, über die Anwendung von Standardprozessen in der Rekrutierung und der Ausbildung nachzudenken – letztere insbesondere in biografischen Krisensituationen, in denen das Aussprechen von Abmahnungen oder Kündigungen schnell zum Abbruch der EQ führen kann.
*   Aus den Interviews werden unterschiedliche Wahrnehmungen der Praktikanten über die Rolle und Aufgaben des Ausbilders deutlich. Individuelle und regelmäßige Lernbegleitung ist die Voraussetzung, um eine Vertrauensbasis aufzubauen und Sensibilität

für sein Gegenüber zu entwickeln, um die beiderseitigen Erwartungen zu kennen und beispielsweise Feedback geben zu können. Die Anwesenheit des Ausbilders ist gerade für unsichere Jugendliche enorm wichtig, um Überforderung zu vermeiden.

In den Fällen, in denen die EQ nicht erfolgreich abgeschlossen wurde, lassen sich auf Seiten des Teilnehmers und/oder des Unternehmens Grenzen verorten, sich anzupassen oder verändern zu wollen und/oder zu können.
   Solche Grenzen zeigen sich dort, wo

- die Grenze der individuellen Leistungsfähigkeit erreicht ist,
- individuelle Handlungsstrukturen nicht in Einklang mit fixen Rahmenbedingungen auf Seiten des Unternehmens gebracht werden können. Dies ist dann der Fall, wenn beispielsweise eine manifeste Schulverweigerung vorliegt, obwohl der Besuch der Berufsschule integraler Bestandteil der EQ und der anschließenden Ausbildung ist und auch mit psychologischer Unterstützung keine Aussicht besteht, in absehbarer Zeit eine Veränderung herbeizuführen,
- vorhandene Ressourcen und die Dauer der EQ nicht ausreichen, um eine individuelle Herausforderung zu bearbeiten,
- die Bewältigung biografischer Krisenverläufe die EQ in den Hintergrund rücken lässt,
- Teilnehmer ohne Angabe von Gründen fernbleiben und nicht erreichbar sind.

Die Ergebnisse der intensiven Auseinandersetzung mit den Fallbeispielen geben darüber hinaus Anlass, die folgenden Aspekte gegebenenfalls noch einmal stärker zu beleuchten:

- **Auswahlkriterien.** Es hat sich gezeigt, dass die Motivation der Praktikanten eine notwendige, aber keine hinreichende Eingangsvoraussetzung ist und gegebenenfalls um weitere Kriterien, wie zum Beispiel eine gewisse „Grundkompetenz" im selbstständigen Arbeiten, ergänzt werden könnte. Hierbei ist jedoch zu beachten, dass die Entscheidung, von den Standard-Auswahlprozessen Abstand zu nehmen, bewusst getroffen wurde, um Menschen eine Chance zu geben, die in diesen Verfahren vermutlich gescheitert wären.
- **Ausbilderkompetenz in der individuellen Begleitung der EQ-Praktikanten.** Die Arbeit mit benachteiligten Jugendlichen ist keine einfache Aufgabe. Es ist nicht möglich und zielführend, Biografieanalysen mit allen Teilnehmern durchzuführen, um die strukturierenden und handlungsleitenden biografischen Mechanismen besser nachvollziehen zu können. Daher sollten Wege in den Blick genommen werden, wie es gelingen kann, das hohe Maß an Sensibilität und Aufmerksamkeit für den einzelnen Fall in der Qualifizierung der Ausbilder und deren täglicher Arbeit zu verankern und die Grenzen des eigenen Handelns und die Verantwortung für den jeweiligen Jugendlichen zu erkennen. Es ist durchaus denkbar, verstärkt biografische Aspekte in der Qualifizierung der Ausbilder zu thematisieren. Außerdem könnte eine regelmäßige Supervision sinnvoll sein sowie der Ausbau der bereits begonnenen Verzahnung mit Sozialpäda-

gogen und Psychologen. Zudem könnten Überlegungen angestellt werden, um die Jugendlichen verstärkt als „Selbstexperten" für das, was sie in ihrer jeweiligen Situation benötigen, einzubeziehen.

- **Ressourceneinsatz und Zeitaufwand.** Es hat sich gezeigt, dass es Fälle gibt, in denen die zur Verfügung stehende Zeit nicht ausreicht, um einen Übergang in eine Ausbildung zu ermöglichen. An dieser Stelle muss abgewogen werden, ob auch über die Dauer der EQ hinaus Ressourcen und Unterstützung angeboten werden können. Generell ist die Abwägung, wie viel Aufwand für den einzelnen Fall zu einem Erfolg führt, sehr schwierig. Eine realistische Prognose über die Wahrscheinlichkeit, mit der ein bestimmtes Unterstützungsangebot zu einem entsprechenden Ergebnis führt, wäre durchaus wünschenswert. An dieser Stelle muss jedoch deutlich gesagt werden, dass eine solche Prognose nicht möglich ist. Der Interaktionsprozess ist immer individuell, von vielen verschiedenen Faktoren abhängig und nicht planbar. Es hat sich gezeigt, dass selbst intensive pädagogische Zuwendung nicht immer dazu führt, dass Hindernisse auf Seiten der Jugendlichen überwunden werden können. Selbst offensichtliche „motivationsförderliche" Rahmenbedingungen, wie das arbeitsprozessintegrierte Lernen, sind keine Garantie dafür, dass es tatsächlich zu einer Passung kommt.

- **Fürsorgepflicht und Verantwortung.** Die Ergebnisse legen es nahe, sich intensive Gedanken darüber zu machen, wie weit die Fürsorgepflicht und Verantwortung für junge Menschen geht, für die die EQ beispielsweise eine große individuelle Bedeutung hat, die jedoch nicht in der Lage sind, ihren Pflichten als Mitarbeiter nachzukommen, weil sie sich beispielsweise gerade in einer für sie bedrohlichen Lebenssituation befinden – wie in dem bereits geschilderten Fall der jungen Frau, die aus Angst ihr Kind abgetrieben hatte. Dabei gibt es – ähnlich wie im vorherigen Punkt – keine feste, sondern eine jeweils individuell zu bestimmende Grenze.

Die gewonnenen Erkenntnisse und die aufgezeigten Forschungsperspektiven sind auch als Impulse für die Durchführung der EQ in anderen betrieblichen Kontexten sowie für die Gestaltung von Bildungsangeboten für Jugendliche mit Startschwierigkeiten am Übergang von der Schule in den Beruf interessant. Die Erkenntnis, dass das Praktikum jungen Menschen eine Chance bietet, die in ihrem bisherigen Leben die Erfahrung machen mussten, dass sie „anders" sind, obwohl sie sich nichts mehr wünschen, als „normal" zu sein, ist es allemal wert, sich Gedanken darüber zu machen, wie für die Jugendlichen von heute, die die Fachkräfte von morgen sind, der Übergang von der Schule in den Beruf erfolgreicher gestaltet werden kann.

> Und hier fühl ich mich gar nicht als ein Praktikant, sondern wie so 'n richtiger normaler Auszubildender.
> (Auszug aus einem Interview)

Literatur

1. Baethge M, Solga H, Wieck M (2007) Berufsbildung im Umbruch. Signale eines überfälligen Aufbruchs. Friedrich-Ebert-Stiftung, Netzwerk Bildung, Bonn
2. Bojanowski A (2008) Benachteiligte Jugendliche – Strukturelle Übergangsprobleme und soziale Exklusion. In: Bojanowski A, Mutschall M, Meshoul A (Hrsg) Überflüssig? Abgehängt? Produktionsschule: Eine Antwort für benachteiligte Jugendliche in den neuen Ländern. Waxmann Verlag, Münster, S 33–46
3. Bundesagentur für Arbeit (2011) (Hrsg) Betriebliche Einstiegsqualifizierung (EQ). Informationen für Arbeitgeber
4. Eberwein H, Knauer S (2009) Integrationspädagogik als Ansatz zur Überwindung pädagogischer Kategorisierungen und schulischer Systeme. In: Eberwein H, Knauer S (Hrsg) Handbuch Integrationspädagogik, 7. Aufl. Beltz Verlag, Weinheim
5. Euler D (2005) Das Bildungssystem in Deutschland: reformfreudig oder reformresistent? In BIBB (Hrsg) „Wir brauchen hier jeden, hoffnungslose Fälle können wir uns nicht erlauben." Wege zur Sicherung der beruflichen Zukunft. Bielefeld, S 203–216
6. Lamnek S (2010) Qualitative Sozialforschung. Beltz, Weinheim
7. Rebmann K, Tredop D (2006) Fehlende „Ausbildungsreife" – Hemmnis für den Übergang von der Schule in das Berufsleben. In: Spies A, Tredop D (Hrsg) Risikobiografien. Verlag für Sozialwissenschaften, Wiesbaden. S 85–100
8. Rosenthal G (2008) Interpretative Sozialforschung. Eine Einführung. 2. Aufl. Juventa, Weinheim

Entwicklung sozialer Kompetenzen bei Jugendlichen: Ein geschlechts-spezifisches Training für Jungen

11

Nico Kuhn und Birgit Michel-Dittgen

Inhaltsverzeichnis

11.1   Jugendliche und soziale Kompetenzen 163
11.2   „Endlich mal was für uns" – Ein geschlechtsspezifisches Training zur
        Förderung sozialer Kompetenzen bei Jungen 165
        11.2.1   Ziele des Trainings 165
        11.2.2   Methodisch-didaktische Ausrichtung auf die Zielgruppe 166
        11.2.3   Zielgruppe und Rahmenbedingungen 167
        11.2.4   Inhaltliche Schwerpunkte der Trainingsmodule 168
        11.2.5   Evaluation der Trainingsmaßnahme 173
        11.2.6   Anwendbarkeit und Nutzen 174
Literatur 175

11.1   Jugendliche und soziale Kompetenzen

In keinem Lebensalter hat der Mensch ein so starkes Bedürfnis nach Verstandenwerden wie in der Jugendzeit. (Eduard Spranger)

N. Kuhn (✉)
Am Fichtenhain 44,
66482 Zweibrücken, Deutschland
E-Mail: n.kuhn.zw@googlemail.de

B. Michel-Dittgen
Personalentwicklung
Universität des Saarlandes
Campus, 66123 Saarbrücken
Deutschland
E-Mail: michel-dittgen@univw.uni-saarland.de

W. Appel, B. Michel-Dittgen (Hrsg.), *Digital Natives,*
DOI 10.1007/978-3-658-00543-6_11, © Springer Fachmedien Wiesbaden 2013

Das Jugendalter ist die Phase des Übergangs zum Erwachsenwerden, in der Aufgaben und Rollen neu definiert werden. Die Abnabelung von den Eltern ist in dieser Phase eine wichtige Entwicklungsaufgabe. Jugendliche suchen nach attraktiven Vorbildern, Leitvorstellungen, Werten und Zielen, mit denen sie sich von ihren Eltern und/oder Geschwistern abgrenzen können (vgl. [11]). Diese Abgrenzung ist wichtig, um Unabhängigkeit und Eigenständigkeit zu entwickeln und um Verantwortung für das eigene Handeln übernehmen zu können.

Im Jugendalter werden wichtige Entscheidungen in Bezug auf Schule, Ausbildung und Beruf getroffen und verstärkt soziale und emotionale Beziehungen außerhalb der Familie aufgebaut. Auf dem Weg zum Erwachsenwerden ist diese Phase eine der größten und dauerhaftesten Herausforderungen. „Die Lebensphase Jugend ist in den letzten dreißig Jahren immer länger geworden. Sie setzt wegen der Vorverlagerung der Pubertät immer früher ein und hört wegen der schwierigen Berufseinmündung immer später auf" [2]. Jedoch wird den Jugendlichen in dieser Lebensphase von der Fachwelt zu wenig Aufmerksamkeit entgegengebracht. „Die (…) pädagogische Förderung von Jugendlichen ist eines der am stärksten vernachlässigten Gebiete überhaupt, obwohl gerade das Jugendalter durch viele, teilweise massive Probleme gekennzeichnet ist" [11]. Diese Feststellung verdeutlicht den Bedarf an geeigneten Konzepten und Programmen, die darauf ausgelegt sind, soziale Kompetenzen bei Jugendlichen zu fördern und zu entwickeln, um den komplexen Entwicklungsaufgaben in dieser Lebensphase gewachsen zu sein.

Nach Pfingsten [7] ist unter sozialer Kompetenz die Verfügbarkeit und Anwendung von kognitiven, emotionalen und motorischen Verhaltensweisen zu verstehen, die in bestimmten Situationen zu überwiegend positiven Ergebnissen für den Handelnden führen. Sozial kompetente Verhaltensweisen zeigen sich beispielsweise darin, dass Jugendliche in angemessener Weise Nein sagen und auf Kritik und Konflikte reagieren können. Auch die Fähigkeiten, sich entschuldigen zu können, eigene Schwächen eingestehen und Gefühle zeigen zu können, zählen zu sozialen Kompetenzen, ebenso wie ein Gespräch beginnen und aufrechterhalten zu können und sich in sein Gegenüber hineinversetzen zu können.

Unternehmen setzen mit ihrer häufig geäußerten Kritik an den zurückgehenden Schlüsselqualifikationen von Ausbildungsbewerbern vor allem an diesen sozialen Kompetenzen an. Wir haben uns in einem Forschungsprojekt auf die besonders für gewerbliche Ausbildungsberufe kritische Zielgruppe der Jungen konzentriert. Denn es gibt Hinweise darauf, dass durch „(…) den oft starken (…) Individualisierungsdruck auf Jungen, der noch mit hohen Leistungserwartungen gekoppelt ist, (…) soziale Basiskompetenzen oft schlecht ausgebildet sind" [9]. Wir wollten jedoch nicht im Erklärungszusammenhang stehen bleiben, sondern haben ein Training für männliche Jugendliche entwickelt, das in Schulen bereits umgesetzt wurde, aber ganz oder in Teilen auch für den Einsatz in Betrieben geeignet ist.

11.2   „Endlich mal was für uns" – Ein geschlechtsspezifisches Training zur Förderung sozialer Kompetenzen bei Jungen

Man[n] kann viel erreichen, wenn man[n] sich nur viel zutraut. (Von Humboldt)

Die im Folgenden vorgestellte Trainingsmaßnahme[1] hat zum Ziel, die Chancen männlicher Jugendlicher bei dem Übergang von der Schule in eine berufliche Ausbildung durch den Aufbau sozialer Kompetenzen zu verbessern. Denn: Männliche Jugendliche haben ein größeres Risiko als ihre Altersgenossinnen, den Übergang von der allgemeinbildenden Schule in eine Berufsausbildung, ein Hochschulstudium oder ein festes Arbeitsverhältnis nicht erfolgreich zu meistern (vgl. [4]).

11.2.1   Ziele des Trainings

„Eine Reihe von psychologischen Studien belegen, dass die im Jugendalter häufig vorfindbare hohe Selbstbezogenheit (Egozentrismus) aus einem mangelnden Differenzierungsvermögen zwischen der eigenen Person und anderen resultiert. Dies trägt dann leicht zu einer verzerrten Selbst- und Fremdwahrnehmung bei" [11]. Eine realistische und situationsangemessene Einschätzung der eigenen Person und der Interaktionspartner ist aber eine wesentliche Voraussetzung für die erfolgreiche Gestaltung von sozialen Beziehungen und damit für eine gelungene Integration in ein gesellschaftliches und auch berufliches Umfeld. Die hier vorgestellte Trainingsmaßnahme soll helfen, die Fähigkeiten der Jugendlichen zu verbessern, ihre eigenen und die Wünsche, Vorstellungen und Gefühle anderer Menschen erkennen und benennen zu können. Die Teilnehmer sollen erfahren, wie sie auf andere Menschen wirken und wie sie wahrgenommen werden. Darüber hinaus sollen die eigenen Stärken und Schwächen für die Jugendlichen erkennbar werden und sie sollen Gelegenheit haben, sich mit ihrem Wunsch- und Idealbild auseinanderzusetzen. Ein wesentliches Ziel des Trainings ist das Erlangen von Selbstsicherheit und einem stabilen Selbstbild. Hierbei ist ein besonders behutsames Vorgehen in kleinen Schritten sehr wichtig, um das noch sehr fragile Selbstbild der Zielgruppe nicht zu beschädigen und positive Selbstwirksamkeitserfahrungen – also das Erleben, aufgrund eigener Kompetenzen gewünschte Handlungen selbst erfolgreich ausführen zu können – zu ermöglichen. Denn „Selbstwirksamkeitserfahrungen und daraus resultierende Selbstwirksamkeitsüberzeugungen stellen (…) Schutzfaktoren für Jugendliche dar. Fehlende Selbstwirksamkeitserfahrungen erschweren den Aufbau von Selbstvertrauen (…) [11].

Wesentliche Aspekte, aufgrund derer Jugendliche ihr Körperbild definieren, sind die Wahrnehmung des eigenen Körpers, der körperlichen Fitness, der Attraktivität und der

---

[1] Die vorgestellte Trainingsmaßnahme wurde an der Hochschule für Technik und Wirtschaft des Saarlandes im Rahmen eines von der Stiftung Europrofession und der Stiftung ME Saar geförderten Projektes entwickelt.

sexuellen Anziehungskraft [11]. Auch in diesem Bereich können Jugendliche ihr Auftreten und ihre Wirkung oft nicht realistisch einschätzen. Jedoch ist dies ein wesentlicher Punkt bei der Gestaltung erfolgreicher sozialer Interaktionen. Um den Jugendlichen in diesem Bereich mehr Kompetenzen zu vermitteln, werden Bewegungsspiele eingesetzt, mit denen schnelle Erfolgserlebnisse ermöglicht werden. Dies wirkt sich wiederum positiv auf die Motivation und Selbstwirksamkeitserfahrungen der Jugendlichen aus [11]. Regelmäßige Rückmeldungen zu ihren Verhaltensweisen ermöglichen es den Jugendlichen, diese zu reflektieren und gegebenenfalls kontextgerecht anzupassen.

Ein gelungener Transfer der im Training gelernten Inhalte und Verhaltensweisen in den Alltag der Jugendlichen ist ein wichtiges Ziel der Maßnahme. Bei der Durchführung der Übungen sowie bei der Auswertung von Gruppenprozessen ist besonders wichtig, dass die Trainer immer wieder einen alltagsspezifischen Bezug herstellen, zum Beispiel durch die Übertragung in Alltagssituationen der Jugendlichen. Zudem müssen die einzelnen Methoden immer wieder neu an die aktuelle Situation und an die Bedürfnisse der Jugendlichen angepasst werden, beispielsweise durch eine entsprechende temporäre Reduzierung von Anforderungen bei Ermüdung oder Frustrationserlebnissen im Training, damit es nicht zu einer Über- oder Unterforderung von Trainingsteilnehmern kommt.

11.2.2 Methodisch-didaktische Ausrichtung auf die Zielgruppe

Das Training richtet sich ausschließlich an männliche Jugendliche. Es wurde auf Grundlage der sozial-kognitiven Lerntheorie nach Bandura entwickelt. Hierbei lernen die Teilnehmer am Modell, also durch Beobachten der erfolgreichen Verhaltensweisen einer positiv eingeschätzten Person und die anschließende Übernahme dieser Verhaltensweisen in das eigene Repertoire. Zunächst geht es in einer Aneignungsphase darum, die Aufmerksamkeit des Lerners auf ein bestimmtes Verhalten eines Modells, also eines Vorbildes, zu richten und ihn dazu anzuregen, dieses Verhalten in festen Gedächtnisstrukturen zu verankern, um es bei anderer Gelegenheit wieder aus dem Gedächtnis abrufen zu können. Die Aufmerksamkeit der Jugendlichen wird in den Trainingsmodulen durch die Ansprache „jungenaffiner", oft technisch-motorischer Themengebiete gewonnen. Durch herausfordernde, spielerische Aufgabenstellungen, die häufig Wettbewerbscharakter haben und Freiraum für eigene Gestaltungsmöglichkeiten geben, werden die Jugendlichen zur aktiven Teilnahme motiviert. Die Behaltensleistung der Lerner wird durch die sich an die Übungen anschließenden Reflexions- und Diskussionsphasen und durch Wiederholungen der gelernten Inhalte erleichtert. In dieser ersten Phase erwerben die Lerner also die grundsätzliche Kompetenz und das Wissen, um eine Verhaltensweise ausführen zu können. Die zweite Phase, in der es um die tatsächliche Ausführung der gelernten Verhaltensweise, die Performanz, geht, unterteilt sich wiederum in zwei Schritte. Zunächst steht die motorische Reproduktion, also Wiederholung der beobachteten und erinnerten Verhaltensweise, im Vordergrund. Schließlich soll die erlernte Verhaltensweise durch Verstärkungs- und Motivationsprozesse, also Erfolgserlebnisse und Lob, verfestigt und dauerhaft in das Verhaltensrepertoire des Lerners übernommen werden [1]. Sozial inkompetentes Verhalten wird in diesem Sinne vor allem als ein Defizit spezifischer Fähigkeiten betrachtet, beispielsweise verursacht durch einen Mangel an Erfahrung oder bestimmte Umwelteinflüsse (vgl. [3]).

Besonderer Wert wird bei der Umsetzung der Trainingsmaßnahme auf eine zielgruppenspezifische methodisch-didaktische Ausrichtung gelegt. Diese Ausrichtung trägt der Annahme Rechnung, dass Jungen besondere Stärken und ein größeres Interesse am Lerngegenstand zeigen, wenn das Training erfahrungs- und erlebnisorientiert gestaltet ist, das heißt, dass weniger klassische Lerninhalte vorgegeben sind, dafür viele Möglichkeiten, sich ganzheitlich zu erfahren und Probleme aktiv im Team zu lösen (zum Beispiel durch Interaktions- und Kooperationsübungen/-spiele). Erfolge oder Misserfolge sollten für die Jungen „spürbar" sein. Die Trainings sind prozessorientiert gestaltet. Die Lerneinheiten werden fragend-entwickelnd statt im Stil eines klassischen Frontalunterrichts gestaltet ([10], [8]). Die Inhalte im Rahmen der fünf Module werden jeweils gemeinsam mit den Teilnehmern erarbeitet.

Dem relativ großen inhaltlichen Handlungs- und Gestaltungsspielraum der Teilnehmer stehen feste, an jungentypischen Kommunikationsmustern [5] ausgerichtete Regeln der Interaktion gegenüber, um dem Trainingsablauf einen geregelten organisatorischen Rahmen zu geben. Ebenso wird durch eine starke Teilnehmeraktivierung (durch den Einsatz verschiedenster bewegungsintensiver Übungen und Spiele) und eine inhaltliche Orientierung an jungenrelevanten Themen (zum Beispiel Technik und Sport) die Motivation der Jugendlichen zur aktiven Teilnahme gefördert. Durch Bewegungs- und Interaktionsspiele und -übungen gelingt es, auch schwach motivierte Teilnehmer zu aktivieren. In vielen Fällen können durch den dadurch ausgelösten Gruppenprozess ein Regel- und Normverständnis aufgebaut, einige Kommunikations- und Interaktionsfähigkeiten eingeübt und prosoziales Verhalten (helfen und helfen lassen) ermöglicht oder gestärkt werden [11].

Auch wichtige Interaktionsmuster und Verhaltensweisen aus dem Alltag der Jungen, wie sich aneinander zu messen und zu konkurrieren sowie die Aushandlung von Kooperationen und Gruppenrollen, werden in die praktischen Übungen integriert.

11.2.3 Zielgruppe und Rahmenbedingungen

Die Trainingsmaßnahme richtet sich an männliche Jugendliche im Alter zwischen 12 und 16 Jahren, die über ein gewisses schulisches Potential verfügen und Entwicklungsbedarf im Hinblick auf beruflich relevante Sozial- und Selbstkompetenzen haben. Das Training verfolgt dabei nicht einen defizitären Ansatz im Sinne einer „Behebung von bestehenden Mängeln" im Bereich der beruflichen Schlüsselqualifikationen, sondern hat vielmehr einen präventiven Förder- und Entwicklungscharakter, indem es die Stärkung und die Entfaltung vorhandener Kompetenzen und Ressourcen der Jugendlichen zum Ziel hat. Darüber hinaus kann im Rahmen dieses Angebotes auch eine Ansprache von Eltern sowie auch von Lehrkräften erfolgen, für die das angebotene Training eine Art Fortbildungscharakter haben kann.

In einer ersten Erprobungsphase wurden die Trainings in Kooperation mit zwei saarländischen Schulen – einer Gesamtschule und einer Erweiterten Realschule – durchgeführt und evaluiert. Um die Dynamik etablierter Peer-Gruppen aufzubrechen, wurden
die Trainingsgruppen aus Schülern verschiedener Schulklassen und Altersstufen zusam-
mengestellt. Der jeweilige Förderungsbedarf der teilnehmenden Schüler wurde im Vorfeld
von den sie betreuenden pädagogischen Fachkräften eingeschätzt. Die Gruppengröße pro
Trainingsmaßnahme wurde auf 10–12 Teilnehmer festgelegt, um einen engen Betreuungs-
schlüssel während der Durchführung der einzelnen Trainings zu gewährleisten. Insgesamt
wurden an jeder der beiden Kooperationsschulen fünf dreistündige aufeinander aufbauende Trainingsmodule einmal wöchentlich in einem Zeitraum von zwei Monaten durchgeführt. Teilweise wurden diese in den zeitlichen Rahmen des Angebotes der freiwilligen
Ganztagsschule integriert. Wenn dies nicht möglich war, konnten die teilnehmenden Jugendlichen dafür gewonnen werden, neben den regulären Schulbetrieb in ihrer Freizeit am
Nachmittag an den Trainings teilzunehmen.

Im Anschluss an die erfolgreiche Teilnahme an allen fünf Trainingsmodulen wurde
den Jugendlichen als Anreiz eine Teilnahmebescheinigung im Rahmen einer kleinen Feier
überreicht. Die Trainingsmodule wurden von einem gemischtgeschlechtlichen Team aus
zwei jugendarbeitserfahrenen Trainern durchgeführt.

11.2.4   Inhaltliche Schwerpunkte der Trainingsmodule

Insgesamt besteht die Trainingsmaßnahme aus fünf aufeinander aufbauenden Einzel-
modulen. Ziel dieser Module ist es, die Kompetenzen der Jugendlichen insbesondere in
den Bereichen zu stärken, die im beruflichen und gesellschaftlichen Anwendungsbezug
eine hohe Bedeutung haben und die bei Jungen gleichzeitig häufig als defizitär angesehen
werden. So wird besonderes Augenmerk darauf gelegt, die Teamfähigkeit der Jugendlichen zu stärken, ihre Kommunikationsfähigkeit zu fördern sowie ihre Konfliktfähigkeit
zu trainieren. Zudem sollen die Teilnehmer sich im Rahmen der Trainingsmaßnahme mit
ihrem Geschlechts- und Rollenbild auseinandersetzen und lernen, ihre individuellen und
geschlechtsspezifischen Stärken zu erkennen und für sich zu nutzen. Im Folgenden werden die Module in ihrer inhaltlichen Ausrichtung und Zielsetzung dargestellt.

11.2.4.1   Modul 1: Teamarbeit

In diesem Modul lernen sich die Teilnehmer in der Trainingsgruppe zunächst gegen-
seitig kennen und erhalten einen Überblick über den Ablauf des gesamten Trainings
(Modul 1–5). Nach dieser Aufwärmphase sollen die Teilnehmer verschiedene Aufgaben
lösen, die sie nur dann bewältigen können, wenn sie in wechselnden Teams kooperieren.
Die Jugendlichen übernehmen im Laufe der verschiedenen Problemlösungsprozesse
unterschiedliche Rollen. Komplexe gruppendynamische Prozesse werden so für sie erlebbar. In den an die praktischen Übungen anschließenden Reflexionsphasen werden die

individuellen Erlebnisse und Eindrücke ausgewertet, um so ein entdeckendes Lernen zu fördern. Exemplarische Übungen in diesem Modul sind:

Praktisches Erleben, was Teamarbeit bedeutet: Die Stabmediation [3]

Die Gruppe stellt sich in einem Abstand von 1 Meter in zwei Reihen gegenüber mit dem Gesicht zueinander gewandt auf. Jeder Teilnehmer winkelt beide Arme in einem Winkel von 90 Grad an und streckt den Zeigefinger beider Hände waagerecht aus. Auf die ausgestreckten Zeigefinger der Teilnehmer wird nun waagerecht ein Stab gelegt, so dass die Teilnehmer den Stab mit den Fingern tragen. Ziel ist es, dass jeder Teilnehmer mit beiden Fingern den Stab berührt. Nun folgt die eigentliche Aufgabe: Der Stab soll gemeinsam zu Boden gelassen werden. Dabei darf kein Teilnehmer den Kontakt zu dem Stab verlieren. In der Regel gelingt dies nicht sofort, da niemand den Kontakt zum Stab verlieren will und somit die Zeigefinger eher hebt als senkt. Dadurch wird der Stab in die Höhe transportiert statt abgesenkt. Erst nach einigen Durchläufen gelingt die Übung, wenn sich die Gruppenmitglieder gut miteinander abstimmen.

Es erfolgt eine anschließende mündliche Auswertung der Übung in der Großgruppe. Mögliche Auswertungsfragen dabei sind: Warum schien die Übung am Anfang unlösbar zu sein? Wie konnte die Aufgabe gelöst werden? Wann hat die Zusammenarbeit in den Gruppen besonders gut funktioniert, wann nicht? Wieso war dies der Fall? etc.

Die Jugendlichen lernen in dieser Übung, dass sie bestimmte Aufgaben nur als Team bewältigen können. Darüber hinaus wird ihnen bewusst, wie wichtig es ist, miteinander zielorientiert und in einem angemessenen Ton zu kommunizieren, um die individuellen Leistungen zu koordinieren und ein gutes Gesamtergebnis der Gruppe zu erreichen. Es wird deutlich, dass der Beitrag jedes Gruppenmitgliedes gleich viel zählt und ein Team nur funktioniert, wenn alle zusammenwirken und sich integrieren.

Training der Koordination, der Kooperation und des Kommunikationsflusses in der Gruppe: Pipeline-Übung [3]

Die Teilnehmer erhalten die Aufgabe, eine Kugel über eine bestimmte Strecke hinweg zu einem vereinbarten Zielpunkt zu transportieren. Die Kugel darf dabei jedoch nicht berührt werden. Als Transportmittel dient die „Pipeline", ein System von Kunststoffröhren, die nur nach bestimmten, vorher vereinbarten Regeln von den Teilnehmern verwendet werden dürfen. Die Pipeline-Stücke werden aneinander gehalten, so dass eine lange Röhre entsteht. Dabei muss jeder Teilnehmer der Gruppe beteiligt werden und es stehen weniger Pipeline-Teilstücke als Teilnehmer zur Verfügung, so dass die Röhren weitergeben werden müssen. Eine weitere Regel ist, dass die Kugel über die gesamte Strecke in Bewegung bleiben muss, sie darf aber nur in eine Richtung und nicht rückwärts rollen. Passiert dies dennoch, muss die Gruppe erneut von vorne anfangen.

Es erfolgt eine anschließende mündliche Auswertung der Übung in der Großgruppe. Mögliche Auswertungsfragen sind dabei: Wie konnte die Aufgabe gelöst werden? Hatte jeder in der Gruppe das Gefühl, dass er seine Lösungsideen einbringen konnte? Wenn nein, warum nicht? Wann hat die Zusammenarbeit in den Gruppen besonders gut funktioniert, wann nicht? Wieso war dies der Fall? Wie könnte es beim nächsten Mal besser laufen? etc.

Die Lernziele aus der vorangegangenen Übung werden hier vertieft. Die Jugendlichen haben die Gelegenheit, neue Strategien auszuprobieren und ihre Verhaltensweisen weiter zu optimieren.

Abschlussrunde Reflexion im Plenum

Die Teilnehmer und der Trainer sitzen im Kreis. Es wird ein Beutel mit drei Moderationsbällen reihum gegeben. Die Bälle haben folgende Formen und entsprechende Bedeutungen: ein Ball in Form eines Gehirns („Ich habe über die Gruppe, mich selbst gelernt, dass…"), ein Herz („Ich habe erlebt/gefühlt, dass…") und ein Daumen hoch/runter („Mir hat gefallen/nicht gefallen, dass…"). Jeder soll aus den drei enthaltenen Moderationsbällen einen auswählen und anhand der jeweiligen Bedeutungen ein Feedback zum heutigen Training geben.

11.2.4.2   Modul 2: Kommunikation

Aufbauend auf dem vorangegangenen Modul zur Teamarbeit steht im zweiten Modul das Thema Kommunikation im Vordergrund. Unsere kommunikativen Fähigkeiten haben in unserem Alltag – insbesondere im sozialen Miteinander – eine Schlüsselfunktion. Ziel dieses Moduls ist es, den Jugendlichen praktisches „Handwerkszeug" mitzugeben, um Kommunikationssituationen besser analysieren und bewältigen zu können und dadurch eine verbesserte Handlungskompetenz zu erwerben. Hierbei werden insbesondere geschlechtsspezifische Kommunikationsmuster berücksichtigt. In Form der Auswertungen von Gruppenprozessen und innerhalb der Reflexionen der einzelnen Übungen wird das Thema Kommunikation in jedem Modul berührt. Im folgenden Abschnitt ist ein Beispiel für eine Übung aus diesem Modul beschrieben.

Verknüpfung von Teamarbeit und Kommunikation: „Der Fröbelkran" [3]

Die Gruppe steht im Kreis um einen abgegrenzten Bereich herum. Im Kreisinneren werden mehrere Holzklötze verteilt. Der Kran (eine Holzscheibe, an der eine bewegliche Metallgabel befestigt ist) liegt in der Kreismitte. An dem Kran sind mehrere lange Seile befestigt, die sternförmig auf dem Boden ausgelegt werden, so dass ihre Enden zu den Füßen der Teilnehmer liegen. Jeder Teilnehmer nimmt ein Seil fest in die Hand. Aufgabe ist es, gemeinsam durch Ziehen und Nachgeben den an den Seilen befestigten Kran zu steuern, um die Holzklötze zu ergreifen und sie aufeinander zu stellen. So soll ein möglichst hoher Turm gebaut werden. Die Klötze dürfen nur mit der Krangabel berührt werden und kein Teilnehmer darf den abgesteckten Kreis betreten. Die Konstruktionsweise der Bauteile erlaubt kein hektisches und unkoordiniertes Vorgehen, so dass diese Aufgabe nur durch genaue Absprache und organisiertes, gemeinsames Handeln der Gruppe lösbar ist.

In der Auswertungsphase wird die Kommunikation in der Gruppe während der Übung reflektiert. Um in die Reflexion einzusteigen, werden den Teilnehmern folgende

Fragen gestellt: Was ist dir bei dieser Übung leicht gefallen? Was hast du als schwierig empfunden? Konntest du deine Lösungsideen mit einbringen? Wenn nicht, warum? Hast du dich während der Übung wohl oder unwohl gefühlt? Anschließend geben die beiden Trainer den Teilnehmern eine Rückmeldung aus der Rolle der Beobachter.

11.2.4.3 Modul 3: Konfliktmanagement

Die Teilnehmer sollen sich in diesem Modul der Prozesse, die in Konfliktsituationen ablaufen, bewusst werden, verschiedene Lösungsstrategien ausprobieren und sich ihre individuellen Stärken im Bereich der Problemlösung vergegenwärtigen, um diese gezielt einsetzen zu können. Im Folgenden wird eine der in diesem Modul durchgeführten Übungen beschrieben.

Lösungsmöglichkeiten erarbeiten und umsetzen: Rollenspiel „Der Schoko-Riegel-Streit" [3]

Die Gruppe wird in 2er-Teams aufgeteilt und diese setzen sich im Raum verteilt auf zwei Stühle gegenüber. Dazwischen steht ein leerer Stuhl, auf dem ein Schoko-Riegel platziert wird. Die beiden Parteien sollen nun miteinander streiten. Jeder möchte gerne unbedingt diesen Schoko-Riegel haben und soll entsprechende Diskussionspunkte vorbringen, um sein Gegenüber davon zu überzeugen, den Riegel zu bekommen. Nach einigen Minuten sollen sich beide Parteien eine Lösung für diesen Konflikt überlegen bzw. zu einer Lösung kommen. Sollte ein Team nach 10 min keine Einigung finden, wird das Rollenspiel abgebrochen.

Die verschiedenen gewählten Konfliktlösungsmöglichkeiten der einzelnen Teams werden im Plenum zusammengetragen und auf Moderationskarten visualisiert (Flucht, Durchsetzen, Nachgeben, Kompromiss, gemeinsame Problemlösung etc.). Anschließend werden die Karten in einem Koordinatensystem entlang der Achsen „Orientierung an den eigenen Bedürfnissen" und „Orientierung an den Bedürfnissen der Gegenpartei" an einer Pinnwand zugeordnet. Mögliche Auswertungsfragen im Plenum sind: Wie erging es den Teilnehmern beim Streiten? Wie fühlt man sich als „Verlierer"/ „Gewinner"? Welche Strategie hat das beste Ergebnis für beide Parteien gebracht?

Die Jugendlichen lernen in dieser Übung, sich verbal mit ihrem Gegenüber auseinanderzusetzen und ihre Interessen in angemessener Form zu formulieren. Sie erleben, wie es sich anfühlt, zu verlieren bzw. sich durchzusetzen und sich einem Konflikt stellen zu müssen. Ein wichtiges Element dabei ist, dass die Teilnehmer aufgefordert werden, sich in ihr Gegenüber hineinzuversetzen.

11.2.4.4 Modul 4: Rollenbild und Geschlechtsidentität

In diesem Modul steht die Gendersensibilität im Vordergrund. Die Identifikation mit der männlichen und die Abgrenzung von der weiblichen Geschlechtsrolle ist für Jungen in der angesprochenen Zielgruppe ein wichtiges Thema. Oft sind diese Geschlechtsrollen noch sehr traditionell geprägt und stark von Stereotypen beeinflusst. „Männlichkeitsbilder fordern Hierarchie ein, die über Kompetenz aufgebaut werden kann, und verknüpfen

‚männlich' mit ‚kompetent'" [12]. Daher brauchen Jungen „(…) ‚Handwerkszeuge' und Freiräume, um sich ihre Umwelt anzueignen und auch um gemäß ihres Entwicklungsstandes Wünsche und Befürchtungen äußern zu können" [9]. In diesem Modul setzen sich die Teilnehmer anhand verschiedener Methoden mit der Entwicklung ihrer Geschlechtsidentität auseinander. Geschlechtsidentität wird dabei als wandelbares Konstrukt verstanden. „Die Geschlechterrollen von Mann und Frau, von Jungen und Mädchen, unterscheiden sich, verändern sich von Zeit zu Zeit und werden immer wieder neu definiert" [2]. Im Vordergrund stehen hier also die eigenen Vorstellungen der Jugendlichen von typisch männlichen und typisch weiblichen Rollenbildern und die Vermittlung eines kritischen Blicks auf das Bild des „idealen Mannes". Dieser wird beispielsweise durch folgende Übung gefördert:

Der perfekte Mann: Tatort-Figur

Auf dem Boden liegt Meterpapier mit aufgezeichneten Umrissen einer Person („Tatort-Figur"). Im Plenum werden gemeinsam Charaktereigenschaften gesammelt, die ein perfekter Mann haben sollte, jeder genannte Begriff wird von dem jeweiligen Teilnehmer mit einem Marker in den Körper der Figur hinein geschrieben, ähnlich wie bei einer Bodenzeitung. In einer zweiten Runde werden außen um den Körper herum Begriffe gesammelt, die beschreiben, welche Erwartungen von außen an einen „perfekten Mann" gestellt werden.

In der Auswertung steht im Vordergrund, dass es „den" perfekten Mann nicht gibt. Jeder hat Stärken und Schwächen, mehr oder weniger männliche Anteile in sich. Dieser sollen sich die Teilnehmer bewusst werden.

11.2.4.5 Modul 5: Stärken von Jungs

„Jungs „(…) verhalten sich renitent, stören und reagieren nicht auf pädagogische Impulse" [6]. Eine Aussage, die häufig vor allem im schulischen Kontext getroffen wird. In diesem Modul geht es – in Abgrenzung zu den im Kontext von Schule und Berufsausbildung oft negativ konnotierten Verhaltensweisen, die Jungen zugeschrieben werden – um die Herausarbeitung von besonderen Stärken der männlichen Teilnehmer. Ziel ist es, dass die Jugendlichen ein positives und gestärktes Selbstbild entwickeln, das über die üblichen Stereotype hinausgeht. Sie sollen sich ihrer geschlechtsspezifischen Stärken bewusst werden und lernen, diese zu vertreten. Folgende Übungen können dabei helfen, diese Ziele zu erreichen.

Männerbilder in der Werbung: Werbespots

Den Teilnehmern werden verschiedene aktuelle Werbespots gezeigt, die gezielt Männer ansprechen sollen. Die Teilnehmer sollen dabei die Geschlechterrollen in der Werbung bewusst und kritisch wahrnehmen, sie hinterfragen und ihren eigenen Standpunkt dazu entwickeln. Die Beobachtung erfolgt in Kleingruppen, die im Anschluss folgende

Fragen beantworten und zusammengefasst auf einem Plakat visualisieren: In welchen Situationen werden Männer dargestellt? Wie sehen Männer in der Werbung aus (Aussehen, Statur, Kleidung, usw.)? Welche Gefühle sollen beim Zuschauer angesprochen oder vermittelt werden?

Realistische Selbst- und Fremdeinschätzung: Stärken-Profil

Die Teilnehmer werden in Teams zu je zwei Personen aufgeteilt. Jeder bekommt einen Einschätzungsbogen ausgehändigt, mit dessen Hilfe er seinen Teampartner im Hinblick auf bestimmte Eigenschaften einschätzen soll. Auf einer Skala von 1 (trifft voll zu) bis 5 (trifft überhaupt nicht zu) wird angekreuzt, wie selbstbewusst, entschlossen, schlagfertig, impulsiv, ehrgeizig, freundlich, unsicher, aggressiv, ehrlich, optimistisch, aufgeschlossen, zuverlässig, selbstbeherrscht, anpassungsfähig usw. der Teampartner wahrgenommen wird. Anschließend wird der Bogen verdeckt mit dem Teampartner ausgetauscht. Jeder nimmt nun eine Selbsteinschätzung anhand des gleichen Fragebogens vor. Im Anschluss werden Selbst- und Fremdeinschätzung miteinander verglichen. Die Ergebnisse werden nicht im Plenum besprochen.

Meistens schätzen sich die Teilnehmer selbst negativer ein, als ihr Teampartner das für sie tut. Diese Übung zielt daher darauf ab, den Teilnehmern Selbstvertrauen und Selbstsicherheit zu vermitteln und ihnen einen Einblick davon zu geben, wie sie von anderen wahrgenommen werden. Durch die zu bewertenden Eigenschaften wird der Fokus bereits auf das Positive gelegt. Im Anschluss werden gemeinsam die Stärken von Jungs herausgearbeitet.

11.2.5 Evaluation der Trainingsmaßnahme

Um die Trainingsmaßnahme zu evaluieren, wurde den Schülern am Ende jedes Moduls Gelegenheit zu einer offenen Rückmeldung gegeben. Zusätzlich wurden im Anschluss an die Durchführung aller fünf Module die Einschätzungen der teilnehmenden Jugendlichen mithilfe eines standardisierten Fragebogens erhoben. Darüber hinaus wurden Rückmeldegespräche mit den jeweiligen Schulleiterinnen und begleitenden pädagogischen Fachkräften der Kooperationsschulen geführt.

Die Auswertung der Evaluationsbögen ergab ein sehr positives Bild der Gesamtbewertung der Trainingsmaßnahme durch die Jugendlichen. Eine deutliche Mehrheit von 85 % der Teilnehmer bewertete die fünf Module mit sehr gut oder gut. Insbesondere schätzten die Jugendlichen die eher bewegungsintensiven und wettbewerbsorientierten Übungen und Spiele und die damit verbundene Arbeit im Team. Dementsprechend wurden besonders gut diejenigen Module bewertet, in denen besonders viele Übungen und Gruppenaktivitäten vorkamen, bei denen die Jugendlichen in Kleingruppen miteinander kooperieren mussten, um in Konkurrenz zu der jeweils anderen Gruppe ein praktisches Problem (zum Beispiel einen hohen Turm aus bestimmten Materialien bauen) so schnell wie möglich zu lösen. Am häufigsten kritisiert wurden von den Jugendlichen die durch die Seminarteilnehmer selbst verursachten Störungen. Zudem hätten sich die Jugendlichen kürzere und häufigere Moduleinheiten gewünscht.

Etwas kritischer, aber in der Gesamtbewertung dennoch gut, sahen die Jugendlichen die beiden Module IV und V zu den geschlechtsspezifischen Themen („Der perfekte Junge" und „Stärken von Jungen"). Obwohl die Jugendlichen in diesen beiden Modulen ebenfalls sehr aktiv an der Gestaltung der Trainings beteiligt waren, gab es hier weniger wettbewerbs- und teamorientierte Aufgaben zu lösen. Vielmehr waren die Teilnehmer hier eher aufgefordert, aktiv in Kleingruppen über Rollenbilder und Geschlechtsstereotypen zu reflektieren, ein Vorgehen, das für die Jugendlichen zunächst ungewohnt und dementsprechend schwierig ist und eine solide Vertrauensbasis voraussetzt.

Von besonderem Interesse bei der Evaluation des Jungentrainings ist der Lernerfolg der Jugendlichen. Auch hier zeigt sich ein positives Bild, da 95 % der Befragten angaben, viel beziehungsweise einiges Neues insbesondere im Bereich der kommunikativen Kompetenzen und der Konfliktbewältigung gelernt zu haben, und dies größtenteils auch außerhalb der Schule anwenden zu können.

Die positive Bewertung des Gesamttrainings spiegelt sich auch in der hohen Bereitschaft der Jugendlichen wider, noch einmal an einer ähnlichen Veranstaltung teilzunehmen. So waren 60 % der Jugendlichen noch einmal zu einer Teilnahme bereit, die restlichen 40 % vielleicht. Keiner der Jugendlichen lehnte eine erneute Teilnahme ab.

In den mündlichen Feedbackrunden am Ende der einzelnen Module wurde von den Jugendlichen besonders wertgeschätzt, dass mit dem angebotenen Training eine Maßnahme ausschließlich für Jungen angeboten wurde. Sie gaben zu bedenken, dass sie sich in der Jungengruppe anders verhalten als in einer gemischtgeschlechtlichen Gruppe und dass sie so freier und offener reden können. Zudem empfanden sie es als große Wertschätzung, dass sie ihre eigenen Ideen einbringen konnten und sie das Gefühl hatten, dass man ihnen zuhört. Auch die vielen Gruppenaktivitäten und die selbstständige Suche nach Lösungen für die gestellten Probleme und Aufgaben stießen bei den Jungen auf großen Anklang.

11.2.6 Anwendbarkeit und Nutzen

Die Schule als soziale Institution ist mehr denn je gefragt, die Basis für die Entwicklung der Jugendlichen auch im Hinblick auf soziale und gesellschaftliche Kompetenzen zu bereiten. Eine wichtige Aufgabe ist es hierbei, den Jugendlichen die notwendige Unterstützung und den Mut geben zu können, an sich zu glauben und ihre eigenen Ziele (wie zum Beispiel im Hinblick auf die Berufswahl) auch verwirklichen und umsetzen zu können. Zahlreiche Erziehungsaufgaben wurden mit dem Wandel der Gesellschaft auf das „System Schule" übertragen. Die Schulen stehen heute vor der Aufgabe, diesen gewachsenen Anforderungen gerecht zu werden. Das hier vorgestellte Konzept kann helfen, die Schulen bei diesem Auftrag zu unterstützen. Die Lehrerinnen und Lehrer werden darin bestärkt, aktivierende und geschlechterdifferenzierte Ansätze und Methoden zur Förderung sozialer Kompetenzen in den Unterricht zu integrieren und auszuprobieren. Das Training in der geschlechtshomogenen Jungengruppe sollte als wichtige Ergänzung zum koedukativen Unterricht verstanden werden.

Vielen Personalern werden die vorgestellten Übungen aus dem Bereich von Managementtrainings bekannt sein. Wäre es darum nicht gerade lohnend, entsprechende Angebote auch für die Mitarbeitergruppe zu schaffen, die geradezu prädestiniert ist für einen spielerischen Zugang zur Entwicklung sozialer Kompetenzen? Die jugendlichen Teilnehmer werden davon in jeder Hinsicht profitieren.

Literatur

1. Bandura A (1979) Sozial-kognitive Lerntheorie. Klett-Cotta, Stuttgart 1979. ISBN 3–12–920511-X, (Konzepte der Humanwissenschaften)
2. Armbrust J (2011) Jugendliche begleiten. Vandenhoeck & Ruprecht, Göttingen
3. Baer U (1994) 666 Spiele, für jede Gruppe, für alle Situationen. Kallmeyer, Seelze
4. Bundesministerium für Familie, Senioren, Frauen und Jugend Gruppentraining sozialer K Jugend (BMFSFJ) (Hrsg) (2011) Neue Wege – Gleiche Chancen. Gleichstellung von Frauen und Männern im Lebensverlauf. Erster Gleichstellungsbericht. Berlin
5. Guggenbühl A (1990) Kleine Machos in der Krise. Wie Eltern und Lehrer Jungen besser verstehen. Herder Verlag, Freiburg
6. Guggenbühl A (2008) Die Schule Abenteuerspiele 1 und 2. In: Klett Kall M, Tischner W (Hrsg) Handbuch Jungen-Puerspiele 1 und 2. Klett Kallmeyer, Seelze
7. Hinsch R, Pfingsten U (2002) Gruppentraining sozialer Kompetenzen. Beltz, Weinheim
8. Jungwirt H (1990) Mädchen und Buben im Mathematikunterricht. Eine Studie über geschlechtsspezifische Modifikationen der Interaktionsstrukturen. Reihe Frauenforschung Band 1. BMUK, Abt. für Mädchen- und Frauenbildung (Hg.), Wien
9. Kabs K (2002) Schule: Starke Jungen. In: Sturzenhecker B, Winter R (Hrsg) Praxis der Jungenarbeit. Juventa Verlag, Weinheim, S 143–156
10. Krappmann L, Oswald H (1995) Alltag der Schulkinder. Weinheim und München
11. Petermann F, Petermann U (2010) Training mit Jugendlichen. Hogrefe Verlag, Ginnheim
12. Winter R (2011) Jungen. Beltz, Weinheim

12 Irrtümer, die Sie womöglich schon immer über junge Mediennutzende pflegten und nun zu hinterfragen wagen

12

Frank Schwab, Astrid Carolus und Micheal Brill

Inhaltsverzeichnis

12.1	Einleitung	180
12.2	Klassische Medien	181
	12.2.1 „Jugendliche halten doch alles für wahr, was sie in den Medien so konsumieren"	182
	12.2.2 „Fernsehen macht dumm"	183
	12.2.3 „Heute ist das Fernsehen der geheime Lehrmeister unserer Jugend"	184
	12.2.4 „Die können ja nichts, wir damals…"	185
12.3	Internet, Web 2.0 und soziale Netzwerkseiten	187
	12.3.1 „Generation 2.0: Welche Web 2.0-Anwendungen nutzen die Jugendlichen wirklich?"	188
	12.3.2 „Computer = Technik. Technik = Männersache."	191
	12.3.3 „Web 2.0 ist doch Zeitverschwendung 2.0"	192
	12.3.4 „Was die Aktivitäten im Web 2.0 aussagen: Personaler auf den digitalen Spuren der Jugend"	194
12.4	Gaming	195
	12.4.1 „Gespielt wird am PC"	196
	12.4.2 „Spiele = Shooter"	197

F. Schwab (✉) · A. Carolus · M. Brill
Lehrstuhl für Medienpsychologie, Universität Würzburg, Oswald-Külpe-Weg,
97074 Würzburg, Deutschland
E-Mail: frank.schwab@uni-wuerzburg.de

A. Carolus
E-Mail: astrid.carolus@uni-wuerzburg.de

M. Brill
E-Mail: michael.brill@uni-wuerzburg.de

W. Appel, B. Michel-Dittgen (Hrsg.), *Digital Natives*,
DOI 10.1007/978-3-658-00543-6_12, © Springer Fachmedien Wiesbaden 2013

12.4.3 „Spiele sind eine gesellschaftliche Randerscheinung" 197
        12.4.4 „Spieler sind vereinsamte Nerds" 198
12.5 Schluss 199
Literatur 202

12.1 Einleitung

Wir leben im sogenannten Medienzeitalter, sind rund um die Uhr umgeben von Medien. Diese beeinflussen unser Denken und Fühlen, unser Verhalten und unsere Entscheidungen, den Umfang und die Art unserer sozialen Kontakte. Sie eröffnen uns einerseits neue Möglichkeiten, bergen aber auch die in der öffentlichen (das heißt meist medialen) Debatte immer wieder hervorgehobenen Risiken. Zudem stellen sie steigende Anforderungen an unsere Fähigkeiten und Fertigkeiten. Als Mitglied der modernen Informationsgesellschaft sollte man die Regeln kennen, nach denen die Medien funktionieren und genutzt werden. Man sollte wissen, wie Menschen mit Medien umgehen und welche Wirkungen Medien auf Menschen haben können. Die Medienpsychologie liefert psychologische Ansätze zur Erklärung von Medienwahl, Mediennutzung und Medienwirkung. Dabei stellt sie den Menschen als Mediennutzenden in den Mittelpunkt und versucht zu verstehen, was vor, während und nach der Nutzung von Medien geschieht. Als Vertreter dieses Ansatzes versuchen wir im Folgenden, dem „Phänomen junge Mediennutzer" nachzugehen. Denn insbesondere die Gruppe der Jugendlichen scheint in ihrem Mediennutzungsverhalten rätselhaft, verhalten sie sich doch so ganz anders als wir dies einst taten bzw. heute tun. Könnte man zumindest meinen.

Nahezu alle Bereiche unseres alltäglichen Lebens sind von Medien durchdrungen, vom Arbeitsplatz bis in den Freizeitbereich. Jeder von uns beschäftigt sich im Durchschnitt zehn Stunden am Tag mit Medien, seien es Bücher, Zeitungen, Hörfunk, Fernsehen, Tonträger oder das Internet. Über alle Altersgruppen hinweg stellt das Fernsehen immer noch das Leitmedium der Gesellschaft dar: Im Jahr 2012 schauen die Deutschen (ab 14 Jahren) pro Tag durchschnittlich 242 min, also fast exakt vier Stunden, fern, gefolgt vom Radio, das 191 min am Tag genutzt wird, und dem Internet mit 83 min. Tonträger, Zeitung und Buch werden 20 bis 30 min rezipiert, Zeitschriften lediglich wenige Minuten. Schaut man sich hingegen nur die Jugendlichen an, lassen sich Unterschiede erkennen: Für sie ist mittlerweile das Internet und nicht mehr das Fernsehen das am intensivsten genutzte Medium, gefolgt von Hörfunk und TV. Buch, Zeitung und Zeitschrift spielen ebenfalls eine nachrangige Rolle, wobei die jungen Nutzer mit Büchern sogar noch etwas mehr Zeit verbringen als die älteren (vgl. [2]). Gefragt nach der Wichtigkeit der verschiedenen Medien befinden die 12- bis 19-Jährigen Musik hören und Internet als die wichtigsten Medien (ca. 90 % sagen hier sehr wichtig/wichtig). Handynutzung hingegen ist ebenfalls für ca. 90 % der Mädchen wichtig, aber nur für 74 % der Jungen. Für sie sind dann Computerspiele wichtig (63 % versus 29 % der Mädchen). Vielleicht ist es überraschend: Knapp die Hälfte der Jungen nennt auch die Tageszeitung als wichtiges Medium (bei den Mädchen immerhin 36 %).

Der Computer im heimischen Wohnzimmer hat die Medienwelt und damit auch den Blick auf Medien verändert: Wurde vor wenigen Jahren noch der schädliche Einfluss des

Fernsehens diskutiert, scheint sich heutzutage alles auf die neuen Bildschirmmedien zu konzentrieren. Vor allem die Jugend verbringt einen beträchtlichen Teil ihrer Freizeit mit PC, Notebook, Tablet-PC, Smartphone & Co. Die Jugendlichen surfen durch das World Wide Web, tauschen sich mit Freunden in Chats und auf sozialen Netzwerkseiten aus oder kämpfen sich in (Online-)Games durch Phantasiewelten, in denen sie auf Monster, Trolle, Zwerge und Feen treffen. Das Urteil vieler Erwachsenen: bestenfalls Zeitverschwendung, wahrscheinlicher aber schädlich! Es kann doch nicht gut sein, wenn die Kinder nur noch vor den Bildschirmen sitzen! Und auch das gute alte Fernsehen scheint nicht mehr das, was es mal war. Die Inhalte wirken extremer und die Trennung zwischen Realität und Fiktion weniger eindeutig. Kein Wunder also, dass die Jugendlichen nicht mehr wissen, was sie für wahr halten sollen und was für erfunden. Und kein Wunder, dass sie dann denken, das Leben sei wie eine Casting-Show oder eine Seifenoper. Oder?

Dem Mediennutzungsverhalten von Jugendlichen wollen wir in diesem Beitrag auf den Grund gehen und versuchen, weit verbreitete Annahmen zu hinterfragen und so gängige Irrtümer aufzudecken. Wir fangen dabei mit dem Fernsehen an, gehen weiter zum Internet bzw. zum Web 2.0 und schließlich zu Computerspielen.

Und eines behalten wir im Hinterkopf: Auch das Buch war nicht immer das hochgeschätzte Medium, das umsorgende Eltern versuchen, ihren Kindern nahezubringen. In der Anfangszeit stand man Büchern äußerst skeptisch gegenüber und wollte Frauen das Lesen gar ganz verbieten – zu ihrem eigenen Schutz. Sie sollten keinen seelischen Schaden nehmen.

12.2   Klassische Medien

Beginnen wir unsere Betrachtungen zur Auswahl, Rezeption und Wirkung von Medien bei Jugendlichen mit den klassischen Medien. Dabei werden wir zunächst auf das immer noch viel genutzte Fernsehen schauen, das sich zu einem medialen und digitalen Allzweckwerkzeug entwickelt. Entlang von weit verbreiteten Vorurteilen über das Medienverhalten und Medienwirkungen stellen wir wichtige Ergebnisse der Forschung dar und zeigen, wie komplex die Zusammenhänge tatsächlich sind.

Eine der häufig geäußerten Befürchtungen ist, dass die in den Medien verzerrt dargestellte Welt von den Jugendlichen als Abbild der Realität wahrgenommen wird und diese annehmen, dass es im Leben und beispielsweise in der Arbeitswelt genauso zugeht wie in einer Soap oder in einer „Scripted Reality"-Serie (etwa „Familien im Brennpunkt"; wobei dieses Medienangebot wie eine Dokumentation anmutet (Reality), jedoch die Inhalte tatsächlich frei erfunden sind und auf einem Drehbuch beruhen (Scripted)). Als Folge dieser Verwechslung der Medienwelt mit der realen Welt – so die Mutmaßung – treten diese durch die Medien desorientierten jungen Leute im wahren Leben mit Erwartungshaltungen auf, die zwangsläufig zu Enttäuschungen führen müssen, was in der Folge zu Missverständnissen und Konflikten beitragen kann. Ist das so?

12.2.1 „Jugendliche halten doch alles für wahr, was sie in den Medien so konsumieren"

Generell eignen sich Kinder und Jugendliche im Verlauf ihrer Mediensozialisation eine Reihe von Kompetenzen an, um Medieninhalte angemessen verstehen und interpretieren zu können. Unter anderem müssen sie Fakt von Fiktion unterscheiden lernen (also die Realitätsnähe von Medieninhalten einschätzen), aber auch mit medienspezifischen Erzählstrukturen vertraut sein („Was bedeutet eine Rückblende?", „Wie wird eine Traumsequenz angezeigt?").

In der öffentlichen Debatte wird oft vermutet, dass vor allem Kindern und Jugendlichen die Unterscheidung zwischen Fakt und Fiktion nicht immer optimal gelingt (vgl. [32]). Es wird davon ausgegangen, dass der wahrgenommene Realitätsgrad (die Perceived Reality) eines Medienprodukts eine entscheidende Rolle spielt bei der Wirkung des Medieninhalts auf das Fühlen, Denken und Verhalten des Medienrezipienten. Schon 1986 konnte Potter zeigen, dass in erster Linie jene TV-Vielseher Angst haben, einem Verbrechen zum Opfer zu fallen, die zugleich der Meinung waren, dass das Fernsehen tatsächlich relativ unverändert die Realität abbildet. Nahm man zu Beginn der Forschung noch an, dass der Realismus eines Medieninhalts eine Eigenschaft der jeweiligen Sendung sei (Nachrichten versus Spielfilm), wurde schnell klar, dass Mediennutzer Realitätsgrade zuschreiben. Das bedeutet, dass sich die Realitätswahrnehmungen eines identischen Medienangebots teilweise deutlich unterscheiden können. So mag jemand die Dokumentationen von Michael Moore für unrealistische Satire halten, während ein anderer den Realismus der Darstellung einer Gesellschaft als wirklichkeitsnah betrachtet.

Die Forschung zur wahrgenommenen Realität bemüht sich, (a) Dimensionen der Realitätszuschreibung zu entdecken, (b) die Rolle der Realitätszuschreibung bei der Wirkung von Medien zu klären, sowie (c) zu belegen, wie die Zuschreibung von Realität oder Fiktion mit anderen Mediennutzungs- und Rezeptionsaspekten zusammenhängt.

Die Einschätzung des Realitätsgehalts eines medialen Angebots kann z. B. entlang ganz unterschiedlicher Fragen erfolgen (vgl. [32]): Inwieweit kann die „Lindenstraße" den eigenen Erfahrungsbereich angemessen erweitern? Handelt es sich bei „Bauer sucht Frau" überhaupt um ein Medienangebot, mit dem der Anspruch erhoben wird, etwas über die Wirklichkeit auszusagen? Ist die TV-Pressekonferenz der Regierung ein authentisches Ereignis oder speziell zum Zweck der medialen Verbreitung inszeniert? Inwieweit könnten sich die Prognosen einer Wissenschaftssendung zur Klimakatastrophe in der Realität tatsächlich ereignen? Wie wahrscheinlich ist es, dass sich die dargestellten gesellschaftlichen Probleme einer „Tatort"-Folge so auch in der Realität ereignen? Wie typisch sind die Beschreibungen eines Castings für die Musikbranche?

In Experimenten konnte gezeigt werden, dass etwa TV-Beiträge, die den Zuschauern gegenüber als faktisch bezeichnet werden, meist auch eine etwas stärkere Wirkung ausüben; (im Überblick: [24, 34]). Zudem halten Rezipienten, die eher viel TV konsumieren, dies auch vermehrt für besonders realistisch (im Überblick: [28]). Jedoch sinkt diese Einschätzung mit zunehmendem Alter, kognitiven Fähigkeiten und dem sozioökonomischen

Status (wobei die zugeschriebene Realität im höheren Alter jedoch wieder ansteigt: [25]), aber auch Nutzungsmotive, die an Medien herangetragen werden, spielen eine Rolle (suche ich Informationen oder möchte ich ein wenig Nervenkitzel erleben [29]).

Die Kultivationsforschung untersucht, wie Fernsehen unsere Einstellungen und Annahmen über die Welt beeinflusst und möglicherweise verzerrt. Sie vermutet, dass übermäßiges Fernsehen die Weltsicht vor allem dann in Richtung der TV-Darstellung verändert, wenn die Rezipienten den Inhalten einen hohen Realitätsgehalt zuschreiben. Auch dies hat sich als zu einfach gedacht herausgestellt; hier ist es entscheidend, welcher Aspekt der Realitätszuschreibung (etwa Wahrscheinlichkeit) bezüglich welchen Gegenstandbereichs (Interaktionen, Personen, Ereignisse usw.) untersucht wird (zum Beispiel [25, 37]).

Grundsätzlich gilt: Die in den Medien dargestellte Welt ist stets eine Inszenierung. Medien bilden die Welt da draußen niemals 1:1 ab. Sie müssen auswählen, vereinfachen, kürzen und verdichten. Die Rezipienten schreiben diesen medialen Inszenierungen auf ganz unterschiedlichen Ebenen Realität zu. Inwiefern dies zu Fehlannahmen über die Welt führt, ist nicht zuletzt eine Frage der Kompetenz – insbesondere der Medienkompetenz – der Zuschauer und Mediennutzer.

Aber evtl. ist es ja auch so, dass nicht nur die Inhalte des Fernsehens die Wirklichkeit verzerrt abbilden, sondern dass dieses audiovisuelle Medium an sich zur „Verblödung" beiträgt. Dass Film und Bildschirmmedien – im Vergleich zum Buch oder den Druckmedien – mentale Umweltverschmutzung produzieren.

12.2.2   „Fernsehen macht dumm"

Erschließen sich uns manche Medien leichter als andere? Muss man weniger „Hirnschmalz" in das Verständnis eines Films investieren als zum Verstehen eines Buches? Solchen Fragen widmete sich Gavriel Salomon in den achtziger Jahren des 20. Jahrhunderts im Rahmen seiner Überlegungen zum „amount of invested mental effort" (AIME). AIME bezeichnet die mentale Anstrengung, die ein Medienutzer willentlich investiert, um sich medial präsentierte Informationen zu erschließen. Dieser „amount" variiert in Abhängigkeit von wahrgenommenen Medienmerkmalen, der eigenen Selbstwirksamkeit, also der eigenen Überzeugung, in einer bestimmten Situation angemessene Leistungen erbringen zu können, sowie der Aufgabenstellung. AIME beschreibt also das Wirkgefüge zwischen emotional-motivationalen Aspekten der Mediennutzung und der Verarbeitung der angebotenen Medieninhalte (vgl. [38]).

Die wohl bekannteste Studie hierzu [30] trägt den Titel „Television is easy and print is tough": Filmische Inhalte werden als weniger anstrengend wahrgenommen. Auch fühlten sich die untersuchten Kinder kompetenter im Umgang mit dem audiovisuellen Medium und nahmen es als realistischer wahr. Diese Kombination aus subjektiv geringer Anforderung durch das Medium und hoher subjektiver Selbstwirksamkeit führte fatalerweise zu einer vergleichsweise geringen mentalen Aufbereitung (Elaboration) der Inhalte. Der niedrige AIME trägt dazu bei, dass die filmischen Inhalte weniger gut erinnert werden als die Inhalte von Printangeboten. Salomon führt dies auf die unterschiedlichen Voreinstellungen der Mediennutzer zurück. Einfach gesagt: Ich glaube, fernsehen sei einfach und ich habe keinerlei Probleme, das hinzubekommen. Deshalb reduziere ich meinen mentalen Aufwand und fliege quasi im geistigen Tiefflug über das Medienangebot. Dabei bekomme ich natürlich relativ wenig von den Inhalten mit und es finden kaum Lernerfahrungen statt. Oder andersherum: Ich bin davon überzeugt, Lesen sei schwer, und ich zweifle daran, dass sich mir der Inhalt angemessen erschließt, ja stelle meine Kompetenz in Frage (Selbstwirksamkeit). Deshalb steigere ich meinen mentalen Aufwand, das Medienangebot lädt mich zu geistigen Höhenflügen ein. Dabei dringe ich in ungeahnte Tiefen des Textes vor und Aha-Erlebnisse feuern mich an. Was jedoch, wenn meine Vorannahmen (Vorurteile) zum Medium umgekehrt wären?

Aber auch das jeweilige Rezeptionsziel des Nutzers hat eine große Wirkung auf den mentalen Aufwand. So werden Informationsangebote in den Medien mit einem höheren mentalen Aufwand verarbeitet als Unterhaltungsangebote [4]. Natürlich ist der investierte Aufwand auch abhängig von den möglichen gleichzeitigen Nebentätigkeiten, die ebenfalls geistige Ressourcen beanspruchen, wie z. B. Bügeln, Essen oder Musik hören.

Es ist also keineswegs so, dass das Fernsehen an sich zur „Verblödung" beiträgt. Es sind vielmehr unsere Voreinstellungen und Vorurteile, die den Umgang mit dem Medium beeinflussen und in der Folge dazu beitragen, was wir geistig aus einem Medium für uns „herausholen". Dass Film- und Bildschirmmedien an sich – im Vergleich zum Buch oder zu den Druckmedien – mentale Umweltverschmutzung produzieren, ist Nonsens. Es kommt auf die Inhalte an, die wir auswählen, und in welcher Haltung und mit welcher Motivation wir uns dann mit diesen Angeboten auseinandersetzen.

Jugendliche können also durchaus Wichtiges aus den Medien lernen. Ja, es ist heute sogar so, dass wir das meiste über die Welt aus den Medien wissen. Haben also die Medien Eltern und Lehrer hinsichtlich der Wissensvermittlung ersetzt? Bestimmen die Medien unsere Weltsicht?

12.2.3 „Heute ist das Fernsehen der geheime Lehrmeister unserer Jugend"

Actionfilme, Krimis, Thriller, aber auch Nachrichten und Märchen berichten und erfinden konflikthafte Ereignisse mit einem meist recht dramatischen Bedrohungspotential: Hexen werden verbrannt und Kinder sollen verspeist werden oder es drohen Krieg und wirtschaftlicher Niedergang. Bestens erforscht ist die Einschätzung von Verbrechen und Gewalttaten. Die so genannte „gefühlte Kriminalität" und die „tatsächliche Kriminalität" weichen zumeist dramatisch voneinander ab. Es scheint hierbei so, als ob Zuschauer auf Grundlage der im Fernsehen dargestellten gewalttätigen und kriminellen Welt Annahmen über die reale Welt entwickeln. Fernsehen formt oder kultiviert möglicherweise Vorstellungen, die Menschen über die soziale Realität haben – dies ist die Kernidee des Kultivierungsansatzes („cultivation of beliefs"; etwa [13]). Durch den fortgesetzten Konsum ganz ähnlicher Medieninhalte übernehmen starke Fernsehnutzer diese Inhalte als Sichtweise über die Wirklichkeit. Medien, vor allem das Fernsehen, sind somit Sozialisationsinstanzen, die grundlegende Einstellungen über die soziale Welt prägen (vgl. zum Folgenden [41]).

Medieninhaltsanalysen, die so genannten „Violence profiles" der Prime-time-Sendungen des amerikanischen Fernsehens ergeben, dass etwa 70 % aller Programme Gewaltdarstellungen zeigen; durchschnittlich werden dabei 5,7 gewalthaltige Handlungen pro Stunde gezeigt (vgl. [22]). In Befragungen findet man, dass Vielseher denken, dass es mehr Gewalttätigkeiten gibt und dass sie viel wahrscheinlicher Opfer einer solchen Tat werden könnten, als dies tatsächlich wahrscheinlich ist. Sie fürchten sich davor, bei Nacht allein durch die Stadt zu gehen, versuchen sich vor Verbrechen zu schützen, glauben, dass die allgemeine Lage schlecht sei, und misstrauen allen Politikern. Die Welt der Vielseher ist gefährlicher und furchterregender als jene der Wenigseher – „the scary world of heavy viewers" (u. a. [12, 14, 44]). Es konnte aber auch gezeigt werden, dass Vielseher beispielsweise die Häufigkeit von Rechtsanwälten, berufstätigen Frauen, Homosexuellen und Transsexuellen in der Bevölkerung ebenso überschätzen wie das Auftreten von Scheidungen, das Risiko von Naturkatastrophen und Terroranschlägen sowie die Verbreitung von Wohlstand und Luxus (vgl. [42]). Fasst man die Studien statistisch zusammen (Meta-Analyse [33]), findet sich ein konsistenter Zusammenhang zwischen Fernsehkonsum und Einstellungen gegenüber der realen Welt, wenngleich der Zusammenhang doch eher klein ausfällt. Überraschenderweise scheinen aber besonders Personen mit hoher Bildung und höherem Einkommen anfälliger für Kultivierungseffekte.

Der Kultivierungsansatz ist einer der umstrittensten und am heftigsten kritisierten Ansätze der Medienforschung (etwa [18]). Möglicherweise handelt es sich bei den Kultivierungseffekten auch um heuristische Prozesse, grobe Schätzungen, nach dem Motto „Pi mal Daumen" zu Aspekten der Welt, über die uns kaum etwas Genaueres bekannt ist [35]. Denkt man etwas systematischer und länger nach, mindern sich die Kultivierungseffekte.

Ganz sicher lernen wir etliches aus den Medien, aus dem Fernsehen und zunehmend aus dem Internet. Tatsächlich stammt das meiste, was Jugendliche und wir selbst über die Welt wissen, aus den Medien. Insofern haben Fernsehen und Internet die Monopolstellung der Älteren in Sachen Weltwissen untergraben. Medien beeinflussen die Weltsicht der Jugend. Stellen sie die Welt verzerrt dar, mag dies auch zu Fehleinschätzungen unter jenen führen, die das Fernsehen intensiv nutzen. Diese verzerrende Wirkung ist nachweisbar, jedoch eher klein. Zudem wird sie deutlich reduziert, wenn sich der Befragte etwas Zeit zum genaueren Nachdenken nimmt bzw. sie ihm auch gewährt wird.

12.2.4   „Die können ja nichts, wir damals…"

Medien kann man als Instanzen verstehen, die Informationen oder Aussagen transportieren [21]. Medienkompetenz kann man nun auf klassische Massenmedien wie Funkmedien (etwa Radio, Fernsehen), Druck- und Pressemedien (etwa Zeitung, Plakat) oder Bild- und Tonträgermedien (etwa Kino, CD) beziehen. Aber auch die sogenannten neuen Medien (etwa Internet, Computerspiele) sowie pädagogisch wertvolle Medien, wie Lehr- und

Lernmedien, bedürfen bestimmter Kompetenzen (vgl. zum Folgenden [39]). Die Rede von der Medienkompetenz transportiert dabei zumeist – und nicht immer offen mitgeteilt – Zielvorgaben, ist also durchaus normativ zu verstehen. Ziele können das Wohlbefinden des Nutzers sein, seine Fähigkeiten, sein Wissen oder seine Handlungsmöglichkeiten. Betont wird zudem ein verantwortungsvoller Umgang mit Medien, ein Durchschauen des Medienproduktionsprozesses, eine Bewertung der medialen Angebote sowie die Fähigkeit, Medien auch zu gestalten.

Gerade mit dem Aufkommen neuer Medien erlebt die Forderung nach Medienkompetenz dann auch stets eine Neuauflage in der öffentlichen (oft medialen) Diskussion. Diese Debatten gehen meist Hand in Hand mit Befürchtungen und Ängsten und der Frage nach jugendgefährdenden Folgen.

Das Streben nach Medienkompetenz wird als lebenslanges Projekt angesehen. Dass man sozusagen nie auslernt, wird gerade von Älteren schmerzlich wahrgenommen und geht nicht selten mit Ärger und Abwertung der Medienkompetenzen der Jüngeren einher. Es spielt sich ein Generationsstreit um die Definitionsherrschaft hinsichtlich der gesellschaftlich relevanten Kompetenzen ab. Muss ich ein Buch in der Stadtbibliothek finden und ausleihen können oder genügt es, Google zu beherrschen? Muss ich wissen, wie die Tageschau der ARD produziert wird, oder sollte ich auch verstehen, wer wozu und mit welchen Verdienstmöglichkeiten meine Smartphone Apps entwickelt und vertreibt? Was muss ich wissen über Goethe und Schiller oder Mark Zuckerberg und Steve Jobs?

Häufig werden zur Beschreibung von Medienkompetenz vier Dimensionen [40] unterschieden:

- „Mediennutzung": Medien sollen angemessen erschlossen werden und es soll angemessen auf sie reagiert werden.
- „Medienkunde": Wissen über das Mediensystem (Arbeitsprozesse, wirtschaftliche und politische Strukturen), aber auch Wissen bezüglich der Funktionsweisen einer Technologie (Computerkenntnisse, Bedienung eines HDD-Rekorders) soll angeeignet werden.
- „Mediengestaltung": Der Nutzer soll auch in der Lage sein, Medienangebote zu verändern, weiterzuentwickeln und anzupassen (Videokurse, Blogging, Twittern).
- „Medienkritik": Medienethik, Reflexion und Selbstreflexion im Umgang mit Medien stehen im Mittelpunkt dieser Kompetenzdimension.

Meist tragen Lehrer und Eltern die Forderung nach Ratschlägen und Richtlinien zur Medienerziehung an die Wissenschaft heran. Auch die Politik wünscht sich einen Rahmen zur Bewertung und zum Umgang mit neuen Medien und -inhalten. So findet man in der Literatur eine Vielzahl an Leitlinien oder Handlungskatalogen, die unterschiedlich gut von Studien abgeleitet sind. Wenn zugleich Kompetenz als guter Umgang mit den Medien oder Einsicht in die Qualität von Medien definiert wird, stellt sich die Frage, was „Qualität" ist und was einen „guten" Umgang auszeichnet. Medienkompetenz wird dann eng verknüpft mit einem Werturteil. Diese Werturteile jedoch sind „Sollens-Sätze" und widersprechen dem Werturteilsfreiheits-Postulat von Max Weber. Sollens-Aussagen sind eben keine wissenschaftlichen Sätze, da sie nicht falsifizierbar sind (vgl. [16]). Somit kann sich die Wissenschaft nur um die deskriptiven Anteile der Medienkompetenz bemühen, wird sich aber mit „Soll"-Vorgaben oder Vorschriften sehr zurückhalten.

Die Forderung nach mehr Medienkompetenz wird häufig zusammen mit Zielvorgaben und normativen Setzungen vertreten. Was jedoch unter der „Qualität" medialer Angebote oder einem „guten" Umgang mit Medien verstanden werden soll, ist schnell strittig und streng wissenschaftlich kaum direkt zu beantworten. Nicht selten werten Ältere die Medienkompetenzen der Jüngeren in Bausch und Bogen ab, und zugleich lächeln die Jungen meist nur milde über die medialen Inkompetenzen der Generation zuvor. Was tun sie also – die jungen Leute – in ihren virtuellen, vernetzten und von der wirklichen Realität entkoppelten Medienwelten?

12.3   Internet, Web 2.0 und soziale Netzwerkseiten

War die Welt der Computer und damit des Internets zu Beginn geprägt von jungen, gut ausgebildeten, männlichen Nutzern – den sogenannten „early adopters" (deutsch: frühe Übernehmer) –, handelt es sich mittlerweile um ein Medium der Massen. Aber: Nutzt heutzutage wirklich jeder das Internet? Kurz geantwortet: Fast jeder.

Der ARD/ZDF-Onlinestudie 2012 folgend geben 78 % aller Deutschen ab 14 Jahren an, im World Wide Web (www) unterwegs zu sein; bei den 14- bis 19-Jährigen tatsächlich 100 %, in der Gruppe der über 60-Jährigen lediglich 40 Prozent. Obwohl der Anteil der älteren Nutzer in den letzten Jahren stetig gestiegen ist, bleibt eine Kluft zwischen den „digital natives", die mit computerbasierten Technologien aufgewachsen sind, und denen, die sich diese Technologien erst im Laufe ihres Lebens erarbeiten mussten. Insbesondere die Anwendungen des „Web 2.0" (auch Social Web) werden mit einer jungen Nutzergruppe in Verbindung gebracht. Wobei erst einmal zu klären ist, wofür der Ausdruck Web 2.0 eigentlich genau steht. Obwohl die Nummerierung 2.0 auf eine technische Weiterentwicklung des Internets hindeutet, ist eher eine „gefühlte Veränderung des www während der letzten Jahre" gemeint [7][1]. Als Medienpsychologen liegt unser Fokus auf dem Mediennutzenden, sodass wir aus ihrer Perspektive eine Definition versuchen. Dabei ist direkt vorwegzuschicken: Eine eindeutige Abgrenzung fällt schwer. Aus Nutzerperspektive könnte sich aber ein Ansatzpunkt aus den Möglichkeiten zur „aktiven Teilhabe" ergeben. Im Web 2.0 (auch: „Mitmachnetz") wandelt sich der Nutzer vom passiven Rezipienten zum aktiven Produzenten eigener Inhalte. Zwar konnte sich theoretisch schon immer jeder aktiv am Internet beteiligen, praktisch setzte dies aber ein gewisses Maß an Fähigkeiten und Fertigkeiten

---

[1] Zur Verbreitung des Begriffs trug der amerikanische Softwareentwickler und Internet-Visionär Tim O'Reilly mit seinem Text „What Is Web 2.0" von 2005 maßgeblich bei (Text frei zugänglich unter: http://www.oreilly.de/artikel/web20.htm)

voraus. So konnte man zwar eine eigene Homepage erstellen und diese online anderen zugänglich machen, zumindest grundlegende Programmierkenntnisse waren allerdings Voraussetzung. Im Vergleich dazu fallen die Anforderungen der aktiven Mitgestaltung im Web 2.0 gering aus: Mit wenigen Klicks ist ein Profil in einem sozialen Netzwerk angelegt und mit denen der Freunde verknüpft, dazu Fotos und Videos hochgeladen. Der Nutzer wird zum aktiven Gestalter, ohne hohe technische Hürden nehmen zu müssen.

> Ebersbach et al. [7] fassen die Web 2.0-Anwendungen zu vier Prototypen zusammen:
> 1. Wikis (zum Beispiel Wikipedia):
>   Webseiten, die nicht nur rezipiert, sondern von ihren Nutzern direkt verändert werden können; der Fokus liegt auf den gemeinsam erstellten Texten und weniger auf den Autoren hinter den Inhalten.
> 2. Blogs (Bildblog)
>   Beiträge auf diesen Webseiten sind in umgekehrt chronologischer Reihenfolge angeordnet und meist von anderen kommentierbar; oft als eine Art „Online-Tagebuch" (zum Beispiel für Reiseberichte) geführt.
> 3. Social Sharing (Youtube)
>   Nutzer stellen digitale Inhalte (zum Beispiel Fotos, Videos, Musik) bereit, die von anderen rezipiert und kommentiert werden.
> 4. Social Networking Sites/Soziale Netzwerkseiten (Facebook)
>   Nutzer legen ein steckbriefartiges Profil ihrer eigenen Person an (Texte, Fotos) und verlinken ihr Profil mit denen anderer Nutzer, sodass Netzwerke zwischen den Nutzern abgebildet werden.

Die junge Generation scheint diesen neuen Anwendungen offen gegenüber zu stehen, sich neue Technologien geradezu spielerisch anzueignen und im Umgang mit den Anwendungen nicht nur (medien-)kompetent, sondern zudem authentisch und glaubwürdig zu wirken. Ältere Nutzer sind hier zurückhaltender. Wenn sie aber die Online-Welt der jugendlichen Nutzer gar nicht richtig kennen, kann es nicht überraschen, dass ihnen diese Welt rätselhaft erscheint. Und dass sie (Vor-)Urteilen aufsitzen, die auf den ersten (intuitiven) Blick naheliegend erscheinen, sich auf den zweiten (wissenschaftlichen) Blick aber als nicht haltbar herausstellen. Im Folgenden wollen wir einigen dieser (Vor-)Urteile aus dem Kontext des Web 2.0 nachgehen.

12.3.1 „Generation 2.0: Welche Web 2.0-Anwendungen nutzen die Jugendlichen wirklich?"

Die Zahlen zur Internetnutzung allgemein und zum Social Web im Besonderen weisen hauptsächlich in eine Richtung: nach oben. Ein Trend, der auch den Marketing-Experten nicht entging, die die neuen Anwendungen unter dem Schlagwort „Social Media Marke-

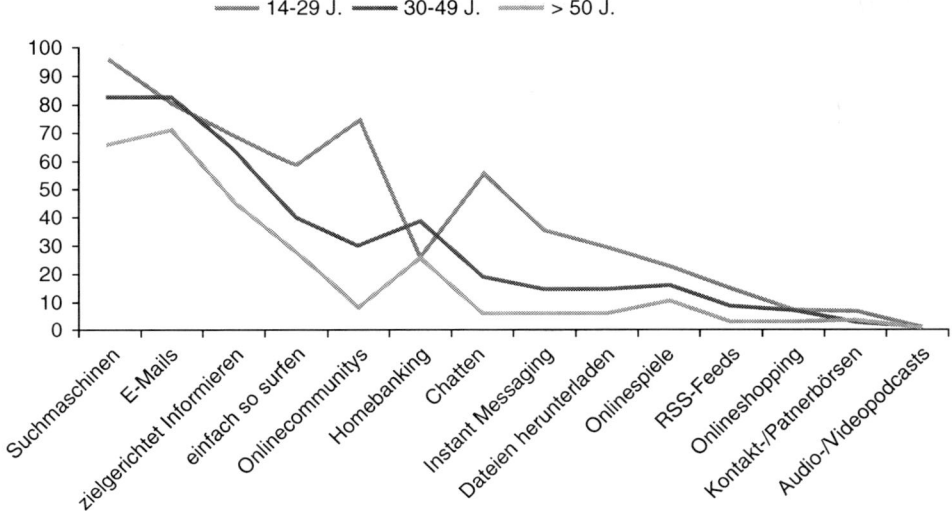

Abb. 12.1 Popularität der Online-Anwendungen: Prozentuale Nutzung der Altersgruppen (mindestens wöchentlich)

ting" für ihre Zwecke einsetzen. Ob Unternehmen, Universität oder Politiker: Alle nutzen das Web 2.0, um potentielle Kunden, Studierende oder Wähler zu erreichen. Wer junge Menschen ansprechen möchte, scheint an den neuen Internettechnologien nicht mehr vorbeizukommen. So fehlt mittlerweile auf kaum einer Werbeanzeige mehr der Hinweis auf die Facebook- oder Twitter-Präsenz des Unternehmens, Studierende können sich im Blog der Universität über Neuigkeiten informieren, und die Bundeskanzlerin wendet sich per Video-Podcast an die Nation[2]. All diesen Bemühungen liegt die Annahme zugrunde, direkt mit der (eher jungen) Zielgruppe kommunizieren und interagieren zu können, immer vorausgesetzt, dass die Zielgruppe auch tatsächlich erreicht wird. Dass für junge Menschen mittlerweile das Internet und nicht mehr das Fernsehen das wichtigste Medium darstellt, wurde bereits erwähnt. Folglich scheint das Internet ein vielversprechender Weg hin zu den jungen Menschen zu sein! Aber: Das Internet ist „groß", die Anwendungen vielfältig. Um also zu wissen, wie ich junge Menschen erreichen kann, ist zu fragen: Was genau macht die Zielgruppe online? Handelt es sich wirklich um die Generation 2.0, die rund um die Uhr auf den verschiedenen Plattformen unterwegs ist und Wikis führt, Blogs schreibt, twittert sowie permanent ihr Profil in den Netzwerkseiten im Auge hat?

Basierend auf den Daten der ARD/ZDF-Onlinestudie aus dem Jahr 2012 fassen Abb. 12.1 und Abb. 12.2 die Nutzungszahlen für die verschiedenen Online-Anwendungen zusammen.

---

[2] Video-Podcast: Serie von kurzen Filmen, die über das Internet abonniert und zeitunabhängig angesehen werden können.

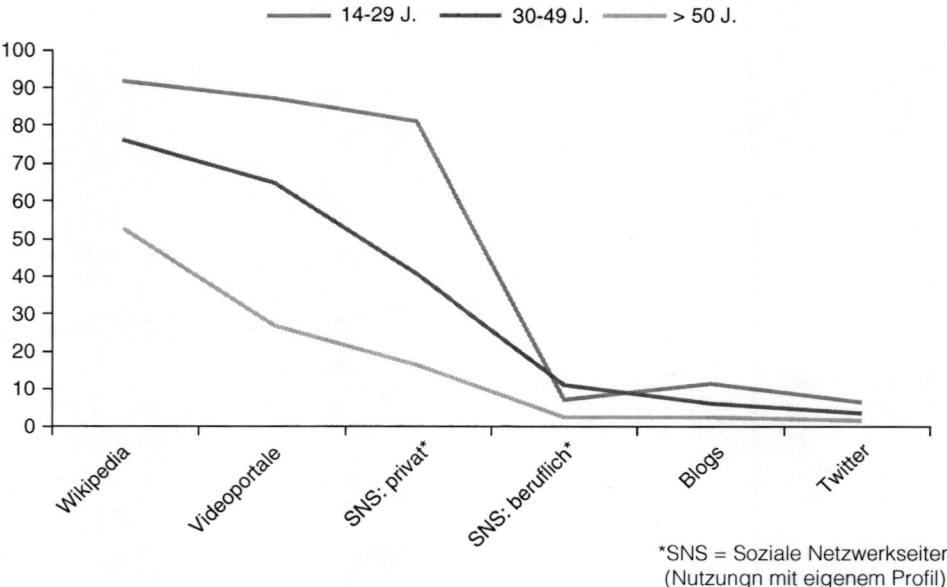

Abb. 12.2 Popularität der Web 2.0-Anwendungen: Prozentuale Nutzung der Altersgruppen (zumindest selten)

Dabei fällt auf, dass die Nutzung bzw. Nicht-Nutzung einiger Anwendungen altersunabhängig zu sein scheint: So werden zum Beispiel Suchmaschinen und E-Mails über die Altersgruppen hinweg stark genutzt, RSS-Feeds[3] und Podcasts (Video-, aber auch Audiodateien, vergleiche Video-Podcast) hingegen deutlich seltener. Andere Anwendungen werden eindeutig von den Jungen favorisiert: soziale Netzwerkseiten (SNS, s. o.), Chats und Instant Messaging (textbasierte Kommunikation über das Internet in Echtzeit). Legt man den Fokus auf die Anwendungen des Web 2.0, ist es demnach bei Weitem nicht so, dass die Jungen alles nutzen: Blogs und Twitter (als sogenanntes Mikro-Blogging; Nachrichten mit maximal 140 Zeichen), aber auch Podcasts bzw. Videocasts werden selbst von den Jungen nur wenig genutzt. Im Hinblick auf den Nutzer als aktiven Gestalter lässt sich zudem feststellen, dass mit Ausnahme der Netzwerkseiten (hier legen die Nutzer ein eigenes Profil an und generieren in diesem Sinne eigene Inhalte) auch das Web 2.0 im Wesentlichen rezipierend genutzt wird. Die überwiegende Mehrheit der User schaut sich die Videos auf youtube an oder liest Wikipedia-Artikel, lädt aber keine eigenen Videos hoch und verfasst keine eigenen Beiträge. Auch die Inhaber von Blogs und die aktiven Twitterer sind prozentual fast schon zu vernachlässigen. Was nicht bedeuten soll, dass es sie nicht gibt! Aber der

---

[3] RSS = Rich Site Summary/Really Simple Syndication; Dienst, der Webseiten (News-Seiten, Blogs etc.) regelmäßig bezüglich Veränderungen überprüft und diese Einträge dem Nutzer – ähnlich einem Nachrichtenticker – anzeigt (vgl. http://de.wikipedia.org/wiki/RSS; http://wirtschaftslexikon.gabler.de/Definition/rss.html#definition).

Schluss, via Blog, Twitter oder Podcast die breite Masse der Jugend erreichen zu können, scheint angesichts der Nutzungszahlen nicht gerechtfertigt.

12.3.2   „Computer = Technik. Technik = Männersache."

Eingangs des Kapitels wurden bereits die „early adopters" genannt, also die Menschen, die die neuste Technik immer sehr schnell besitzen und nutzen. Diese sind nun nicht mit den Digital Natives zu verwechseln! Nach Schenk (2007) [31] zeichnen sich die „early adopters" neben einem überdurchschnittlich hohen sozioökonomischen Status u. a. dadurch aus, dass sie besser in soziale Systeme integriert und eher Meinungsführer sind. Die ersten Nutzer des Internets waren typische „early adopters": formal höher gebildet, jung und zudem männlich [2]. Da der Besitz der neuesten Technik ein gewisses finanzielles Budget voraussetzt, ist es nicht verwunderlich, dass zu den „early adopters" des Internets eher nicht die ganz Jungen zählten: 1997 nutzten schwerpunktmäßig die 20- bis 40-jährigen Männer das Netz. Heute sind alle Altersgruppen online und auch die Dominanz der Männer hat deutlich abgenommen. Bezogen auf die Gesamtbevölkerung in Deutschland nutzen allerdings immer noch mehr Männer (80 %) als Frauen (70 %) das Internet und sind zudem im Durchschnitt auch länger online (147 versus 118 min). Bei den jungen Nutzern (12–19 Jahre) ist dieser Unterschied gänzlich verschwunden. Man kann also zusammenfassen: Die Nutzer sind heterogener geworden: jünger, älter und weiblicher.

Ein differenzierterer Blick auf die verschiedenen Anwendungen macht die Präferenzen der Geschlechter noch einmal deutlicher. So scheinen Videoportale eher in männlicher Hand: 72 % der Jungen im Alter von 12 bis 19 Jahren nutzen Plattformen wie youtube mindestens mehrmals wöchentlich, bei den Mädchen sind es nur 64 % (vgl. auch im Folgenden: [19]). Dass Jungen eher als Mädchen im Internet spielen (22 versus 7 %; vergleiche auch Kap. 12.4) und Mädchen eher kommunizieren möchten (49 zu 41 %), ist womöglich zu erwarten. Dass aber auch mehr Männer ab 14 Jahren als Frauen angeben, zu chatten (29 versus 22 %) und Instant Messenger zu nutzen (21 versus 16 %), könnte überraschen [2]. Handelt es sich hierbei nicht um typische Kommunikationsmedien und wurde nicht gerade festgestellt, dass für Frauen Kommunikation wichtiger ist? Der Blick hinüber zu den sozialen Netzwerkseiten (SNS, zum Beispiel Facebook) könnte Licht ins Dunkel bringen. Je nach Quelle zeigt sich hier entweder, dass Netzwerkseiten bei beiden Geschlechtern vergleichbar beliebt oder aber bei Frauen etwas beliebter sind ([2, 11]). So geben aus der Gruppe der 12- bis 19-Jährigen 83 % der Mädchen, aber nur 73 % der Jungen an, Netzwerkseiten zu nutzen (vgl. [19]). Möglicherweise decken die unterschiedlichen Anwendungen unterschiedliche Kommunikationssituationen ab: Während man im Chat eher anonym auftritt, ist dies in den Netzwerkseiten kaum (glaubhaft) möglich. Hier agieren die Nutzer eingebunden in ihr soziales Netz aus Online-, aber eben auch aus Offline-Kontakten. Sie pflegen neben ihren virtuellen Kontakten also auch die Beziehungen zu Menschen, die sie aus dem realen Leben kennen. Kann man nun sagen, dass die SNS-Situation eher den weiblichen Nutzungsmotiven entgegenkommt als den männlichen? Sind

Männer möglicherweise eher darauf aus, neue (weibliche) Kontakte zu knüpfen? Ergebnisse eigener Studien liefern zumindest entsprechende Anhaltspunkte: SNS werden von beiden Geschlechtern im Wesentlichen zur Pflege bestehender Kontakte genutzt. Eine kleine Gruppe, die überwiegend aus Männern besteht, nutzt SNS allerdings auch zum Knüpfen neuer Kontakte (vgl. [5]). Das Beispiel macht deutlich: Entscheidend ist nicht nur, welche Anwendungen genutzt werden, sondern auch, wie diese eingesetzt werden. Für viele Kritiker ist diese Unterscheidung allerdings zweitrangig. Sie postulieren, dass die meisten Internetaktivitäten (besonders im Web 2.0) sowieso Zeitverschwendung sind. Aber: Kann man das wirklich so sagen?

12.3.3 „Web 2.0 ist doch Zeitverschwendung 2.0"

Wenn Tim Bendzko singt, dass er „nur noch kurz die Welt retten" und „noch 148 Mails checken" muss, deutet sich bereits an, dass es auch online einiges zu tun gibt. Aber braucht man für die Online-Aktivitäten wirklich jeden Tag 3 Stunden? So lange ist die Generation der unter 30-Jährigen ja täglich online. Und da kann man sich schon fragen, ob diese Zeit nicht sinnvoller zu nutzen wäre. Eine Überlegung, die zum Begriff „Displacement" und damit zur Frage führt, welche Aktivitäten von der Internetnutzung eigentlich verdrängt (displaced) werden. Da wir jeden Tag nur 24 Stunden Zeit zur Verfügung haben, muss ja irgendetwas für die Nutzung des Computers wegfallen. Aber was? Der öffentlichen Diskussion nach muss es sich um sehr sinnvolle und für die kindliche Entwicklung besonders wertvolle Aktivitäten handeln. Zumindest werden Bildschirmmedien meist im Zusammenhang mit Gefahren für die kognitiv-emotionale Entwicklung von Kindern diskutiert. Darüber hinaus erkennt Putnam [26] durch die zunehmende Nutzung von Individualmedien (er legte seinen Fokus auf das Fernsehen) auch auf gesamtgesellschaftlicher Ebene Probleme. Sein Kerngedanke: Wenn jeder alleine vor dem Fernseher sitzt, hat er keine Zeit mehr, sich gesellschaftlich zu engagieren, was soziale Strukturen bröckeln lässt. Ob dieser Schluss in der Weise zulässig ist, wurde bereits für das Medium Fernsehen diskutiert (für einen Überblick: [41]). Beispielsweise sitzen wir ja gar nicht immer alleine vor dem Fernsehen, sondern schauen auch mit anderen gemeinsam und damit durchaus in einer sozialen Situation fern. Und weiter ist zu fragen: Was wäre, wenn Menschen kein TV sehen würden? Würden sie sich dann tatsächlich gesellschaftlich engagieren? Würden Kinder, statt vor dem Fernseher und dem Computer zu sitzen, klassische Literatur rezipieren oder sich mehr mit Freunden treffen? Und würde das dann die sozialen Strukturen festigen? „Na klar!", denken Sie jetzt vielleicht: „Echte Beziehungen und echten Zusammenhalt kann es doch nur in der echten Welt geben!" Aber macht die Unterscheidung von realer Welt versus Offline-Welt wirklich (noch) Sinn?

In diesem Abschnitt wurden Fernsehen und Internet als Bildschirmmedien bisher einfach in einen Topf geworfen. Insbesondere im Hinblick auf die Rolle des Mediennutzers ist hier allerdings zu unterscheiden: Wie bereits erläutert wurde, ist der Nutzer im www nicht mehr nur Empfänger von Botschaften (wie er das beim Fernsehen noch war), sondern kann auch zum Sender werden. Er agiert darüber hinaus insbesondere in den sozialen Netzwerkseiten nicht in den anonymen Weiten des Internets, sondern in einer Art On-line-Variante seines Offline-Netzwerks. Man könnte also formulieren: Das wahre Leben geht online weiter. SNS-Nutzer interagieren ja mit echten Menschen, und noch dazu mit solchen, die sie aus ihrem echten Leben kennen. Die Online-Kommunikation geschieht daher nicht losgelöst vom Offline-Leben, sie ist vielmehr ein Teil bzw. eine zusätzliche digitale Komponente. In Diskussionsrunden mit jungen Nutzern wurde diese Sicht beson-ders deutlich: Während die Kommunikation via Mobiltelefon (noch) mit deutlich höheren Kosten verbunden ist, stellen soziale Netzwerkseiten für sie eine besonders preisgünstige Kommunikationsform dar [5]. Fast jeder Haushalt, der ans Internet angeschlossen ist, de-ckelt die Kosten mittlerweile über ein Pauschalangebot, die sogenannte Flatrate [7].

Wir haben SNS-Anwender zudem gefragt, warum sie eigentlich die Netzwerkseiten nutzen [5]. Wesentliche Antworten waren: die Kommunikation mit anderen und die Pfle-ge bestehender Kontakte. Diese Nutzungsmotive mögen trivial erscheinen, insbesondere wenn man an die Angaben in manchen Profilen denkt: Über Facebook wird sich gegen-seitig „angestupst" (Möglichkeit, einem anderen Nutzer die Nachricht „xy hat Dich an-gestupst" zukommen zu lassen), das neue Profilbild eines anderen wird mit „gefällt mir" kommentiert und dabei eine offensichtlich unwichtige Nachricht an dessen Pinnwand hinterlassen. Das können doch wohl nicht ernsthaft relevante Interaktionen oder Infor-mationen sein? Aus psychologischer Perspektive lautet die Antwort: doch! Zumal wir es offline ja nicht viel anders machen. Untersuchungen zeigen, dass unsere Gespräche offline alles andere als von rationalen Sachthemen geprägt sind. Ganz im Gegenteil: Zwei Drittel aller Gesprächsinhalte, die wir face-to-face austauschen, sind als Klatsch und Tratsch zu bezeichnen. Und das kennt man ja vielleicht auch von sich selbst: Dass jemand aus dem Bekanntenkreis eine Affäre haben soll, weckt meist unsere Neugier; der kurze Plausch mit einem Kollegen in der Kaffeeküche ist eine willkommene Abwechslung; und wenn dann auch noch über den neuen Kollegen geredet wird, der sich irgendwie komisch verhält, dann wird es richtig spannend. Wissenschaftliche Studien zeigen immer wieder, dass wir soziale Informationen zum einen besonders mögen und zum anderen besonders gut ver-arbeiten können ([6, 15, 46]). Und das macht ja auch Sinn: Als soziale Wesen sind und waren wir immer eingebunden in soziale Netzwerke. Entsprechend wichtig war und ist es für uns zu wissen, was in diesem Netz passiert, in welchen Verhältnissen die einzelnen Mitglieder zueinander stehen, wer vertrauenswürdig ist und vor wem man sich in Acht nehmen sollte. Dass solche Informationen meist in vertraulicher Runde ausgetauscht wer-den, stärkt zudem die Bindung zwischen den Tratschenden und das Gruppenzugehörig-keitsgefühl. Darüber hinaus bietet Tratsch die Möglichkeit, sich selbst in einem guten Licht dastehen zu lassen, andere – wenn nötig – in einem eher schlechten. Insgesamt betrachtet, stellt diese Form der Kommunikation daher aus einer evolutionspsychologischen Sicht-weise keine Zeitverschwendung, sondern ein sinnvolles Investment dar. Baumeister ([3], S. 29) spricht von „one generally useful adaption toward cultural life". Soziale Netzwerksei-ten könnten daher nun als moderne Variante des Tratschens betrachtet werden. Sie ermög-lichen es uns, orts- und zeitunabhängig mit anderen Menschen in Kontakt zu sein, sozial relevante Informationen auszutauschen und zudem uns selbst darzustellen. Wir nutzen also die technischen Möglichkeiten, um die Dinge zu tun, die für Menschen schon immer wichtig waren. Was auf den ersten Blick wie Zeitverschwendung aussieht, scheint auf den zweiten ganz grundsätzlichen menschlichen Bedürfnissen zu dienen.

12.3.4 „Was die Aktivitäten im Web 2.0 aussagen: Personaler auf den digitalen Spuren der Jugend"

Die bisherigen Ausführungen zum Internetnutzungsverhalten und insbesondere zu den sozialen Netzwerkseiten zusammenfassend, ist etwas verkürzt festzuhalten: Alle jungen Menschen nutzen das Internet, alle nutzen das Web 2.0. Allerdings sind die Anwendungen unterschiedlich populär, wobei soziale Netzwerkseiten besonders beliebt sind. Folgerichtig wurden sie ein Werkzeug, um (1) junge Menschen zu erreichen und (2) an Informationen über sie zu gelangen. Dabei sind die Netzwerkseiten noch spannender, als den Bewerber einfach nur zu „googeln": Hier hat der Bewerber ja bereits ein Profil über sich angelegt, was glaubwürdigere Informationen als die offizielle Bewerbung verspricht. Und während dies in den Anfängen der Netzwerke wohl auch tatsächlich so war, haben die Anwender heute dazugelernt. Zumindest ist die Bereitschaft, Informationen frei zugänglich ins Netz zu stellen, zurückgegangen ([17, 20]). Möglicherweise auch aufgrund der öffentlichen Diskussion über Fragen der Privatsphäre scheinen die SNS-Nutzer vorsichtiger in der Offenlegung ihrer Daten geworden zu sein. Aus Sicht der Personaler eigentlich schade! Oder? Wie aussagekräftig sind die Darstellungen auf den Profilen?

Auf der einen Seite ermöglichen Netzwerkseiten ihren Anwendern durchaus eine gewisse Optimierung ihrer Selbstpräsentationen. So wählt man wohl eher das Foto als Profilbild, auf dem man besonders gut getroffen ist; und man kann hier und da ein bisschen übertreiben: sich etwas sportlicher, aktiver etc. zeigen, als man vielleicht ist. In den sogenannten Business-Netzwerken (etwa www.xing.com) kann ich beispielsweise mit den Sprachkenntnissen etwas übertreiben oder mir Kompetenzen zuschreiben, die – wenn man mal ganz ehrlich ist – etwas „dick aufgetragen" sind. Auf der anderen Seite sind dieser Optimierung Grenzen gesetzt. Wer eingebunden in ein soziales Netz agiert, dessen Selbstoptimierung ist nur eingeschränkt möglich: Ich kann zwar das schönste Foto von mir nehmen, allerdings nur schwerlich das eines Topmodels. Meinen SNS-Freunden würde auffallen, dass ich das nicht bin. Ich kann mich beim Sport abbilden, wenn ich aber niemals Sport treibe, wird auch das schwer. Wenn ich mein xing-Profil ein wenig „poliere", mag das funktionieren. Schreibe ich allerdings, dass ich mehrere Jahre im Ausland gelebt habe und vier verschiedene Sprachen fließend spreche, obgleich ich meine Heimatstadt noch nie verlassen habe, wird auch das wenig nachhaltig sein. Im Spannungsfeld zwischen Optimierung und Glaubwürdigkeit sprechen wir daher von der „optimiert-authentischen digitalen Selbstdarstellung" [5].

Aber was sagen diese Informationen dann über den Bewerber aus? Die Angaben in beruflichen Netzwerken scheinen eine Art Online-Variante der klassischen Bewerbungsunterlagen darzustellen, mit vergleichbar eingeschränkter Aussagekraft. Die Angaben auf den privaten Netzwerkseiten wirken da schon interessanter. Aber: Welche Schlüsse sind aus dieser Form der Selbstdarstellung zu ziehen? Wenn ein junger Mann sich dort auf Partybildern zeigt, sollte man ihn dann nicht als Auszubildenden einstellen? Wenn eine junge Frau sich dort aufreizend präsentiert, ist sie dann als Trainee weniger geeignet? Abgesehen davon, dass wir extreme Formen dieser Darstellungen in unserer eigenen Studie kaum in den öffentlich zugänglichen Profilinformationen finden konnten, ist es nachvollziehbar, dass ein Unternehmen sich Mitarbeiter wünscht, über die im Internet solche Informationen nicht zu finden sind. Mit den Digital Natives wird allerdings in den nächsten Jahren die erste Generation in die Berufswelt eintreten, die von Kindesbeinen an im Internet und – früher oder später – auch in den sozialen Netzwerkseiten aktiv war. Eine Generation, die möglicherweise ein anderes Verständnis von Privatsphäre und Datenschutz hat. Für die Unternehmen selbst, aber auch für den Einzelnen, wird das Bild, das sich ein Fremder anhand der Internetinhalte machen kann, in Zukunft wohl noch wichtiger werden. Fragen, wie einmal abgelegte Informationen wieder gelöscht werden können oder ob und wie die Aktivitäten der Mitarbeiter zu kontrollieren sind, stellen sich ja derzeit schon. Entsprechend reagieren die Nutzer: Dass Personaler „googeln" und in Netzwerkseiten recherchieren, hat sich mittlerweile herumgesprochen. Die Informationen zur eigenen Person dann so zu gestalten oder zu verstecken, dass sie bei der Bewerbung nicht zum Hindernis werden, sollte damit genauso zur Vorbereitung auf eine Bewerbung gehören wie die auf die „Stärken-Schwächen-Frage".

Ob aus diesen Inhalten allerdings Rückschlüsse auf die tatsächlichen Kompetenzen der potentiellen Mitarbeiter zu ziehen sind, ist fraglich: Wenn junge Menschen heute die Zeit ihres Heranwachsens im Internet dokumentieren, dann dokumentieren sie damit einen sehr speziellen Lebensabschnitt. Einen Abschnitt, von dem wir, die wir noch ohne Netzwerkseiten aufgewachsen sind, wohl froh sein können, dass er nicht so detailliert dokumentiert wurde. Oder wie war das noch mit den ersten Partys damals? Den Briefchen, die in der Klasse herumgereicht wurden, und den endlosen Telefonaten zwischen besten Freundinnen? Stellen Sie sich vor, das alles wäre irgendwo in Wort, Bild und Ton im Web 2.0 abgelegt! Würden wir besser abschneiden als die Jugend heute?

12.4   Gaming

„Irgendwann in seinem Leben steht jeder pubertierende Junge vor der Frage: Kaufe ich von meinem Taschengeld 'nen Rasierapparat oder doch lieber ein Computerspiel? Wenn man sich da falsch entscheidet, landet man hier, sagen Gerüchte."

Diesen Text strahlte 2011 ein großer Kölner Privatsender in einem seiner Boulevardformate aus. „Hier" – damit ist das nach eigenen Angaben weltgrößte „Messe- und Eventhighlight für interaktive Spiele und Unterhaltung" [11] gemeint, die Spielemesse Gamescom in Köln. In dem Beitrag wurden Messebesucher überzeichnet als „Computerfreaks" dargestellt, zu erkennen am „Computerspieler-Einheits-Look: dunkle Schlabberklamotten, die manchmal etwas streng riechen." Der Tenor: Computerspieler sind jung, männlich, leiden unter hygienischen Problemen und mangelndem Kontakt zum anderen Geschlecht. Einspruch aus der Spielergemeinde ließ nicht lange auf sich warten. Einer der verantwortlichen Redakteure wurde auf seiner privaten Facebook-Seite zur Rede gestellt. Er verteidigte den Beitrag sehr offensiv und goss damit nur noch mehr Öl ins Feuer – eine beispiellose Protestwelle auf YouTube und in sozialen Netzwerken nahm weiter an Fahrt auf, was schnell auch von der medialen Berichterstattung aufgegriffen wurde. Innerhalb einer Woche hatten sich sowohl der Sender als auch der Redakteur öffentlich entschuldigt.

Was war geschehen? Man könnte behaupten, der Sender hatte sich mit den Falschen angelegt: mit Digital Natives, die erstens durch das Internet hochgradig vernetzt sind, wodurch sich einzelne Individuen sehr schnell sehr viel Gehör und Zustimmung verschaffen können. Zweitens ist die Gruppe der Computerspieler bei weitem keine Randgruppe mehr: Die digitalen Spiele haben ihr Nischendasein längst hinter sich gelassen.

Während natürlich klar ist, dass die Darstellung des Fernsehsenders aus dramaturgischen Gründen überzeichnet wurde, deutet das vermittelte Bild vom Spieler dennoch auf entsprechende Vorstellungen hin, die in der Gesellschaft recht tief verankert zu sein scheinen. Aber wie weit gehen diese Vorstellungen eigentlich an der Realität vorbei? Dazu werfen wir einen Blick auf die Spiele- und Spielerlandschaft, um die Umgebung besser zu verstehen, in der die Digital Natives aufwachsen. Wir werden kurz Statistiken und Untersuchungen betrachten, die den weiten Markt der digitalen Spiele beschreiben. Auf welchen Geräten wird eigentlich gespielt, und sind es wirklich vor allem die Ego-Shooter, die häufig genutzt werden? Welche finanzielle Dimension hat die Industrie rund um die Unterhaltungssoftware? Und gibt es den typischen und einsamen „Gamer"?

12.4.1 „Gespielt wird am PC"

Das Bild vom Zocker, der stundenlang allein vor dem PC sitzt, beschreibt die Gesamtheit der Spieler schon lange nicht mehr. Um zunächst einen Überblick über das Angebot veröffentlichter Spiele zu bekommen, lohnt sich ein Blick in die Statistiken der Unterhaltungssoftware-Selbstkontrolle (USK), denn die USK prüft durch ihre Rolle bei der Alterseinstufung praktisch jedes Spiel, das in Deutschland auf Datenträgern veröffentlicht wird. In den Prüfstatistiken zeigt sich dann, dass 2011 nur knapp 40 % der geprüften Spiele für den PC entwickelt wurden, wobei Deutschland weltweit schon als einer der Spielemärkte mit dem größten PC-Anteil gilt [43]. Knapp 60 % entfallen dagegen auf Spiele für die Konsolen der Hersteller Microsoft, Nintendo und Sony. Noch deutlicher wird die Verschiebung weg vom PC, wenn die weltweiten Verkaufszahlen aller Spiele betrachtet werden. Für den PC kommen die zehn meistverkauften Titel aller Zeiten auf rund 54 Millionen verkaufte Exemplare. Dem gegenüber steht schon allein die Top Ten der aktuellen Konsolengeneration bei mehr als 464 Millionen verkauften Spielen (Zahlen nach VGChartz.com, [45], Stand November 2012). Auf eine weitere, recht neue Konkurrenz des PCs werden wir im nächsten Abschnitt stoßen: auf die mobilen Endgeräte oder Mobile Devices wie Smartphones und Tablets.

12.4.2   „Spiele = Shooter"

Zweifellos bekommen die klassischen Shooter die meiste Medienaufmerksamkeit. Das mag zum einen daran liegen, dass sie wegen ihrer moralisch fragwürdigen Inhalte und Darstellungen viel Diskussionsstoff bieten, zum anderen mag es an ihrer medialen Sichtbarkeit liegen, da sich einige Shooter erstens extrem gut verkaufen und zweitens auch sehr konsequent vermarktet werden. Während zum Beispiel die Entwicklungskosten des Spiels „Call of Duty: Modern Warfare 2" auf bis zu 50 Millionen US-Dollar geschätzt wurden, lag das von Branchenkennern geschätzte Gesamtbudget inklusive Produktion, Vertrieb und Marketing bei 200 Millionen Dollar [10] – Summen, die durchaus im Bereich von Kino-Blockbustern liegen. Werden übrigens Jugendliche nach ihren drei Lieblingsspielen befragt, dann wurde 2012 von Jungen das Sportspiel FIFA insgesamt am häufigsten genannt, bei Mädchen war es die Simulation „Die Sims" [19].

Ein weiterer Bereich, in dem Shooter nur eine untergeordnete Rolle spielen, ist die wachsende Zahl von Browserspielen, die direkt im Internetbrowser gespielt werden, sowie von Mobile Games, die auf Smartphones und Tablets gespielt werden. Die meist weniger umfangreichen Mobile Games werden in der Regel als Download vertrieben und – im Gegensatz zu den Spieleblockbustern – sehr günstig produziert und verkauft. Und das mit Erfolg: Nimmt man die Mobile Games dazu, dann teilte sich im Jahr 2011 die Anzahl aller verkauften Spiele fast gleichmäßig auf die Plattformen PC, Konsolen und die jungen Mobile Devices auf [43]. Auch wenn die Bedeutung der Spiele-Apps im Vergleich zu anderen Anwendungen mit steigendem Alter der Jugendlichen deutlich zurückgeht (vgl. auch zum Folgenden [19]), wird es durch diese relativ neuen Spieleformen doch möglich, auf Mobile Devices praktisch immer und überall zu spielen, denn immerhin besitzen 96 % der Jugendlichen ein Handy. Dabei steigt der Anteil der Smartphones bisher stetig an: fast die Hälfte der befragten 12- bis 19-Jährigen geben inzwischen in der JIM-Studie an, ein Smartphone zu besitzen.

12.4.3   „Spiele sind eine gesellschaftliche Randerscheinung"

Den Bereich der Randerscheinung haben Videospiele in finanzieller Hinsicht definitiv hinter sich gelassen. Im Jahr 2011 erzielte der Videospielemarkt einen weltweiten Umsatz von 56 Milliarden US-Dollar [43]. Allein in Deutschland wurden in diesem Zeitraum mehr als 71 Millionen Spiele verkauft, und zählt man Spiele, digitale Zusatzinhalte und Onlinespielgebühren zusammen, dann wurde hier ein Umsatz von fast zwei Milliarden Euro generiert (ebd.). Zum Vergleich: Der Umsatz an den Kinokassen betrug 2011 weniger als eine Milliarde Euro [9]. Auch bei der Betrachtung einzelner Titel zeigt sich, dass sich die erfolgreichsten Spiele beim Umsatz zumindest in der Startphase durchaus mit den erfolgreichsten Kinofilmen messen können. Während der Film Avatar 17 Tage brauchte, um auf einen Umsatz von einer Milliarde US-Dollar zu kommen, schaffte das Spiel „Call of Duty: Modern Warfare 3" diese Marke 2011 in 16 Tagen, der 2012er Ableger „Call of Duty: Black Ops II" sogar in 15 Tagen [1].

Auch wenn man betrachtet, wer insgesamt Spiele nutzt, ist nichts von einer Rand-erscheinung zu sehen. Laut der repräsentativen Befragung Gamestat (vgl. zum Folgenden [26]) spielen über alle Altersgruppen hinweg 30 % der Männer und mittlerweile fast 20 % der Frauen digitale Spiele. Insgesamt ergibt sich, dass mittlerweile 44 % der Spielenutzer weiblich sind. Dabei überwiegt nach der Studie bei Männern die Vorliebe für Spiele, welche eine intensive Nutzung und einen Wettstreit mit anderen Spielern erfordern, übrigens über eine recht große Bandbreite von Genres hinweg. Frauen tendieren im Vergleich eher zum Gelegenheitsspiel und das vor allem bei Puzzle-, Party- und Rätselspielen. Mit steigendem Alter nehmen die Nutzerzahlen zwar deutlich ab, aber immerhin gibt auch in der Alters-gruppe der 30- bis 49-Jährigen noch mehr als jeder Vierte an, digitale Spiele zu nutzen. Betrachtet man also die Ergebnisse dieser Studie, so kann von Spielen als Randerscheinung höchstens noch in den älteren Nutzergruppen ab 50 Jahren gesprochen werden. Es ist aber zu vermuten, dass in den nächsten Jahren neben einer weiteren Marktdurchdringung auch eine weitere Verschiebung der Spielerfahrung in die höheren Altersgruppen erfolgen wird.

12.4.4   „Spieler sind vereinsamte Nerds"

Wie sieht es aber mit dem Bild vom vereinsamten Spieler aus? Die Gamestat-Studie [26] kommt zu dem Schluss, dass das gemeinsame Spielen eine bedeutende Rolle spielt. Al-lerdings weniger auf LAN-Partys, wo sich dutzende oder hunderte Spieler mit ihren PCs treffen (nicht einmal jeder fünfte Spieler nimmt an diesen teil), sondern vor allem gemein-sam vor dem gleichen Gerät. Diese Form der Nutzung, das „co-located gaming", liegt den Ergebnissen zufolge sogar noch vor dem klassischen Onlinespiel mit anderen Gamern. Vereinsamtes Spielen liegt also gar nicht im Trend: Über 70 % der Befragten geben an, auch online oder co-located mit anderen zusammen zu spielen. Die Untersuchung findet übri-gens über alle Altersgruppen hinweg keinen Einfluss von Bildung oder Einkommen auf die erhobene Spielenutzung – es hängt eher vom Alter und Geschlecht der NutzerInnen sowie von der Anzahl der Kinder im Haushalt ab, was und wie gespielt wird. Die Games-tat-Studie kommt zu dem Schluss, dass die „klischeehaften Vorstellungen des ‚Hardcore-Gamers'" [26] allenfalls auf eine kleine Gruppe von knapp 6 % der Spieler mit untypischem Nutzerverhalten zutreffen. Dies sei dann überproportional häufig bei Personen mit relativ viel Freizeitpotential wie Schülern oder Erwerbslosen vorzufinden. Die überwältigende Mehrheit zeige jedoch ein gemäßigtes Nutzungsverhalten, in dem sich auch keine deut-lichen Auswirkungen auf Freizeitverhalten, Freundeskreis oder die Nutzung anderer Me-dien erkennen ließen (ebd.). In den jüngeren Altersgruppen sind Vielspieler mit mehr als drei Stunden Spielenutzung pro Tag am stärksten vertreten (14- bis 17-Jährige: knapp 11 %, 18- bis 29-Jährige: knapp 9 %). In der Befragung geben Nicht-, Normal- und Vielnutzer für ihren Freundeskreis alle im Schnitt fünf bis sechs Freunde an. Zumindest bei den Zahlen kann also nicht von einer Vereinsamung gesprochen werden, die Autoren geben jedoch an, diesen Punkt in Zukunft genauer zu beleuchten, um zu klären, ob dahinter auch jeweils gleiche Konzepte von Freundschaft stehen (vgl. [26]).

Fassen wir zusammen: Das Spieleangebot geht weit über Shooter hinaus und wird von weiten Teilen der Gesellschaft genutzt. Von „dem" Spiel oder „dem" Gamer zu sprechen, wird der gesamten Vielfalt also bei weitem nicht gerecht. Und um auf das vermittelte Spieler-Bild im Fernsehbeitrag zurückzukommen: Das Nutzen digitaler Spiele generell als fremdartig oder seltsam anzusehen, dürfte bei den meisten Digital Natives ohnehin nur auf Unverständnis stoßen. Zwar zählen Spiele laut der JIM-Studie (2012) [19] in Sachen subjektive Wichtigkeit nur zum unteren Ende des Medienspektrums (unwichtiger ist den Jugendlichen nur noch die Tageszeitung), aber wie wir gesehen haben, werden Spiele verschiedenster Art in der breiten Masse doch häufig genutzt und gehören einfach zur medialen Wirklichkeit der Digital Natives dazu.

12.5   Schluss

Im Medienzeitalter sind wir rund um die Uhr von Medien umgeben. Unser Entscheiden, Denken, Fühlen, unser Verhalten und unser sozialer Umgang sind von ihnen beeinflusst. Sie eröffnen Chancen, bergen Risiken und erfordern den Erwerb neuer Fertigkeiten (Medienkompetenzen). Gerade Jugendliche erscheinen in ihrem Mediennutzungsverhalten oftmals rätselhaft. Teilweise liegt dies jedoch auch an der medialen Berichterstattung darüber, wie Jugendliche mit den neuen und fremd anmutenden Medien umgehen.

Tatsache ist jedoch, dass das gute alte Fernsehen für weite Teile der Gesellschaft immer noch das Leitmedium darstellt. Aber ist nicht auch dieses Leitmedium kaum noch das, was es mal war? Die Inhalte wirken extremer und die Trennung zwischen Realität und Fiktion weniger eindeutig. Wird so das eigene reale Leben zur Casting-Show oder die erste Liebe zur Seifenoper? Die Forschung zeigt, dass Kinder und Jugendliche keineswegs alles für wahr halten, was ihnen das Fernsehen nahebringt. Auch ist die Einschätzung des Wirklichkeitsanspruchs eines Medienangebots facettenreich. So ist Shakespeare extrem wirklichkeitsnah, wenn es um das tiefe emotionale Verstehen innerseelischer Phänomene geht. Allerdings hat kaum je jemand wirklich so geredet, noch gab es die Personen. Eine Pressekonferenz von Frau Merkel mag zwar wirklich so stattfinden, ist jedoch in Gänze inszeniert und wahrscheinlich in weiten Teilen minderauthentisch. Ob Jugendliche etwas Nützliches aus den Medien lernen, hängt von ihrer Medienauswahl, aber auch von der Haltung ab, mit der sie Medien nutzen. Sind wir nur an Unterhaltung interessiert und denken, das Medium mache es uns besonders leicht, verzichten wir auf die volle Ausschöpfung unseres Verstandes. Entsprechend wenig bleibt hängen. Aber: Das muss nicht sein! Fernsehen an sich macht nicht dumm – entscheidend sind der gewählte Inhalt und die Art, wie

wir ihn uns aneignen. Ist das Fernsehen der geheime Lehrmeister unserer Jugend? Eher
weniger. Liebe Leser, es ist *Ihr* geheimer Lehrmeister. Die Jugend von heute nutzt eher das
Internet. Jedoch sind Bildung und Intelligenz – wie Sie aus eigener Erfahrung wissen –
ein sicherer Filter gegen allzu naive Verallgemeinerung. Oft genügt schon ein ernsthaftes
Nachfragen: „Glauben Sie wirklich, dass …". Hinsichtlich der Mutmaßung, die Welt werde
immer gefährlicher, ist es zum Beispiel sehr effizient, einmal nachzufragen, in welcher
„goldenen Vergangenheit" derjenige lieber gelebt hätte. Durch das Fernsehen verzerrte
Realitätsbeschreibungen sind oft das Ergebnis von „Denkfaulheit" (und hier nehmen wir
weder die Leser noch uns selbst aus). Etwas provokant könnte man formulieren: Diese
mentale Faulheit ist dann oft auch die Ursache der Unterstellung, „die Jugend von Heute"
wäre minderbegabt im Umgang mit Medien.

Insbesondere im Hinblick auf die Neuen Medien scheint die Jugend einen Schritt weiter. Zwar schauen sie auch heute immer noch fern, jedoch nutzen sie das Internet mittlerweile intensiver und beurteilen es als ihr wichtigstes Medium. Insbesondere die sogenannten Web 2.0-Anwendungen sind bei den Jugendlichen beliebt. Eine eindeutige Definition,
was genau das Web 2.0 ist, fällt zwar schwer, aus Nutzerperspektive zeichnen sich diese
Anwendungen aber durch einfache Möglichkeiten der aktiven Teilhabe und Mitgestaltung
aus. Wobei diese aktive Nutzung wohl gar nicht so wichtig zu sein scheint. Die Mehrheit
der Nutzer beteiligt sich nämlich gar nicht aktiv, sondern beschränkt sich auf die (passive)
Rezeption. Und dann sind da noch Anwendungen, die zwar als Prototypen des Web 2.0
gelten, die im Hinblick auf ihre Verbreitung bei den Internetnutzern aber eigentlich Rand-
erscheinungen sind: Blogs, Podcasts oder Twitter werden auch von der jungen Zielgruppe
von durchschnittlich weniger als 5 % genutzt. Natürlich machen auch diese kleinen Pro-
zente einen Effekt: Wenn man berücksichtigt, dass nahezu jeder unter 30 Jahren online
ist, können offensichtlich auch die 2 Prozent, die schon einmal einen Wikipedia-Artikel
geschrieben haben, etwas erreichen. Aber über alle Nutzer hinweg ist doch festzuhalten:
Nicht jeder Digital Native ist auch ein Blogger, lädt Podcasts oder beteiligt sich aktiv an
Wikis. Der Mehrheit von ihnen scheint es also nicht grundsätzlich ums Mitmachen zu gehen. Entsprechend charakterisiert es die junge Generation auch nicht treffend, wenn man
sie insgesamt als aktive Produzenten beschreibt, die rund um die Uhr in den verschiedenen Internetanwendungen aktiv sind.

Lediglich die sozialen Netzwerkseiten stellen diesbezüglich eine Ausnahme dar: Hier
könnte man die Aktivitäten der Nutzer in ihren Profilen als Bereitstellen von Inhalten
betrachten und somit in den Nutzern mehrheitlich auch aktive Produzenten erkennen.
Nahezu 100 % der Nutzer unter 30 Jahren sind auf diese Weise in mindestens einem Netzwerk aktiv. Und sie verbringen dort viel Zeit. Kritiker (oftmals altersmäßig jenseits der
Jugendlichkeit) sprechen bestenfalls von Zeitverschwendung, erkennen oftmals aber auch
Gefahren. Ihre Krisenszenarien erinnern stark an die Kritik, die bereits für das Bildschirm-
medium Fernsehen formuliert wurde. Einige Kritikpunkte wurden zuvor im Kap. zum
Fernsehen entkräftet. Andere gewinnen insofern eine neue Qualität, als über das Internet
kommuniziert und interagiert werden kann. Die Nutzer hinterlassen also Spuren: Bezogen
auf die Netzwerkseiten finden wir Angaben im eigenen Profil, das zudem mit dem Profil

anderer Nutzer verknüpft wird, Einträge in den Gästebüchern anderer oder hochgeladene Fotos. Und genau für diese Informationen erkennen wir einen Widerspruch: Einerseits werden die SNS-Aktivitäten als Zeitverschwendung gesehen, andererseits besteht durchaus ein Interesse an dem, was die Jugend da so macht. Zumindest interessieren sich viele Personaler für die Angaben in den Profilen. Natürlich ausschließlich aus beruflichen Gründen. Klar! Natürlich! Spannend finden sie das Durchstöbern der Angaben ja nicht. Oder? Wir wollen es so formulieren: Aus psychologischer Sicht wäre es nicht völlig abwegig, dass uns Menschen – als soziale Wesen – soziale Informationen verschiedenster Art interessieren. Im Laufe der Evolution war es von zentraler Bedeutung, die Vorgänge und Verwicklungen im sozialen Gefüge zu überblicken. Was wir heute abfällig Klatsch und Tratsch nennen, stellt aus dieser Perspektive (überlebens-)wichtige Information dar. Auf diese Zugriff zu haben, diese gekonnt zurückzuhalten oder zu streuen ist auch heute noch relevant. Und unser Gehirn ist auch heute noch besonders gut in der Verarbeitung dieser Informationen. Soziale Netzwerkseiten scheinen genau hier anzusetzen und sind aus diesem Blickwinkel alles andere als Zeitverschwendung. Auch Informationen, die eher belanglos erscheinen, können ganz unterschiedlichen menschlichen Bedürfnissen dienen: beispielsweise dem Gefühl der Zugehörigkeit, der Inszenierung der eigenen Person oder der Präsentation von Status oder Macht. Und damit scheinen die Aktivitäten online vergleichbar mit denen im Offline-Setting. Allerdings mit einem Unterschied: Was online passiert, ist (1) auf Netzwerkseiten, in Blogs oder Foren dokumentiert und damit (2) einem potentiell unbegrenzten Publikum weltweit zugänglich. Zu glauben, auf diese Weise einen unverfälschten Blick beispielsweise auf Bewerber zu haben, ist allerdings zu einfach gedacht. Denn auch die (meisten) Nutzer wissen ja, dass Informationen über sie im Netz zu finden sind. Entsprechend reagieren sie: Sie stellen sich auch online möglichst vorteilhaft dar. Wobei Jugendliche wohl anderes als „vorteilhaft" bewerten als ältere Menschen. Möglicherweise unterscheiden sie sich auch in ihrem Verständnis von Privatsphäre. Und möglicherweise ändert sich beides im Laufe ihrer Entwicklung dann auch wieder. Denken Sie an Ihre Pubertät zurück und an die kleinen oder größeren Aussetzer, die Sie womöglich hatten. Hätte es damals schon soziale Netzwerkseiten gegeben, wie valide wäre eine Eignungsdiagnostik basierend auf ihrem SNS-Profil gewesen?

Digitale Spiele schließlich sind längst in der Mitte der Gesellschaft angekommen und stellen mittlerweile einen bedeutenden Teil des Unterhaltungsangebots dar. Es steht ein breites Angebot von Spielen auf zahlreichen Plattformen zur Verfügung. Dieses Angebot wird nicht nur von männlichen Jugendlichen oder jungen Erwachsenen genutzt, auch die Nutzerinnen entdecken digitale Spiele mehr und mehr für sich. Für die Berufsgruppen, die im professionellen Umfeld auf Digital Natives stoßen, stellt sich nun natürlich die Frage nach dem diagnostischen Nutzen, der sich aus dem Wissen über die Spielenutzung einer Person ergibt. Wie man sieht, ist das nicht ohne weiteres und pauschal zu beantworten, da die Spieler, ihr Nutzungsverhalten und ihre Motive so vielfältig wie die angebotenen Spiele sind. Allein die Kenntnis über das Spielen eines bestimmten Spiels liefert wohl nur in Ausnahmefällen brauchbare Rückschlüsse auf die Persönlichkeitsaspekte oder die berufliche Leistungsfähigkeit der Spieler. Gegenstand der Forschung ist es meist eher, aus der Persönlichkeit der Spieler ihre Präferenzen und Nutzungsstile vorherzusagen. Daraus entsteht auch eine Vielzahl mehr oder weniger fundierter Nutzertypologien, in denen meist auch noch einmal die Diversität der Spielerschaft zum Vorschein kommt. Sicher erscheint nur, dass wegen weiterer Verbreitung und demographischer Entwicklung der Anteil derer, die nie Kontakt zu digitalen Spielen hatten, in den kommenden Jahren zurückgehen wird.

Die gesamtgesellschaftliche Perspektive auf neue Medien insgesamt wird sich also verändern. Und möglicherweise wird sich auch die Deutungshoheit verschieben, wenn die Digital Natives nicht mehr die Ausnahme sind, sondern die Regel.

Literatur

1. Activision Pressemitteilungen: http://investor.activision.com/releasedetail.cfm? ReleaseID = 632389, http://investor.activision.com/releasedetail.cfm?ReleaseID = 725026
2. ARD/ZDF-Onlinestudie: www.ard-zdf-onlinestudie.de
3. Baumeister RF, Zhang L, Vohs KD (2004) Gossip as cultural learning. Review of General Psychology 8:111–121
4. Cennamo KS (1993) Learning from video: factors influencing learners' preconceptions and invested mental effort. Educational Technology Research and Development 41(3):33–45
5. Carolus A (in Vorbereitung). Gossip 2.0– Mediale Kommunikation in Sozialen Netzwerkseiten. Kohlhammer, Stuttgart
6. Cosmides L (1989) The logic of social exchange: Has natural selection shaped how humans reason? Studies with the Wason selection task. Cognition 31:187–276
7. Ebersbach A, Markus G, Richard H (2008) Social Web. Berlin
8. Eimeren B van, Frees B (2012) Ergebnisse der ARD/ZDF-Onlinestudie 2012–76 % der Deutschen online – neue Nutzungssituation durch mobile Endgeräte. Media Perspektiven, 7–8 Springer, S 362–379
9. FFA: Filmförderungsanstalt, Der Kinobesucher 2011: http://www.ffa.de/downloads/publikationen/kinobesucher_2011.pdf
10. Fritz, Ben: http://articles.latimes.com/2009/nov/18/business/fi-ct-duty18
11. Gamescom: http://www.gamescom.de/
12. Gerbner G, Gross L (1976) The scary world of TV's heavy viewer. Psychology Today 10(4): 41–89
13. Gerbner G, Gross L, Morgan M, Signorielli N (1994) Growing up with television. The cultivation perspective. In: Bryant J, Zillmann D (Hrsg) Media effects. Advances in theory and research. Erlbaum, Hillsdale, S 17–41
14. Gerbner G, Gross L, Signorielli N, Morgan M (1980) The 'mainstreaming of America: Violence profile No. 11. Journal of Communication 30 (3):10–29
15. Griggs RA, Cox JR (1982) The elusive thematic-materials effect in Wason's selection task. British Journal of Psychology 73:407–420
16. Groeben N (2004) Medienkompetenz. In: Mangold R, Vorderer P, Bente G (Hrsg), Lehrbuch der Medienpsychologie, Hogrefe, Göttingen, S 27–50
17. Hinduja S, Patchin JW (2008) Personal information of adolescents on the Internet: A quantitative inahtet analysis of MySpace. J Adolesc 31(1):125–146. doi:10.1016/j.adolescence.2007.05.004
18. Hirsch P (1980) The „scary" world of the non-viewer and other anomalies: A reanalysis of Gerbner et al's findings on the cultivation hypothesis. Part I. Communication Res 7(4):403–456
19. JIM-Studie: www.mpfs.de

20. Kolek EA, Saunders D (2008) Online disclosure: An empirical examination of undergraduate facebook profiles NASPA Journal 45(1):1–25
21. Merten K (1999) Einführung in die Kommunikationswissenschaft (Bd. 1: Grundlagen der Kommunikationswissenschaft). Lit Verlag, Münster
22. Morgan M, Signorielli N (1990) Cultivation analysis: conceptualisation and methodology. In:Signorielli N, Morgan M (Hrsg), Cultivation Analysis. New directions in media effects research. Sage Publications, Newbury Park, S 13–34
23. O'Reilly T (2005) What is Web 2.0. http://www.oreilly.de/artikel/web20.htm Accessed 30 Nov. 2012
24. Potter WJ (1986) Perceived Reality and the Cultivation Hypothesis. Journal of Broadcasting and Electronic Media 30(2):159–174
25. Potter JW (1988) Perceived Reality in Television Effects Research. Journal of Broadcasting & Electronic Media 32(1):23–41
26. Putnam Robert D (2000) Bowling alone. The Collapse and Revival of American Community. New York u. a.
27. Quandt T, Festl R, Scharkow M (2011) Digitales Spielen – Medienunterhaltung im Mainstream. GameStat 2011: Repräsentativbefragung zum Computer- und Konsolenspielen in Deutschland. Media Perspektiven, 9/2011, 414–422
28. Rothmund J, Schreier M, Groeben N (2001) Fernsehen und erlebte Wirklichkeit I: Ein kritischer Überblick über die Perceived Reality-Forschung. Zeitschrift für Medienpsychologie, 13(1):33–44
29. Rubin AM (1981) An Examination of Television Viewing Motivations. Communication Research 8:141–165
30. Salomon G (1984) Television is easy and print is tough. Journal of Educational Psychology 76 (4):647–658
31. Schenk M (2007) Medienwirkungsforschung. Mohr Siebeck,Tübingen
32. Schreier M (2008) Perceived reality. In: Krämer N, Schwan S, Suckfüll M, Unz D (Hrsg) Medienpsychologie. Handbuch in Schlüsselbegriffen. Kohlhammer, Stuttgart, S 112–117
33. Shanahan J, Morgan M (1999) Television and its Viewers. Cultivation Theory and Research. Cambridge University Press, Cambridge
34. Shapiro MA, Chock TM (2003) Psychological Processes in Perceiving Reality. Media Psychology 5(2):163–198
35. Shrum LJ (2001) Processing strategy moderates the cultivation effect. Human Communication Research 27(1):94–120
36. Studie Soziale Netzwerkseiten des Bundesverbands Informationswirtschaft, Telekommunikation und neue Medien e. V. (BITKOM): http://www.bitkom.org/de/publikationen/38338_70897.aspx
37. Thies Y, Schrei0er M (2004) Kultivation durch Unterhaltungsangebote: Die stereotype Welt des Vielsehers von St. Angela und Co.?. In: Schramm H,Wirth W, Bilandzic H (Hrsg) Empirische Unterhaltungsforschung: Studien zu Rezeption und Wirkung von medialer Unterhaltung .Fischer, München, S 191–214
38. Tibus M (2008) Amount of Invested Mental Effort (AIME). In: Krämer N, Schwan S, Unz D, Suckfüll M (Hrsg), Medienpsychologie. Schlüsselbegriffe und Konzepte Kohlhammer, Stuttgart, S 96–101
39. Trepte S. (2008) Medienkompetenz. In: Krämer N, Schwan S, Unz D, Suckfüll M (Hrsg), Medienpsychologie. Schlüsselbegriffe und Konzepte Kohlhammer Verlag, München, S 102–107
40. Treumann KP, Burkatzki E, Strotmann M, Wegener C (2004) Das Bielefelder Medienkompetenz-Modell. Clusteranalytische Untersuchungen zum Medienhandeln Jugendlicher. In: Bonfadelli H, Bucher P, Paus-Hasebrink I, Süss D (Hrsg), Medienkompetenz und Medienleistungen in der Informationsgesellschaft. Beiträge einer internationalen Tagung Verlag Pestalozzianum, Zürich, pp 35–5241.

41. Unz D (2008) Displacement. In: Krämer NC, Schwan S, Unz D, Suckfüll M (Hrsg) Medienpsy-
    chologie – Schlüsselbegriffe und Konzepte. Kohlhammer, Stuttgart: S 183–187
42. Unz D (2008) Kultivierung (Cultivation of beliefs) In: Krämer N, Schwan S, Unz D, Suckfüll M
    (Hrsg) Medienpsychologie: Schlüsselbegriffe und Konzepte. ‚Kohlhammer,Stuttgart, S 198–203
43. USK-Jahresbericht 2010/2011: http://www.usk.de/media/USK-Jahresbericht-2010–11.pdf
44. Van den Bulck Jan (2004) Research Note: The Relationship between Television Fiction and Fear
    of Crime: An Empirical Comparison of Three Causal Explanations. European Journal of Com-
    munication 19(2):239–248
45. VGChartz.com: http://www.vgchartz.com/
46. Wason PC (1966) Reasoning. In: Foss B (Hrsg) New horizons in psychology Penguin, Har-
    mondsworthBooks, S 135–151

Mutmaßungen über die Tiefenwirkung der digitalen Vernetzung

13

Thomas Ziehe

Inhaltsverzeichnis

13.1 Einflüsse auf das subjektive Selbsterleben 206
    13.1.1 Die digitale Vernetzung gehört zur emotionalen Grundversorgung 206
    13.1.2 Unsere eigene Innenwelt wird quasi-öffentlich 207
    13.1.3 Schamangst wird zu einer verbreiteten Gefühlslage 207
13.2 Einflüsse auf die sozialen Bindungen 208
    13.2.1 Freundschafts- und Paarbeziehungen unter Binnendruck 208
    13.2.2 Unbedingtes Miteinander-Teilen 208
    13.2.3 Fremdschämen als affektive Entlastung 209
13.3 Einflüsse auf den kognitiven Lernstil 209
    13.3.1 Stöbern als verstreute Aufmerksamkeit 209
    13.3.2 Abschöpfen als Fixierung auf Nützlichkeit 210
    13.3.3 Findenwollen ohne eine Fragestellung 210
13.4 Fazit 211
    13.4.1 Dimension des Selbstlebens 211
    13.4.2 Dimension der sozialen Bindungen 211
    13.4.3 Dimension des kognitiven Lernstils 211
    13.4.4 Ausblick 212
Literatur 212

Heutzutage kann man alles mitnehmen: Handy, SMS, Facebook, MP3-Player, YouTube, Google. Man kann alles immer mit dabeihaben: die besten Freunde, die Lieblingsmusik, die krassesten Filmchen, das versammelte Weltwissen. Ich kann sofort auf alles zugreifen, und alles hat mich sofort im Griff. Die Maximierung der Erreichbarkeit ist zu einem star-

T. Ziehe (✉)
Callinstraße 44,
30167 Hannover, Deutschland
E-Mail: thomas.ziehe@gmx.de

W. Appel, B. Michel-Dittgen (Hrsg.), *Digital Natives,*
DOI 10.1007/978-3-658-00543-6_13, © Springer Fachmedien Wiesbaden 2013

ken und selbstverständlichen Begehren geworden. Und die Klingeltöne sind unwiderstehlich: Ich kann nicht nicht drangehen.

Das heißt, die digitalen Medien sind offensichtlich weit mehr als nur technische Funktionszusammenhänge. Sie haben für uns eine starke lebensweltliche Bedeutung, weil sie nun die Verbindungsstränge zu unseren Freundeskreisen, zur Welt der Unterhaltung und zum Universum der Informationen geworden sind. Diese Sinngehalte reichen weiter als unsere bewussten Absichten. Das Netz bedeutet mehr für uns, als wir wissen. Neben die bisherige analoge Erfahrungswelt ist eine grenzenlose „zweite Welt" getreten, die nicht nur hochattraktive Potentiale hat, sondern die wiederum mit Wucht auf die „erste Welt" und auf uns selbst zurückwirkt.

Das ist aber keineswegs in einem irgendwie verschwörungstheoretischen Sinne gemeint. Das Netz ist ja keine intentionale Macht. Und gleichwohl färbt die digitale Vernetzung auf uns ab – auf unsere Subjektivität, unsere Beziehungen, unsere Weltbilder. Die digitale Vernetzung kann aber *nur deshalb und nur insoweit* auf uns abfärben, als wir sie mit unseren eigenen Imaginationen, Wünschen und Abhängigkeiten aufs engste verquicken können (und wollen). Das Netz ist so wirkungsstark, weil es im Dienste unserer alltäglichen, subjektiven Lebensführung im wahrsten Sinne „genutzt" werden kann. Eben diesen Effekt einer „Nutzbarkeit für uns" möchte ich als die *Tiefenwirkung* der Vernetzung bezeichnen. Ich werde diesen Effekt als dreierlei „Einflüsse" beschreiben: nämlich 1) auf das subjektive Selbsterleben, 2) auf die sozialen Bindungen und 3) auf den kognitiven Lernstil.

13.1   Einflüsse auf das subjektive Selbsterleben

13.1.1   Die digitale Vernetzung gehört zur emotionalen Grundversorgung

Wir sind heutzutage ständig vernetzt und bewegen uns inmitten ständig präsenter Kommunikationsmöglichkeiten. Wir sind *mental* andauernd mit anderen „zusammen", sodass unser Selbsterleben nicht mehr zu unterscheiden ist von unserem Beziehungserleben. Es ist nie mehr ganz klar, wo wir uns mental überhaupt befinden, ob bei uns selbst oder bei den anderen.

Unser Selbst, also das, was uns ermöglicht, uns als kohärente Person zu erleben, verändert sich durch die digitale Dauerbezogenheit auf die anderen. Es ist ein eher verwischtes, unscharfes Selbst. Es hat einen fast unstillbaren Bedarf nach Resonanz und Bestätigung durch die anderen, sonst leiden wir an einem Mangelgefühl. Der Netzzugang fängt dieses Mangelgefühl auf und wird damit unverzichtbarer Teil unserer emotionalen Grundversorgung.

Schwer erträglich ist es dann, einmal einfach „für mich" zu sein oder „leere Zeit" zu erleben. Man braucht das Gefühl eines potentiellen Verbundenseins: als Möglichkeit des sofortigen Zuspruchs durch Freunde. Als Existenzbeweis vor den anderen: es gibt mich, ich bin da. Im Funkloch taucht augenblicklich das Gefühl eines Mangels auf, etwas fehlt, eine innere Unruhe breitet sich aus.

13.1.2 Unsere eigene Innenwelt wird quasi-öffentlich

Moderne Gesellschaften sind sich selbst beobachtende Gesellschaften. Im Prinzip kann alles, aber auch alles, thematisiert, kommentiert und bewertet werden. Diese gesellschaftliche Selbstbeobachtung setzt sich bis in das Innere der Individuen fort, so als sei ständig eine Innenbeleuchtung angeknipst. Die sich selbst beobachtende Gesellschaft bringt sich selbst beobachtende Individuen hervor. Die Vorstellung, die wir uns von uns selbst machen, ist zum Mittelpunkt unserer Konstruktion von Wirklichkeit geworden. Überspitzt gesagt: Wir arbeiten unaufhörlich an unserer Innenwelt und unserem Selbstbild.

Diese Art von mitlaufender Innenorientierung verbleibt aber nicht einfach im Privatraum. Vielmehr hat die Möglichkeit der Innenorientierung soziale Diskurse hervorgebracht, die die Innenorientierung wiederum mitteilbar machen und damit medial veröffentlichen. Scripted Reality Shows im Nachmittagsfernsehen, Ratgebermedien, soziale Netzwerke oder YouTube-Einspielungen bieten unzählige Bühnen für die quasi-öffentliche Darstellung der eigenen Innenwelt. Es sind ganze Themenwelten hierdurch entstanden, Semantiken des Inneren, die die Alltagswirklichkeit gänzlich als „Beziehungswirklichkeit" erscheinen lassen. Wobei interessanterweise der Anreiz der eigenen Exhibition offenbar in diesen Fällen mehr wiegt als die Sorge vor Peinlichkeit und Beschämung. Der mediale und der psychische Selbstbeobachtungsraum verschmelzen dann; das Private und das Öffentliche gehen ineinander über.

13.1.3 Schamangst wird zu einer verbreiteten Gefühlslage

Schamangst zu haben heißt nicht, dass wir uns andauernd schämen, sondern die Schamangst besteht in dem Unbehagen oder der Angst vor möglichen Beschämungssituationen. Über die fast grenzenlose Selbstbeobachtung wird ein Radarsystem aufgebaut, das auf Affekte der Peinlichkeit, des Unbehagens, der Ausgesetztheit eingestellt ist. Hierzu eine kleine beispielhafte Szene: Vor einiger Zeit besuchte mich mein siebzehnjähriger Neffe. Ich schlage ihm einen Spaziergang vor und stelle ihm die an sich doch unverfängliche Frage, ob er einen Regenschirm mithabe. Daraufhin schaut er mich ziemlich indigniert an und gibt zurück: „Ich bin doch nicht schwul!" Es geht also um eine geradezu alarmierte Sorge, was die anderen von mir denken, wie ich in ihren Augen wirken könnte.

Die Schamangst ist die Kehrseite der verschärften Selbstbeobachtung. Die sozialen Netzwerke dienen dazu, vor den Freunden Zug um Zug sein eigenes „Profil" darzubieten. Der Hunger nach Resonanz und Anerkennung ist groß. Wir heischen geradezu nach Beachtung und Akzeptanz. Wir möchten von den anderen beobachtet werden, sind dabei aber in unablässiger Sorge, ob die anderen uns auch so sehen, wie es unser eigenes ideales Selbstbild gebietet.

13.2   Einflüsse auf die sozialen Bindungen

13.2.1   Freundschafts- und Paarbeziehungen unter Binnendruck

Handy, SMS und das Netz ermöglichen es, die Beziehung zu unseren Nächsten überall hin mitzunehmen. Wir können (fast) jederzeit digital bei ihnen sein. Unsere Anwesenheit ist multipel geworden. Enge Freundschaften und Paarbeziehungen können mithilfe digitaler Vernetzung die Form von völlig entgrenzten „Fusionen" annehmen. Wir können zeit- und flächendeckend füreinander „da" sein. Wir teilen jede alltägliche Überlegung oder Entscheidung mit der besten Freundin. Auf diese Weise entsteht eine wechselseitige Abstimmung, eine auf den ganzen Tag verteilte Entscheidungsbegleitung. Unser Sozialleben steht nun geradezu unter Vernetzungszwängen. Es hat Züge von Sucht, mit ausgewählten Freunden eine alltägliche Dauerverbindung zu halten. Ein Telefonanruf wird dann unabweisbar; ihn „wegzudrücken" wäre die größte anzunehmende Zurückweisung.

Die junge Autorin Nina Pauer drückt das in einem Portrait ihrer Generation so aus: *„Vielleicht sollten wir wegen alledem eine Selbsthilfegruppe gründen. In der wir uns dann gegenseitig beibringen könnten, wie man sich selbst ausschaltet. (…) In der man gemeinsam Übungen macht, bei denen man lernt, wie man ohne Telefon sein Haus verlässt. Wie man, ohne erreichbar zu sein, einkaufen geht. Übungen, bei denen man lernt, drinnen erst dann zum Handy und zum Notebook zu stürzen, nachdem man seine Schuhe und seinen Mantel ausgezogen hat."* ([1], S. 118)

Ein ganz besonderer Freundschaftsbeweis liegt im freiwilligen Verzicht auf jegliche Diskretion und im Ideal unbegrenzter Offenheit. Viele Freundespartner teilen sich ein gemeinsames Passwort.

Das „verwischte" Selbst, von dem ich bereits sprach, steht wie unter einem Entzug und bedarf einer steten *Komplettierung* durch die anderen. Die jederzeit mögliche Erreichbarkeit für den anderen bietet Nähe, verstärkt aber ungewollt auch Eifersucht, Trennungsangst und Kontrollwut. In einer so „klettigen" Erwartungsdichte entsteht für Paarbeziehungen ein beträchtlicher Binnendruck, der so stark werden kann, dass diese Partnerschaften aufgrund des distanzlosen Näheversprechens sozusagen implodieren. Im schlimmsten Fall trennen wir uns – aus Angst, der andere könnte sich von uns trennen.

13.2.2   Unbedingtes Miteinander-Teilen

Der Fusionsdruck hat noch eine andere Facette: Alles, was mich in irgendeiner Weise bewegt, was mich aufwühlt, was mich abstößt, was mich amüsiert, will ich emotional mit meinen Freunden teilen. Sonst ist das Erlebnis wertlos für mich. Ich möchte von den anderen gespiegelt werden, und zwar gerade, indem ich diese an meinen eigenen Erlebnissen teilhaben lasse. Ein Erlebnis ist nur in dem Maße emotional relevant, in dem ich es mit den anderen teilen kann.

Das Miteinander-Teilen spielt sich in hohem Maße im Medium der Visualisierung ab. Fotos von uns selbst oder YouTube-Streifen, die wir für zeigenswert halten, werden weitergereicht und so miteinander geteilt. Oder wir sind zusammen in einem angesagten Club gewesen; gleich danach stehen bereits Fotos hiervon im Netz, die wir augenblicklich herunterladen und noch in der gleichen Nacht an die anderen schicken. Erst wenn die anderen sehen, was ich gesehen habe, wird mein Erlebnis zu einem Ganzen.

13.2.3 Fremdschämen als affektive Entlastung

In einschlägigen Jugendmagazinen wie „Bravo" und anderen gibt es regelmäßig eine eigene Seite für „megapeinliche" Erlebnisse, von denen die jugendlichen Einsender in Leserbriefen berichten. Und die geneigten Leser können sich bei dieser Lektüre durch das Gefühl entlasten, dass ihnen eine solch bodenlose Verlegenheitssituation bislang erspart geblieben ist. Auch das Nachmittagsfernsehen auf den Privatkanälen sowie YouTube sind Lieferanten von Peinlichkeitsverfilmungen, die dann kollektiv „genossen" werden können. Wir vermögen uns von unserer eigenen Schamangst zu entlasten und sie sozusagen „umzudrehen", indem wir auf mediale Angebote eingehen, bei denen man sich für andere in Grund und Boden schämen kann. Nina geht mit ihren Freunden auf sorgfältig inszenierte Bad-Taste-Partys. Sie weiß, *„wie gut bewusste Peinlichkeit gegen unsere Angst vor ungewollter Peinlichkeit hilft"* ([1], S. 139).

13.3 Einflüsse auf den kognitiven Lernstil

13.3.1 Stöbern als verstreute Aufmerksamkeit

Beim Stöbern handelt es sich um einen Modus der habituellen Beiläufigkeit und Flüchtigkeit. Es ist ein in hohem Maße informalisierter Rezeptionsstil, wie er im alltäglichen Multitasking, im Netzgebrauch und bei vielen PC-Spielen üblich ist. Hierbei wird unsere Aufmerksamkeit wie bei einem Streublick überall hin verteilt, um Text- oder Bildmaterial rasch durchzumustern und auf etwaig Relevantes gezielt zuzugreifen.

Wenn der Modus des Stöberns habituell wird, also auf unseren Wahrnehmungsstil als ganzen abfärbt, besteht das Risiko, dass dadurch unsere Fähigkeit zu fokussieren eingeschränkt wird. Man verliert oder schwächt hierdurch die Fähigkeit der sorgfältigen und gerichteten Konzentration und der angemessenen Ausblendung von inneren und äußeren Reizen.

13.3.2 Abschöpfen als Fixierung auf Nützlichkeit

Der Modus des Abschöpfens beruht auf einer Verengung der *Relevanzmaßstäbe*, also der Kriterien dafür, was ich überhaupt als wissenswert und bedeutsam anerkenne. Wenn man die Relevanz von Wissensbeständen nur noch am Kriterium der sofortigen „Nützlichkeit für mich" bemisst, verengt sich der kognitive Akzeptanzrahmen. Alles, was mir als nicht nützlich erscheint, ist dann belanglos.

Die algorithmische Funktionsweise des Netzes unterstützt ironischerweise eine solche Relevanzverengung. Denn thematisch ist das Netz zweifelsohne unbegrenzt. Aber das Auswahlprinzip, mit dem für mich mögliche „Suchergebnisse" vorsortiert werden, bewirkt einen Kreislauf der *Eigenbestätigung*. So nennt mir zum Beispiel Amazon vorzugsweise solche Buchtitel, die genau den Präferenzen entsprechen, die aus meinen vorherigen Bestellungen berechenbar sind. Und Google „weiß" bei der Anordnung von Suchergebnissen immer schon, wie mein bisheriges Suchverhalten ausgesehen hat.

Das Netz bietet mir in diesem Fall kein Wissensuniversum mehr, das die Bekanntschaft mit „Neuem" nahelegt. Jüngere Netz-User neigen dazu, zwei Relevanzkriterien zu favorisieren: Unbedingte Unterhaltsamkeit oder „Nutzen für mich". Das Kriterium „Nutzen für mich" beruht auf der impliziten Erwartung, es möge ein robustes Wissen geben, das mich *„in meinem Leben"* weiterbringt und praktisch anleitet. Man könnte solch ein Wissen, bildlich gesprochen, als ein lebenspraktisches *„Navi-Wissen"* bezeichnen – also ein soufliertes Wissen, das mich wie ein Navi anleitet, umleitet, vorwarnt. Natürlich halte ich so ein Verständnis von Wissen nicht für rundum verfehlt. Es ist für das jüngere Alter typisch. Doch diese Erwartung ist nur begrenzt mit Bildungsprozessen kompatibel. Bildung besteht ja nicht überwiegend aus Regeln der praktischen Lebensführung. Wenn der Relevanzmaßstab „nützlich für mich" als einziger Geltung hat, verengt dies die Bereitschaft, meinen Themenhorizont für Neues und Fremdes zu öffnen. Für Lehrer ist dies eine alltägliche Anstrengung; zu eng geschnittene Relevanzen münden in das allseits bekannte „Motivationsproblem".

13.3.3 Findenwollen ohne eine Fragestellung

Das Internet kann dazu verleiten, sich ganz auf einen Modus des Findens zu fixieren. Das Netz vermittelt mir dann in seiner schieren Unendlichkeit den Eindruck, als sei alles Wissen bereits „fertig" vorhanden. Die Aneignung von Wissen besteht dann scheinbar im bloßen Auffinden von bereits Vorgespeichertem. Ich muss nur erfolgreich suchen können. Das bloße Findenwollen verzichtet auf eine themenfokussierte *Fragestellung*. Ich suche in diesem Fall nach isolierten Reizbegriffen, so als ginge es um das Lösen von Quizfragen oder Kreuzworträtseln. Wissensaneignung besteht aber nicht so sehr im Zusammensuchen von Informationspartikeln. Wissensaneignung setzt das Vorverständnis für einen thematischen Zusammenhang voraus; es bedarf eines sogenannten *Zusammenhangswissens*. Demgegenüber mündet das bloße „Finden" oft nur in das nachfolgende Einkopieren. An die Stelle von eigenen Gedankengängen tritt dann bloß „das Gefundene".

13.4   Fazit

Abschließen möchte ich meine Mutmaßungen zur Tiefenwirkung der digitalen Vernetzung mit der Empfehlung einer kompensatorischen Aufmerksamkeit, und zwar in dreierlei Hinsicht.

13.4.1   Dimension des Selbsterlebens

Wer mit und in der digitalen Vernetzung lebt, muss (auch) das *Abwählen* lernen. Das Internet stellt einen stets präsenten Verführungsanreiz dar. Ungünstig ist demgegenüber die Neigung zur Selbstnachgiebigkeit bzw. die Schwierigkeit, zum Netzangebot (hin und wieder) „nein" sagen zu können.

Dem Netz gegenüber „nein" zu sagen erfordert eine gewisse *Ich-Stärke*, und Ich-Stärke erwächst aus dem Aufbau äußerer und innerer Strukturen. Ich-Stärke hilft, sich in Anforderungssituationen nicht ausschließlich an den eigenen Präferenzen zu orientieren und die eigenen motivationalen Spielräume zu *erweitern*. Ich-Stärke bedeutet nicht, wie gelegentlich angenommen wird, eine Form der Selbstunterdrückung, sondern umgekehrt ein Wachstum innerer Entscheidungsfähigkeit und Autonomie.

Kinder und Jugendliche sollten auch in der Lage sein, mit Langeweile umzugehen. Der sofortige Zugriff auf das Netz verstellt die Umgangsmöglichkeiten mit leerer Zeit. Zu erfahren, dass man aus sich selbst heraus die Leere eines Nachmittags füllen kann, ist eine wichtige Selbsterfahrung.

13.4.2   Dimension der sozialen Bindungen

Jedes Individuum benötigt, um urteils- und entscheidungsfähig zu werden, „Privatheit" in einem starken Sinne. Das heißt, eine gewisse Freiheit von den Einflüssen und der Beobachtung durch andere zu gewinnen. Das bedarf der Fähigkeit zur *Ich-Abgrenzung*, also zur Eigenständigkeit gegenüber den anderen.

13.4.3   Dimension des kognitiven Lernstils

Die Faszination des Netzes ist stark und fast unabweisbar. Es bietet eine eindrucksvolle Verweisungsdichte und grenzenlose Informationsfülle. Aber Wissen ist mehr als „Information". Wissen bildet sich erst aus *sinnhaft gedeuteten* Informationen. Wissensaneignung als ein gedankliches „Verdauen" bedarf der Beharrlichkeit einer thematischen Auseinandersetzung. Wir kommen meines Erachtens nicht darum herum, neben den Netzwelten auf eine sorgsame Reaktivierung der traditionellen Kulturtechniken zu achten.

13.4.4   Ausblick

Es sei am Schluss noch einmal betont, dass ich hier keinem kulturpessimistischen Alarmismus das Wort reden möchte. Gleichwohl habe ich mich auf habituelle Risiken und Vereinseitigungen konzentriert, die der Preis dafür sind, dass die digitale Vernetzung so „gut" zu unseren eigenen Imaginationen, Wünschen und Abhängigkeiten passt und mit unserer Subjektivität verquickt werden kann. Und diese Nutzungsrisiken und Vereinseitigungen bedürfen einer kontrazyklischen Aufmerksamkeit.

Und noch ein Letztes: Die vermuteten Tiefenwirkungen der Vernetzung, die ich hier skizziert habe, sind eigentlich keine Phänomene einer „Jugendkultur" im emphatischen Sinne. Ich sehe sie eher als Phänomene einer für alle *veränderten Allgemeinkultur*, einer Allgemeinkultur, an der die Jugendlichen freilich mit ihren alters- und milieuspezifischen „Nutzungsformen" teilhaben und die sich ihnen auch aufdrängt.

Die heutigen Kinder und Jugendlichen sind, im Unterschied zu den älteren Jahrgangskohorten, nun *von Anfang an* in die enormen Möglichkeits- und Risikozusammenhänge der digitalen Vernetzung hineinsozialisiert worden. Welche formativen Auswirkungen auf deren Biographien das haben wird, wissen wir nicht. In meinen Augen stellt diese alltagskulturelle Konstellation – Lebensführung und Vernetzung fast nahtlos miteinander verquicken zu können – jedenfalls so etwas wie einen sozialisatorischen Großversuch dar. Umgekehrt gesehen, stellt sich für die Jüngeren gerade die Vergangenheit als einigermaßen verwunderlich dar. So hat ein Mädchen ihren Eltern die folgende Frage gestellt: *„Wie seid ihr eigentlich ins Netz gekommen, wenn es früher noch gar keine Computer gab?"*

Literatur

1. Pauer, N (2011) „Wir haben keine Angst". Frankfurt a. M.

Moderne Online Recruiting-Kanäle

14

Wolfgang Jäger und René Hempe

Inhaltsverzeichnis

14.1 Einführung 213
14.2 Karriere-Websites und Jobbörsen 215
14.3 Social Media 216
14.4 Spiele im Recruiting 218
14.5 Mobile Karriere-Seiten 218
14.6 Karriere- und HR-Videos 220
14.7 Vom Online-Kanal zur Digital Strategie – Good-Practice-Beispiel
     „Fresenius SE & Co. Kgaa" 221
14.8 Fazit/Ausblick 222
Literatur 223

14.1 Einführung

Ein neues Schuljahr beginnt. Der Lehrer erläutert den Schülern der 9. Klasse, dass dieses Jahr ein mehrwöchiges Betriebspraktikum auf dem Lehrplan steht und dass sich die Schüler hier selbstständig einen Praktikumsplatz suchen müssen. Ohne zu zögern zücken mehrere Schüler ihr Smartphone und fangen an, bei Youtube unter dem Stichwort „Schü-

W. Jäger (✉)
Dr. Jäger Management-Beratung, Limburger Straße 50,
61462 Königstein im Taunus, Deutschland
E-Mail: w.jaeger@djm.de

R. Hempe
DJM Consulting GmbH, Limburger Straße 50,
61461 Königstein im Taunus, Deutschland
E-Mail: r.hempe@djm.de

W. Appel, B. Michel-Dittgen (Hrsg.), *Digital Natives*,
DOI 10.1007/978-3-658-00543-6_14, © Springer Fachmedien Wiesbaden 2013

lerpraktikum" zu recherchieren – die Jugendlichen nutzen das Videoportal ganz selbstverständlich als Suchmaschine.

Die ersten Jahrgänge der Generation Y haben mit verändertem Medienkonsumverhalten, mit gewandelten Werten und neuen Ansprüchen bereits erste Veränderungen in der Personalmarketing- und Recruiting-Kommunikation der Unternehmen herbeigeführt. Die jüngeren Jahrgänge dieser Generation werden jedoch noch einmal alles auf den Kopf und dabei die Recruiter der Unternehmen vor zunehmende Herausforderungen stellen. Zum einen sind die Jahrgänge der Generation Y demographiebedingt noch kleiner und zum anderen hat sich das Informations- und Kommunikationsverhalten dieser Jugendlichen noch stärker in die digitalen Kanäle verlagert. Als Folge davon spielen bei der Informationssuche nun vermehrt auch die Kanäle eine Rolle, die frühere Generationen eher zur Unterhaltung denn zur Recherche genutzt haben.

Die Studie „Recruiting Trends 2013" betrachtet die Bandbreite der für die Bewerber zur Verfügung stehenden Informationskanäle. Dabei kristallisieren sich vor allem die Online-Kanäle als wichtige Quelle bei der Generierung von Einstellungen heraus und sollten folglich eine zentrale Rolle im Kommunikations-Portfolio der Unternehmen spielen [3].

Die Wichtigkeit der Online-Kanäle im Bereich des Nachwuchs-Recruitings wird schnell deutlich, wenn man die Nutzerzahlen sowie die Nutzungsdauer der Online-Medien betrachtet. Seit dem Aufkommen der Generation Y nehmen Nutzerzahl und Nutzungsdauer der Online-Kanäle deutlich zu. Eine Umfrage der Bitkom ergab sogar, dass die zweitliebste Beschäftigung der 13- bis 18-jährigen Jugendlichen (nach dem Treffen von Freunden) das Surfen im Internet sei [2]. Im Rahmen der JIM-Studie gaben 68 % der befragten Jugendlichen (12–19 Jahre) an, das Internet täglich zu nutzen [4]. Die Onlinestudie von ARD und ZDF zeigt, dass die Jugendlichen 150 min täglich mit der Nutzung des Mediums Internet verbringen. Es ist folglich kaum verwunderlich, wenn die Bitkom-Studie für diese Altersgruppe zu dem Schluss kommt: „Der Internetzugang ist Jugendlichen fast genauso wichtig wie gute Schulnoten (86 % versus 93 %)"([2], S. 6).

Betrachtet man die Landschaft der Online-Aktivitäten und Plattformen, auf denen Jugendliche aktiv sind, so zeichnen sich zwei Schwerpunkte ab. Die Jugendlichen verbringen ihre Zeit online erwartungsgemäß überwiegend auf den Videoportalen sowie in den sozialen Netzwerken und Communities [1].

Suchen die Nachwuchstalente eine Ausbildungsstelle oder ein Duales Studium, wenden sie sich folglich ebenfalls häufig an die ihnen vertrauten Kanäle im Internet. Ivens und Rauschnabel identifizierten im Rahmen einer Studie der Universität Bamberg die Firmenwebseite und die Stellensuche per Suchmaschine als die beiden wichtigsten Kanäle bei der Stellensuche (Abb. 14.1).

Es zeigt sich also, dass die Kanäle des Nachwuchs-Recruitings für die Generation Y zunächst dieselben sind wie die des allgemeinen Recruitings – um der Zielgruppe des Nachwuchses gerecht zu werden, müssen diese allerdings anders ausgestaltet werden.

Abb. 14.1 Wo sich junge
Bewerber im Netz informieren.
(Quelle: [5], S. 66)

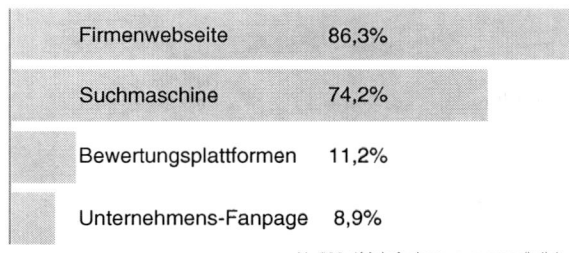

Firmenwebseite   86,3%

Suchmaschine   74,2%

Bewertungsplattformen   11,2%

Unternehmens-Fanpage   8,9%

N=768; *Mehrfachnennungen möglich

14.2 Karriere-Websites und Jobbörsen

Die Vielfalt der Online-Kommunikationskanäle wird durch die Studienreihe „Recruiting Trends" seit einigen Jahren immer wieder betrachtet. Die unternehmenseigene Karriere-Seite wird regelmäßig als wichtigster Informationskanal neben den Stellenbörsen aufgeführt [3]. Eine Betrachtung der Entwicklungstendenzen der Karriereseite zeigt, dass das Angebot der Karriere-Websites im Laufe der Zeit stetig gewachsen ist. Diese Entwicklung betrifft sowohl inhaltliche als auch interaktive Elemente (vgl. Abb. 14.2).

Die Qualität der Karriere-Seiten wurde in der Vergangenheit regelmäßig durch die Studie „Human Resources im Internet" bewertet [6]. Eine Schlüsselrolle bei der Beurteilung der Qualität von Karriere-Seiten spielen die beiden Kriterien „Information" und „Interaktivität", denn durch sie wird der „informative Mehrwert" einer Seite erfasst.

Im Rahmen des Kriteriums „Information" werden die Inhalte der Website betrachtet und nach Aktualität, Vollständigkeit und Informationsgehalt bewertet. Das Kriterium „Interaktivität" prüft, auf welche Weise der Nutzer mit dem Informationsangebot des Unternehmens agieren kann. Einfache Interaktionsformen stellen etwa der Stellenmarkt oder ein Bewerbungsmodul dar. Ziel einer gut konzipierten Karriereseite ist es, einen möglichst großen Informations-Mehrwert für die Nutzer zu schaffen. Die Bandbreite der Möglichkeiten, um diesen Mehrwert zu schaffen, ist groß: Dazu gehören beispielsweise Lernhilfen in ausbildungsrelevanten Schulfächern, Bewerbungstipps oder gar Probe-Einstellungstests zum Üben, wie sie etwa die Firma Henkel auf ihrer Karriere-Seite für Nachwuchskräfte anbietet. Auch auf der Jobbörse „Jobstairs" ist es interessierten Besuchern im Rahmen des „Ausbildungschecks" möglich, auf Basis von 60 einfachen Fragen eine schnelle Berufsberatung, an deren Ende eine Berufsempfehlung steht, abzurufen [8]. Auch Azubi-Blogs und Erlebnisberichte aus den Unternehmen können einen Mehrwert bieten.

Inhalte spielen auch bei den (Online-)Stellenanzeigen eine wichtige Rolle, wobei hier unerheblich ist, ob diese in der unternehmenseigenen Jobdatenbank oder auf einer Stellenbörse veröffentlicht werden. Eine zielgruppengerechte Ansprache und ein aussagekräftiger Anforderungskatalog sind hier Pflicht!

Ein weiteres wichtiges Standbein der Online-Kommunikation bilden reichweitensteigernde Maßnahmen wie etwa die Suchmaschinenoptimierung (Search Engine Optimization, SEO) der Karriere-Seite sowie das Schalten von Werbung. Unter dem Begriff der

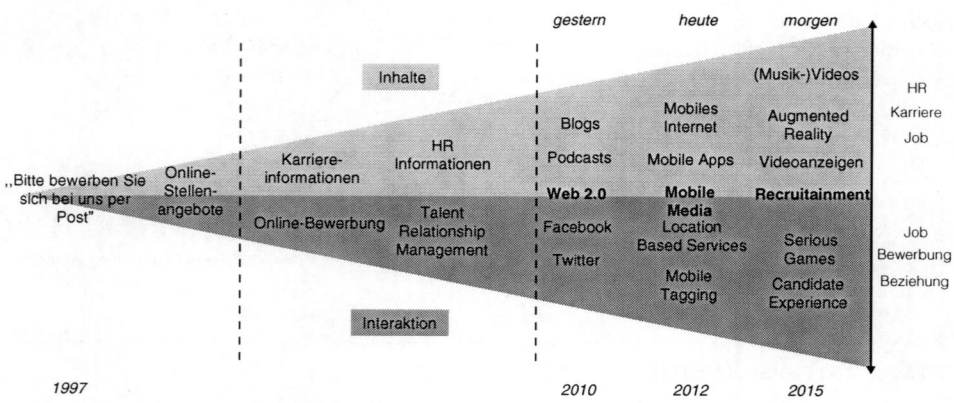

Abb. 14.2 Entwicklungstendenzen von Karriereseiten. (Quelle: [6])

Suchmaschinenoptimierung werden Maßnahmen zusammengefasst, die dazu führen sollen, dass Webseiten in den nicht bezahlten Bereichen der Ergebnislisten von Suchmaschinen auf höheren Plätzen erscheinen. Dazu wird zum einen die Website selbst optimiert (On Page Optimierung), etwa im Hinblick auf Überschriften, Formatierungen, Schlüsselwörter sowie die Formulierung der Texte. Zum anderen soll die Anzahl der Links von externen (hoch qualitativen) Websites auf die eigene Seite (Backlinks) erhöht werden, etwa im Rahmen von Linkpartnerschaften (Off Page Optimierung). Durch Schalten von suchwort- oder themenbasierten Werbeanzeigen wird die Werbung bei thematisch passenden Suchanfragen oder auf thematisch passenden Websites geschaltet, abgerechnet wird pro Klick auf die jeweilige Werbeanzeige.

14.3 Social Media

Der Einsatz der verschiedenen Spielarten von Social Media und Web 2.0-Tools ist mittlerweile ein alltägliches Stilmittel der HR-Kommunikation geworden. Vermehrt lässt sich gar eine Verlagerung der Kommunikation mit den Zielgruppen des Personalmarketings und Recruitings auf unternehmensexterne Plattformen des Social Web feststellen. Diese Plattformen bieten ein breites Spektrum an neuen Möglichkeiten, um mit den Zielgruppen in Interaktion zu treten.

Im Zentrum der Planung des Social Media-Engagements sollten vor allem zwei Aspekte stehen: Zum einen stellt, analog zur Karriere-Seite, die Generierung von für die Zielgruppen relevanten Inhalten einen wichtigen Erfolgsfaktor dar. Zum anderen ist es die Fähigkeit, Interaktion und Dialog mit den Zielgruppen aufzubauen und zu pflegen, die über Gelingen oder Nicht-Gelingen der Kommunikation in den Social Media-Kanälen entscheidet. Hierzu zählt nicht zuletzt das zeitnahe Reagieren auf Anfragen und Kommentare der „Fans" (Abb. 14.3).

Abb. 14.3 Ausbildungs-Facebook-Seite BASF SE. (Quelle: Facebook.de)

Daher ist es wenig verwunderlich, dass knapp ein Drittel der Unternehmen im Social Web eine Steigerung der Interaktion mit den Interessenten durch die speziell auf dieses Ziel abgestimmte Konzeption von Inhalten anstrebt. Beispiele hierfür sind etwa Wettbewerbe, Case Studies und ähnliche Inhalte. Nur ein kleiner Teil der Unternehmen nutzt zu diesem Zweck auch Karriere-Blogs und Podcasts. Diese Inhalte können jedoch nur der erste Schritt sein, um Interesse, Rückfragen und Kommentare zu erzeugen. Interaktion erfolgt immer zwischen Menschen.

Social Media bietet den Unternehmen also durchaus Potentiale für die Nachwuchsansprache, ist jedoch kein Selbstläufer. Nur wer mit einem ausgereiften Konzept und relevanten, anspruchsvollen Inhalten über die Social Media-Kanäle an seine Zielgruppen herantritt und mit viel Herz und Engagement Interaktion und Dialog mit seinen Zielgruppen aufbaut, kann in den Social Media-Kanälen erfolgreich sein. Bei allem Engagement in den sozialen Netzwerken empfiehlt es sich, die eigene Karriere-Seite nicht zu vernachlässigen.

Sie stellt das Zentrum der HR-Kommunikation dar und ist stets wichtige Anlaufstelle für Informationssuchende [9]. Betrachtet man jedoch die Effekte und Wirkungen des Engagements auf den Social Media-Plattformen, folgt der Euphorie oft große Ernüchterung. So zeigen Petry und Schreckenbach, dass nur ein Drittel der „Fans" eines Unternehmens in den sozialen Netzen diesen auch als attraktiveren Arbeitgeber sehen. Die Botschaften der Unternehmen in den sozialen Netzen lesen sogar nur etwa 7 % der Fans regelmäßig. Daher können nur etwa 10 % der Social Media-Maßnahmen einen positiven Effekt auf die Arbeitgeber-Attraktivität erzielen [10]. Folglich ist also Vorsicht vor überzogenen Erwartungen an das Personalmarketing in den sozialen Netzen geboten.

Entscheiden sich Unternehmen, auf den Plattformen des „Social Webs" aktiv zu werden und sich etwa mit einer eigenen Fanpage oder einem Twitter-Kanal zu engagieren, sollten sie klare Vorstellungen über die zu erreichenden Ziele haben und diese auch in ein Controlling überführen. Das reine Zählen von Fans ist hier keine Option.

14.4 Spiele im Recruiting

Einen aktuellen Trend in der Nachwuchsansprache stellt derzeit das Recruitainment dar. Hierbei geht es darum, im Rahmen von Computerspielen das Arbeitsleben unterhaltsam darzustellen und über Aufgaben und Berufsbilder zu informieren. Zusätzlich können diese sogenannten „Serious Games" auch Self Assessment-Funktionen haben, die es dem Nutzer ermöglichen, sich selbst anhand der Aufgaben und Problemstellungen bestimmter Berufsbilder zu testen.

Ein Beispiel ist das Facebook-Spiel „My Marriot" der Hotelkette „Marriot". Hier können Nutzer die verschiedensten Funktionen in einem Hotel entdecken und sich so an den Aufgaben, die der Hotelbetrieb mit sich bringt, ausprobieren. Ein anderes Beispiel stellt das Spiel „Probier dich aus" der Commerzbank dar, das sich direkt an die Zielgruppe der Schüler und Auszubildenden wendet.

14.5 Mobile Karriere-Seiten

Der Branchenverband Bitkom gibt an, dass mehr als 41 % der Mobilfunknutzer über 15 Jahren ein Smartphone benutzen. Durch die steigende Verbreitung von Post-PC-Devices wie Tablets und Smartphones rückt für das Personalmarketing auch das mobile Internet vermehrt ins Zentrum des Interesses. Nach einer aktuellen Studie des Jobportals JobStairs. de [8] hatte bereits mehr als die Hälfte der 1.000 befragten Jobsuchenden Stellenanzeigen oder Arbeitgeberinformationen mittels Smartphone oder Tablet abgerufen. Daher ist die konsequente Weiterentwicklung der unternehmenseigenen Karriere-Website für das mobile Internet längst kein „Randgruppenthema" mehr. So gibt etwa die überwiegende Mehrheit der befragten Unternehmen einer Jobstairs-Studie zum Thema „mobile Stellensuche" an, dass sie bereits eine mobile Karriere-Seite unterhält. Ein Drittel der Befragten haben bereits eine eigene Karriere-App für Smartphones oder Tablets im Angebot. Damit

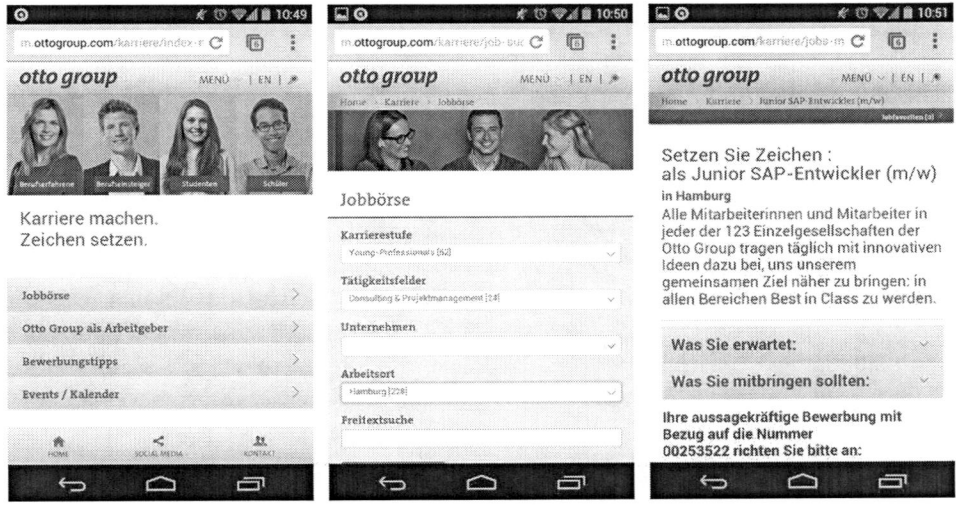

Abb. 14.4 Mobiler Karriereauftritt der Otto Group. (Quelle: [7])

die mobile Karriere-Seite ihr volles Potential als Kommunikationskanal im Personalmarketing-Mix entfalten kann, müssen sowohl die formalästhetische Gestaltung der Seite als auch die Gestaltung der Inhalte und des Bedienkonzepts für die Nutzung auf mobilen Endgeräten optimiert werden. Es muss also die geringere Größe des Smartphone- bzw. Tablet-Bildschirms sowie die Nutzung per Touchscreen bei der Konzeption von Apps & Co. berücksichtigt werden. Zudem erwarten die Nutzer von mobilen Internetseiten unter anderem auch stärker verdichtete Informationen. Einen modernen Auftritt besitzt das mobile Karriereportal der Otto Group. Neben Employer-Branding-Inhalten, wie etwa der Vorstellung der Otto Group als Arbeitgeber sowie der Jobbörse, findet der Besucher hier auch einen Karriere-Eventkalender und Bewerbungstipps (Abb. 14.4).

Im Bereich der mobilen Kommunikation mit Bewerbern werden derzeit zwei Kernfunktionen betrachtet: Einerseits das Informieren und Ansprechen der Zielgruppen über mobile Kanäle wie etwa speziell für die Rahmenbedingungen des mobilen Internets optimierte Karriere-Seiten oder Apps. Andererseits rückt zukünftig auch der Bewerbungsprozess stärker in den mobilen Nutzungskontext.

Nach Erkenntnissen der JobStairs-Studie zur mobilen Stellensuche hat sich bereits fast jeder zehnte Befragungsteilnehmer schon einmal über ein mobiles Endgerät beworben. Ein Siebtel der befragten JobStairs-Nutzer erwartet zudem von einem „attraktiven Arbeitgeber die Möglichkeit einer komfortablen und unkomplizierten Bewerbung über ein Smartphone oder Tablet". Die Studie zeigt deutlich, dass die Möglichkeit der Bewerbung per Smartphone oder Tablet zukünftig zum Pflichtprogramm für Unternehmen wird. Die Unternehmen reagieren auf diese Entwicklung bereits: So gibt etwa jedes zweite der befragten JobStairs-Partnerunternehmen an, zukünftig die mobile Bewerbung als eine gleichwertige Alternative zur Online-Bewerbung zu sehen [8].

Durch ein breites Spektrum an Sensorik und drahtloser Kommunikationstechnologie ermöglichen moderne Mobilfunkgeräte weitere Kommunikations- und Interaktionsmöglichkeiten mit den Zielgruppen, die über mobile Karriere-Seiten und Apps hinausreichen. Hierzu zählt etwa die Möglichkeit, das Handy als „Medien-Brücke" von Print- zu Onlinemedien zu nutzen. So können beispielsweise Betrachter einer Anzeige oder eines Plakats mit Hilfe mobiler Technologie zu einem weiterführenden Informationsangebot im Internet geführt werden. Längst ist die Verwendung von QR-Codes zu diesem Zweck eine etablierte Methode. Dazu wird ein computergenerierter grafischer Code, ähnlich einem Barcode, auf das Plakat oder in die Anzeige gedruckt. Wird dieser Code anschließend mit Hilfe einer App eingelesen, leitet diese den Nutzer automatisch auf ein weiterführendes Informationsangebot auf einer mobilen Webseite.

Eine weitere, modernere Möglichkeit des „medialen Brückenschlagens" bietet die sogenannte „Augmented Reality". Ein Beispiel hierfür ist die „Kluger Kopf"-App der Frankfurter Allgemeinen Zeitung. Hierbei erfasst eine App die Anzeige und „erkennt", um welches Anzeigenmotiv es sich handelt. Nun wird ein entsprechendes Video von einem Server im Internet geladen und so in das Bild eingeblendet, dass der Eindruck entsteht, das Anzeigenmotiv würde „lebendig" werden.

Auch sogenannte „Location-Based-Services" eröffnen über das GPS-Navigations-System, welches in den meisten Mobilfunkgeräten Verwendung findet, Interaktions- und Nutzungsmöglichkeiten im Rahmen der Personalmarketing-Kommunikation. So lassen sich mit Hilfe dieser Technologie etwa ortsbezogene Jobboards realisieren, bei denen der Benutzer auf einer Landkarte sehen kann, wo vakante Stellen um ihn herum zu finden sind. So kann er sich gezielt Jobs in der Nähe seines Standorts anzeigen lassen.

14.6 Karriere- und HR-Videos

Das Medium „Video" erlebt im Web 2.0 eine Renaissance. Auf Plattformen wie Youtube sind Recruiting-Videos längst keine Seltenheit mehr. Ob humoristisch oder informativ – Video schafft Aufmerksamkeit für die Arbeitgebermarke, informiert gezielt über konkrete Stellenanzeigen und eignet sich hervorragend dazu, die Zielgruppe zu emotionalisieren und die eigenen Botschaften mit einer hohen Kontaktintensität zu präsentieren.

So ist es kaum verwunderlich, dass bereits zwei Drittel der Unternehmen Karriere- und HR-Videos im Einsatz haben (65 % in 2012, 40 % in 2010, siehe Abb. 14.5). Neben dem klassischen in Image- und Werbefilmen erprobten Duktus etabliert sich im Bereich der HR-Videos eine neue Form, die vor allem authentisch sein will. Geprägt durch das Auftreten von realen Mitarbeitern in möglichst frei gehaltenen Testimonials, versuchen sich die Unternehmen an der neuen Offenheit und Transparenz des Web 2.0. Dass dies oft fehlschlägt und gut gemeint, nicht gut gemacht ist, lässt sich an einigen Fällen in der Community im Internet nachvollziehen. Letztlich können Videos nur auf die Arbeitgebermarke und die Kommunikationsziele des Unternehmens einzahlen, wenn sie sowohl technisch, formalästhetisch und inhaltlich auf einem entsprechend hohen Niveau sind.

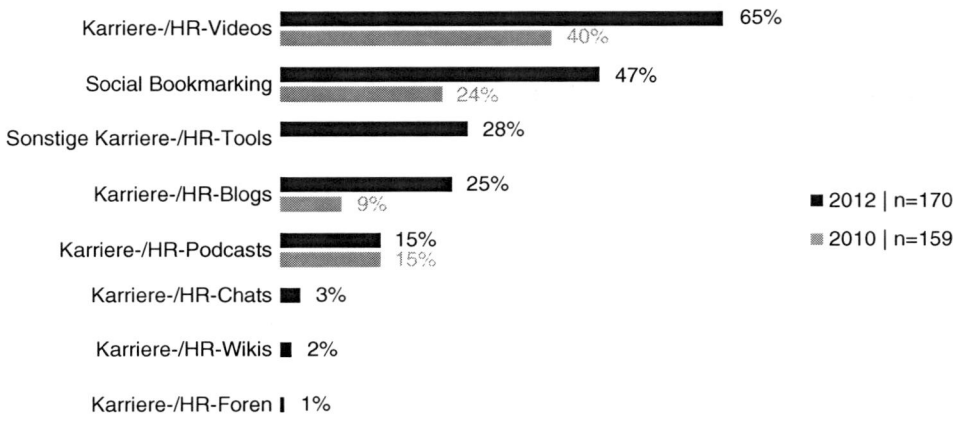

Abb. 14.5 Einsatz von Karriere-Videos. (Quelle: [6])

14.7   Vom Online-Kanal zur Digital Strategie – Good-Practice-Beispiel „Fresenius SE & Co. Kgaa"

Nicht jede neue Plattform im Social Web etabliert sich dauerhaft, nicht jede Zielgruppe ist auf allen Plattformen aktiv und nicht jedes Web 2.0-Tool ist gleichermaßen für jedes Unternehmen relevant. In der Produkt-Marketingkommunikation hat sich längst die ganzheitliche Betrachtung aller (Online-) Kommunikationskanäle als kohärentes und einheitliches Konzept etabliert. Ähnlich einer Landschaft werden hier alle Berührungspunkte der Zielgruppe mit dem Unternehmen als großes Ganzes konzipiert und ermöglichen ein an jedem Berührungspunkt stimmiges Informations- und Markenerlebnis. Dieser Ansatz muss auch in der Konzeption der Nachwuchsansprache von Unternehmen berücksichtigt werden. Ein Unternehmen, das vor diesem Anspruch als Good-Practice-Unternehmen gelten kann, ist die Fresenius SE & Co. KgaA.

Fresenius hat vor dem Hintergrund seiner Personalmarketingaktivtäten ein stimmiges Portfolio an Online-Kanälen aufgebaut (Abb. 14.6). Im Rahmen einer Content-Strategie wurden die einzelnen Plattformen miteinander verbunden und Inhalte stimmig in allen Kanälen verteilt. Alle Plattformen kommunizieren die gleichen Botschaften in ähnlichen Formulierungen. Dabei werden jeweils die Stärken bzw. die Besonderheiten der einzelnen Plattformen genutzt, um den Nutzern ein einheitliches und positives (Arbeitgeber-)Markenerlebnis zu ermöglichen.

Zentrum der Nachwuchsansprache ist zunächst die unternehmenseigene Karriere-Seite. Gerade die kritischen Aufgabenfelder „Information" und „Interaktion" können hier überzeugen. Die Informationen auf der Karriere-Seite sind umfangreich, aktuell und für die verschiedenen Zielgruppen ansprechend aufbereitet. Neben vielen „klassischen" Interaktionsmöglichkeiten wie dem Stellenmarkt oder der Kontaktmöglichkeit per E-Mail gibt es einen regelmäßig stattfindenden „Ausbildungs-Chat", in dem Interessenten ihre Fragen direkt an das Ausbildungs-Team von Fresenius stellen können. Mit Hilfe des „Qualifika-

Abb. 14.6 Die Online-Kom-
munikations-Landschaft von
Fresenius

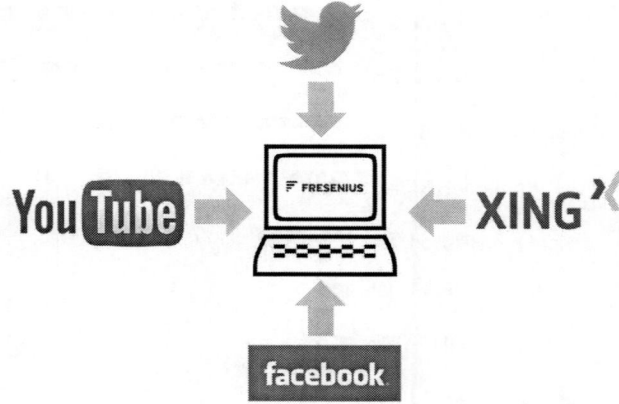

tions-Matcher" können sich Nutzer Stellenangebote zeigen lassen, die zu ihren individuellen Kompetenzen und ihrer Ausbildung passen. Über den „Fresenius-Navigator" können sich die Interessenten in kurzen Videos über die Tätigkeiten und Karrierechancen
der einzelnen Unternehmensbereiche informieren. Alle Neuigkeiten lassen sich auch per
RSS-Feed abonnieren. Die Inhalte der Karriere-Seite wurden an die Anforderungen des
mobilen Internets angepasst, sodass auch unterwegs das Nutzungserlebnis der Interessenten auf hohem Niveau ist.

Als externe Seite wird die Micro-blogging-Plattform Twitter von Fresenius überwiegend als schnelles Informationsmedium genutzt. Den Xing-Auftritt nutzt Fresenius gezielt
zur Anwerbung von höher qualifizierten Nachwuchskräften. Neben dem für die Plattform
üblichen Informationsangebot hat Fresenius hier auch die eigene Seite beim Arbeitgeber-
bewertungsportal Kununu verlinkt und fordert so aktiv zur Bewertung des Unternehmens
durch die eigenen Mitarbeiter auf. Nachwuchstalente spricht Fresenius im Social Web
schwerpunktmäßig auf Facebook an. Neben einem umfangreichen und aktuellen Informationsangebot generiert Fresenius hier vor allem über Neuigkeiten und Fotos Interaktionen
mit den Zielgruppen. Um lebhaftere Eindrücke der Unternehmensgeschichte, einzelner
Tätigkeitsfelder oder der verschiedenen Ausbildungsberufe bei Fresenius zu vermitteln,
hat Fresenius etliche Videos produziert. Die Videos lassen sich über Youtube abrufen und
sind im Rahmen der Content-Strategie auch auf den anderen Online-Kanälen (Facebook,
Xing) verlinkt.

14.8 Fazit/Ausblick

Die weiter voranschreitende Fragmentierung der Medienlandschaft, der damit einhergehende Wandel der Mediennutzungsgewohnheiten sowie die geburtenschwächeren Jahrgänge werden auch zu einer weiteren Verschärfung der Bedingungen der Nachwuchsre-
krutierung beitragen. Das mobile Internet wird weitere Interaktionsfelder für das Nach-

wuchsrecruiting eröffnen. Eine durchdachte Kommunikationsstrategie und eine darauf aufbauende „Candidate Experience" werden zu einem wichtigen Erfolgsfaktor. Das Zusammenspiel der einzelnen (Online-)Kanäle wird zukünftig zu einem erfolgskritischen Faktor werden. Wenn es gelingt, die eigene Arbeitgebermarke an allen Berührungspunkten mit der Zielgruppe zum Leben zu erwecken, den Interessenten durch das eigene Informationsangebot zu führen und in Interaktion mit den Zielgruppen zu treten, können Unternehmen auch die Generation Y von sich als Arbeitgeber überzeugen.

Literatur

1. ARD, ZDF (Hrsg) (2012) ARD/ZDF-Onlinestudie 2012, Online: http://www.ard-zdf-onlinestudie.de/ (abgerufen am 2. Mai 2013)
2. Bitkom (Hrsg) (2011) Jugend 2.0 – Eine repräsentative Untersuchung zum Internetverhalten von 10- bis 18-Jährigen, Berlin
3. Monster, Centre of Human Resources Information Systems (CHRIS) (2013) Recruiting Trends 2013; Bamberg/Frankfurt a. M.
4. MPFS – Medienpädagogischer Forschungsverbund Südwest (Hrsg) (2012) Jim Studie 2012 – Jugend, Information, (Multi-) Media, Stuttgart
5. Ivens B, Rauschnabel P (2012) zitiert nach: Heckel M: Nur keine Hemmungen, in: Handelsblatt WOCHENENDAUSGABE, 9./10./11.03.2012, Nr. 50
6. Jäger W, Meurer S (2012) Human Resources im Internet 2012 – Bewertung der HR-Websites bedeutender deutscher Arbeitgeber, 8. Aufl. Norderstedt: Books on Demand.
7. Otto-Group (Hrsg) (2012) Otto-Group Karriere. http://m.ottogroup.com/karriere/index-mobile.php. Zugegriffen 2. Mai 2013
8. Jobstairs (Hrsg) (2013) Online-Befragung zur mobilen Stellensuche 2012, Königstein i. Ts.
9. Keulertz A (2010) Universum Student Survey 2010
10. Petry T, Schreckenbach F (2011) Studie zur Wirkung von Social Media im Personalmarketing. http://de.slideshare.net/embrander/110926-personalmarketing-studie-2011-ergebnisbericht. Zugegriffen 2. Mai 2013

Digital Natives rekrutieren

15

Peer Bieber

Inhaltsverzeichnis

15.1   Einleitung   226
15.2   Der deutsche Digital Native tickt anders   226
     15.2.1   Fachkräftemangel   227
     15.2.2   Demografischer Wandel   227
     15.2.3   Kulturelles Verständnis   228
     15.2.4   Wirtschaftskrisen   229
15.3   Erwartungen an das eRecruiting   229
     15.3.1   Werbebotschaften für Unternehmen   229
     15.3.2   Die Qual der Wahl   230
     15.3.3   Unkoordinierter Aktionismus   230
15.4   Erkenntnisse aus der Praxis – Digital Natives rekrutieren   231
     15.4.1   Fragen, die sich Unternehmen im Recruitingprozess stellen sollten   231
     15.4.2   Fehler vermeiden und Chancen nutzen   232
15.5   Das kleine 1 × 1 der erecruiting-Kanäle   234
     15.5.1   Die Unternehmenswebseite   234
     15.5.2   Der Unternehmensblog   235
     15.5.3   Online-Jobbörsen   235
     15.5.4   Meta-Jobsuchmaschinen   235
     15.5.5   Soziale Netzwerke   235
     15.5.6   Werbung im Internet   236
     15.5.7   Suchmaschinen   236
     15.5.8   Videoportale   236
15.6   Inspiration zum Recruiting: Mittelstand sucht Supertalent   237
Literatur   237

P. Bieber (✉)
TalentFrogs GmbH, Lindenallee 24,
50968 Köln, Deutschland
E-Mail: peer.bieber@talentfrogs.de

W. Appel, B. Michel-Dittgen (Hrsg.), *Digital Natives*,
DOI 10.1007/978-3-658-00543-6_15, © Springer Fachmedien Wiesbaden 2013

15.1   Einleitung

Unternehmen, die heute auf der Suche nach Fach- und Führungskräften sind, reihen sich mit diesem Vorhaben in eine lange Schlange von Konkurrenten ein. Schon jetzt können zahlreiche offene Stellen nicht mehr besetzt werden. Zum einen mangelt es an Bewerbern und zum anderen können die verfügbaren potentiellen Kandidaten nicht mehr mit herkömmlichen eRecruiting-Strategien erreicht werden. Gerade Digital Natives lassen sich nicht mehr mit den eRecruiting-Strategien der 90er und 2000er Jahren gewinnen. Die Folge: Aufträge bleiben liegen, den Unternehmen entgehen Umsätze und Gewinne in Millionenhöhe.

Angesichts dieser Situation setzen pfiffige Unternehmer bereits auf gezielte Maßnahmen, um die Digital Natives für sich zu rekrutieren und zu gewinnen. Im Folgenden werden Erfahrungsberichte und einige dieser erfolgreichen Maßnahmen, die helfen, über den personalpolitischen Tellerrand zu schauen, vorgestellt.

> ▶   Klassisches eRecruiting allein reicht nicht Die Möglichkeiten im eRecruiting haben sich in den letzten Jahren vervielfacht. Viele Unternehmen konnten in den 90ern und frühen 2000ern Digital Natives mit Hilfe des eRecruitings für sich gewinnen. Primär standen dabei onlinebasierte Jobbörsen, Bewerberportale und digitale Employer-Branding-Aktionen auf der Tagesordnung. In den letzten Jahren haben sich die Digital Natives jedoch schneller entwickelt, als es die meisten eRecruiting-Angebote getan haben.

Die klassischen eRecruiting-Maßnahmen sind heute zwar noch erfolgreich und leisten einen signifikanten Beitrag bei der Gewinnung neuer Mitarbeiter; den veränderten Erwartungshaltungen der Digital Natives tragen sie aber nur bedingt Rechnung. Viele eRecruiting-Anbieter stehen vor enormen Herausforderungen, da sie die Nachfrage von Unternehmen nach Digital Natives nicht mehr im selben Maße befriedigen können wie früher. Eine gut designte Jobbörse mit vielen Jobangeboten reicht zukünftig nicht mehr aus. Digital Natives müssen über zeitgemäße inhaltliche Ansätze angesprochen und dort abgeholt werden, wo sie sich gerade bewegen.

Damit die Ansprache von Digital Natives richtig funktioniert, sollte man zunächst einmal deren Erwartungshaltungen und Verhaltensweisen verstehen.

15.2   Der deutsche Digital Native tickt anders

In den westlichen Ländern gibt es zwar einen annähernd ähnlichen technischen Fortschrittsgrad, doch sind die Erwartungshaltungen und Verhaltensweisen der Digital Natives in den einzelnen Ländern und Kulturen sehr unterschiedlich. Digital Natives in Deutschland finden signifikant andere Rahmenbedingungen auf dem Arbeitsmarkt vor als Jugendliche beispielsweise in den USA oder Spanien. Die Rahmenbedingungen in Deutschland führen zu ganz bestimmten Erwartungshaltungen an zukünftige Arbeitgeber und deren eRecruiting-Maßnahmen, die im Folgenden dargestellt werden.

15.2.1 Fachkräftemangel

Bereits jetzt herrscht in einigen Branchen ein akuter Fachkräftemangel. Der Wettbewerb um die verbleibenden gut qualifizierten Bewerber, die mit der sich dynamisch verändernden hochtechnologisierten Welt Schritt halten können, hat sich bereits verschärft.

Die meisten Unternehmen in Deutschland gehören nicht zu den TOP10 der beliebtesten Arbeitgeber. Folglich stehen Bewerber dort nicht Schlange. Die Unternehmen sind deshalb gefordert, die Aufmerksamkeit der Digital Natives zu erlangen.

Gerade den Digital Natives ist dies sehr bewusst. Das Medien- und Internetzeitalter ermöglicht eine nicht aufzuhaltende Diskussion darüber, wie wertvoll und begehrt die verbleibenden Kandidaten für Arbeitgeber sind. Weil Digital Natives in Deutschland um ihren eigenen Marktwert wissen, entwickeln sie nicht selten ein hohes Selbstbewusstsein, das zuweilen an Überheblichkeit grenzt.

Vor allem Berufseinsteiger, denen es häufig an Praxiserfahrung mangelt, bringen Karrierevorstellungen mit, die mit der unternehmerischen Realität nicht vereinbar sind. In vielen Fällen erleiden Berufseinsteiger einen Praxisschock, wenn sie als Sachbearbeiter tätig sein sollen und sich in unternehmerische Prozesse einordnen müssen.

Aber auch auf der Unternehmensseite tritt häufig Ernüchterung ein, da das deutsche Bildungssystem die Kandidaten zwar den Umgang mit den verschiedensten technischen Systemen gelehrt hat, aber kaum soziale Kompetenzen und die Fähigkeit zur kollegialen Zusammenarbeit.

Ein sehr erfolgreiches Konzept für die Integration von praxisunerfahrenen Digital Natives ist das Trainee-Programm. Dabei handelt es sich um eine auf 12 bis 24 Monate ausgelegte unternehmensinterne Ausbildung, die es den Berufseinsteigern ermöglicht, sich mit dem Unternehmen sowie dessen Prozessen und Mitarbeitern vertraut zu machen. Im Rahmen von abwechslungsreichen Tätigkeiten und Einsätzen lernen Digital Natives, Praxis und Theorie miteinander zu verknüpfen. Die Digital Natives von heute und morgen sind nicht mehr so „fügsam" wie klassische Berufseinsteiger in den 80ern und 90ern. Sie müssen mit sanfter Hand an die Realität gewöhnt werden, will man diese Bewerbergruppe nicht verlieren.

Aufgrund des Fachkräftemangels haben sich auch die Gehaltserwartungen für Trainee-Programme verschärft. So liegt das durchschnittliche Trainee-Gehalt bei rund 38.000 Euro pro Jahr [5], doch ist hier die Schwankungsbreite in den einzelnen Branchen sehr groß.

15.2.2 Demografischer Wandel

Der demografische Wandel verstärkt nicht nur den Fachkräftemangel, er sorgt auch für eine veränderte Altersstruktur der Mitarbeiter. In den meisten Unternehmen liegt das

Durchschnittsalter bei 40 Jahren [4] und wird sich in den nächsten Jahren noch weiter erhöhen. Führungskräfte und Unternehmen stehen vor einer neuen Herausforderung. Eine Minderheit der Mitarbeiter sind Digital Natives, die mit dem technologischen Fortschritt mithalten können. Die Mehrheit hingegen wird immer mehr Anstrengungen unternehmen müssen, um mit den aktuellen Technologien halbwegs umgehen zu können. Dieses Ungleichgewicht führt bereits heute zu Spannungen im Arbeitsalltag. So erwarten Digital Natives von ihren Digital-Immigrant-Kollegen der Generationen Baby-Boomer und X, dass sie Technologien genauso schnell und mit demselben Verständnis einsetzen wie sie selbst, wozu diese aber nicht imstande sind. Die Einsicht der Digital Natives, dass die Lern- und Umsetzungsprozesse bei Digital Immigrants länger dauern, ist in vielen Fällen nicht sonderlich ausgeprägt. Auch Führungskräfte müssen neue Skalen schaffen, wenn es um die Vergleichbarkeit der Produktivität einzelner Mitarbeiter geht.

Unternehmen stehen demnach vor der Herausforderung, das Ungleichgewicht an technologischem Know-how auszugleichen und individuelle Maßstäbe zu entwickeln. Neben Weiterbildungen und Förderprogrammen darf auch die Wertschätzung der Digital Immigrants nicht vernachlässigt werden.

Führungskräfte werden mehr denn je gefordert sein, diese Faktoren bei der Mitarbeiterführung zu berücksichtigen. Denn von der Zusammenarbeit und Harmonie zwischen Digital Natives und Digital Immigrants hängt schlussendlich der Unternehmenserfolg ab.

15.2.3 Kulturelles Verständnis

Das Medien- und Internetzeitalter führt zu einem ständigen Wandel, der unzählige Veränderungen mit sich bringt.

Die Informationsflut, die auf die Digital Natives einströmt und die diese mehr oder weniger bewusst verarbeiten, hat ihre Spuren hinterlassen. Träumte ein Arbeiter in den 60ern noch davon, nach 40 Jahren Firmenzugehörigkeit in Rente zu gehen und eine Firmenpension zu erhalten, steht den Digital Natives eine Vielzahl an Optionen offen. Heute kann ein Digital Native zum Superstar bei YouTube werden, mit einem Laptop ein Start-up-Unternehmen führen oder eine neue Partei gründen.

Die Qual der Wahl und die Sorge, wie aus dem eigenen Leben das Beste zu machen ist, verschärfen gerade bei gut qualifizierten Digital Natives den inneren Druck. Dementsprechend werden Karrierepläne flexibler und sprunghafter. Die Vielfalt an Optionen, die die Medien und das Internet aufzeigen, wird von den Digital Natives wahrgenommen und auch genutzt.

Digital Natives schmieden kurzfristige Karrierepläne, die zu ihrem aktuellen Lebensstil passen. Ein Fünf-Jahres-Plan ist für sie nicht mehr attraktiv. Vielmehr ist die Frage zu beantworten, welche beruflichen Möglichkeiten und Entwicklungen in den nächsten 12 bis 24 Monaten für sie realisiert werden können. Ein nachhaltiges Talentmanagement mit kürzeren Zwischenschritten kann Unternehmen helfen, Digital Natives länger an sich zu binden.

15.2.4   Wirtschaftskrisen

Die Auswirkungen der Wirtschaftskrisen von 2002 und 2008 haben gerade den Digital Natives gezeigt, dass die digitale und die reale Welt sich wechselseitig durchdringen. Zwar waren die Auswirkungen der beiden Wirtschaftskrisen in Deutschland im Vergleich zu den USA oder Spanien verhältnismäßig moderat, doch haben sie nichtsdestoweniger ihre Spuren hinterlassen. So sparen junge Menschen unter 25 Jahren mehr als ihre Eltern [3]. Diese Generation ist durch die Verluste, die ihre Familien und Freunde in den Wirtschaftskrisen erlitten haben, geprägt. Dies hat zur Folge, dass das Sicherheitsdenken gestiegen ist.

Viele Unternehmen setzen seit der Wirtschaftskrise vermehrt auf zeitlich begrenzte Arbeitsverträge, um sich Flexibilität zu verschaffen. Dieses Verhalten löst bei Digital Natives jedoch eher Misstrauen hinsichtlich der Nachhaltigkeit eines Arbeitsverhältnisses aus. An dieser Stelle können Unternehmen mit unbefristeten Arbeitsverträgen Pluspunkte sammeln und sich positiv von anderen Unternehmen abgrenzen. Hierdurch wird die unternehmerische Flexibilität nur bedingt bis gar nicht eingeschränkt. Probezeiten von bis zu sechs Monaten ermöglichen es, dass neue Mitarbeiter ausreichend auf ihre Qualifikation geprüft werden können. Wirtschaftlich schwierige Zeiten erlauben es Unternehmen zudem immer, sich aus betriebsbedingten Gründen von Mitarbeitern zu trennen.

Der deutsche Digital Native unterliegt also sehr spezifischen Rahmenbedingungen, die Unternehmen im eRecruiting unbedingt berücksichtigen sollten.

15.3   Erwartungen an das eRecruiting

Der wesentliche Erfolgsfaktor im eRecruiting von Digital Natives besteht darin, die Erwartungshaltungen der Digital Natives und der Unternehmen zu verstehen und daraus geeignete Maßnahmen abzuleiten.

▶   Warum versagt nun das eRecruiting häufig? eRecruiting-Strategien gibt es unzählige, doch werden nur die wenigsten davon nachhaltig und konsequent umgesetzt. Die Praxis hat gezeigt, dass eRecruiting-Bemühungen im Wesentlichen aus drei Gründen scheitern.

15.3.1   Werbebotschaften für Unternehmen

Unternehmen unterliegen ebenfalls den Werbebotschaften von eRecruiting-Anbietern. Ernüchterung macht sich aber schnell breit, wenn sich kurzfristig keine potentiellen Mitarbeiter über die neue Facebook-Seite oder die Online-Stellenanzeige beworben haben.

Zu Beginn der 2000er Jahre waren Klicks das Maß aller Dinge, ein vermeintlich objektiver Wert, der für eine Zeit lang das Qualitätsmerkmal für Online-Jobbörsen und andere Plattformen war. Allerdings haben sich die Digital Natives weiterentwickelt. Sie haben er-

kannt, dass die vermeintlich besten aufgelisteten Jobangebote nicht immer mit den Suchanfragen übereinstimmen. Hinzu kommt die Flut an unzähligen Jobbörsen, Jobportalen,
Anzeigen und Netzwerken, die alle um die Gunst der Digital Natives buhlen. Da jedoch die
meisten dieser Plattformen einen kommerziellen Zweck verfolgen, können Suchergebnisse
verfälscht sein. Und da der Digital Native von heute schneller als andere diese Täuschung
durchschaut, begibt er sich zum nächsten Anbieter, bis seine Suche von Erfolg gekrönt ist.

Digital Natives schätzen Authentizität und Nachhaltigkeit. Deshalb sollten Unternehmen bei der Wahl des eRecruiting-Kanals nicht auf manipulierbare Mediadaten (primär
„Clicks") oder jeden neuen Online-Trend setzen. Vielmehr ist es sinnvoll, auf die Anbieter
zu setzen, die ein Unternehmen konzeptionell ansprechen. Passende eRecruiting-Kanäle
sollten entsprechend mit der jeweiligen Unternehmensphilosophie und der gewünschten
Bewerberzielgruppe harmonieren. Nur dann können kurz- und langfristige eRecruiting-
Maßnahmen an Authentizität gewinnen.

15.3.2 Die Qual der Wahl

Die Online-Welt macht es den Unternehmen nicht leicht. Es gibt über 1.000 aktive eRecruiting-Kanäle, die gewählt werden können. In vielen Fällen setzen Unternehmen bei der
Auswahl des eRecruiting-Kanals bzw. der richtigen Kanäle die falschen Fragestellungen an.

Unternehmen sollten sich fragen, wie potentielle Arbeitnehmer online denken und sich
verhalten. Hier einige Beispiele:

- Wird der internet-affine BWLer gesucht, ist das Business-Netzwerk der richtige Anlauf-
  punkt.
- Wird der innovative Ingenieur gesucht, bietet sich die Online-Jobbörse des Verbandes
  der Ingenieure (VDI) an.
- Wird der ausgebildete Techniker in der Eifel gesucht, bietet sich eine regionale Online-
  Jobbörse oder eine Banner-Schaltung an.
- u. v. m.

Gerade Digital Natives sind bei der Informationsbeschaffung über das Internet sehr zielorientiert. Die Wahrscheinlichkeit, dass sie sich auf einem fachspezifischen Portal Informationen beschaffen, ist daher sehr hoch.

15.3.3 Unkoordinierter Aktionismus

Viele Unternehmen sind immer noch überrascht, wenn bei unerwarteten Auftragseingän-
gen oder dem Renteneintritt von Mitarbeitern neue Bewerber nicht mehr Schlange stehen,
um sich bei ihnen zu bewerben. Häufig verfallen diese Unternehmen dann in einen blin-
den Aktionismus. Sie unterstellen zudem, dass die Geschwindigkeit des Internets auch

der Schnelligkeit eingehender Bewerbungen entspricht. Genau dies ist ein Trugschluss. Aufgrund der sinkenden Anzahl von Erwerbstätigen in Deutschland und der Neigung der Digital Natives, die berufliche Selbstverwirklichung in den Vordergrund zu stellen, wird es immer weniger Bewerbungen geben.

Unternehmen sollten grundsätzlich ihre Personalplanung im Auge behalten. Den veränderten Spielregeln im Recruiting müssen sie dabei Rechnung tragen. Sofern es sich für ein Unternehmen anbietet, sollte es unabhängig vom aktuellen Personalbedarf über eine Employer-Branding-Strategie, also eine Arbeitgebermarkenbildung, für die Offline- und Online-Welt verfügen.

Dies kann von einem kleinen regionalen Engagement bis hin zu einem eigenen Youtube-Kanal reichen. Nur wenn Unternehmen kontinuierlich am Ball bleiben, können sie ein zielführendes eRecruiting betreiben. Das Medien- und Internetzeitalter erlaubt zudem eine kostengünstige Umsetzung vieler Maßnahmen.

15.4   Erkenntnisse aus der Praxis – Digital Natives rekrutieren

Mit welchen Maßnahmen und Herangehensweisen Unternehmen Digital Natives für sich erfolgreich gewinnen können, zeigt die Praxis.

Viele Unternehmen wollen ohne große Vorarbeit den perfekten eRecruiting-Kanal für sich finden. Wegen des Überangebots an möglichen Kanälen ist dies jedoch in den meisten Fällen ein fruchtloses Unterfangen. Aus diesem Grund müssen Unternehmen einige essentielle Fragestellungen vorab klären.

15.4.1   Fragen, die sich Unternehmen im Recruitingprozess stellen sollten

Zu den häufigsten Fragestellungen, die Unternehmen vernachlässigen, gehören folgende:

Wie ist die Arbeitsmarktsituation?

- Welche verfügbaren Arbeitskräfte gibt es – allgemein und speziell am Einsatzort?
- Kann man alternativ auf Bewerber mit anderen Qualifikationen zurückgreifen?

Wie attraktiv ist das Jobangebot?

- Welche Chancen zur Selbstverwirklichung können den Bewerbern geboten werden?
- Wie konkurrenzfähig sind das Gehalt und die finanziellen Nebenleistungen?
- Welche nicht finanziellen Zusatzleistungen werden angeboten? (private Laptopnutzung, Smartphone, private Internetnutzung am Arbeitsplatz etc.)

Der Wettbewerb

- Wie agieren die Wettbewerber?
- Wie wird eine Abgrenzung zum Wettbewerb erreicht?
- Will ein Unternehmen Mitarbeiter von Wettbewerbern abwerben?

Die Digital Natives

- Welche Interessen verfolgen die Digital Natives in ihrer Branche und in ihrer Region?
- Wie ist ihr Internetverhalten? Wo im Internet sind sie anzutreffen?
- Wie ist das Bewerberverhalten im Internet? Müssen die Kandidaten aktiv umworben werden oder genügt eine passive Bewerbersuche?

Die Antworten auf diese Fragen fallen von Branche zu Branche, von Berufsfeld zu Berufsfeld und von Region zu Region unterschiedlich aus. Mit diesen einfachen Fragestellungen kann jedoch die Vielzahl der potentiellen eRecruiting-Kanäle auf ein überschaubares Portfolio eingegrenzt werden.

Einer der größten Schwachpunkte beim eRecruiting von Digital Natives ist die Vernachlässigung des Such- und Bewerberverhaltens der Digital Natives.

15.4.2 Fehler vermeiden und Chancen nutzen

Das Such- und Bewerbungsverhalten der Digital Natives ist unter anderem durch folgende Merkmale gekennzeichnet:

- Zwar sind für die meisten Digital Natives Google und große Jobbörsen immer noch die ersten Anlaufstellen bei der Suche nach dem passenden Job, doch werden diese nur zur Orientierung und als Sprungbrett genutzt. Digital Natives besitzen die Fähigkeit, das vermeintliche Chaos der Informationsflut im Internet zu bewältigen. Ihre Recherchefähigkeiten sind zielorientiert und schnell. Auf zielgruppenorientierten Internetseiten verweilen Digital Natives wesentlich länger. Zielgruppenorientierte eRecruiting-Kanäle bieten deshalb eine höhere Erfolgsgarantie.
- Digital Natives suchen in den meisten Fällen nicht nur einen Job, sondern eine berufliche Perspektive. Das Internet bringt ihnen eine innovative Welt auf den Laptop. Diese Welt wollen sie auch in ihrem Arbeitsalltag erleben. Zwar ist die Existenzsicherung (Sicherheitsdenken) für die Digital Natives ein wesentlicher Aspekt, doch aufgrund der aktuellen und zukünftig guten Arbeitsmarktsituation in Deutschland steigt auch der Selbstverwirklichungsdrang dieses Personenkreises. Ob man nun Handwerker, Bäcker, Java-Entwickler, BWLer oder Mediziner ist, die Erwartungen an die Lebensqualität haben sich verändert und verändern sich weiter.
  In vielen Fällen können Unternehmen diesen Selbstverwirklichungsdrang für sich nutzen, ohne dabei das Budget übermäßig zu belasten. Nicht ohne Grund haben Unter-

nehmen wie Apple, Google und IBM „Kreativpausen" für ihre Mitarbeiter eingeführt, Zeiten, in denen sich Mitarbeiter ihren eigenen Ideen widmen können. Was für den Java-Entwickler gilt, ist auch für den Handwerker möglich. Unternehmen müssen an dieser Stelle ihre Zielgruppe verstehen lernen.

- Ein weitere falsche Gewohnheit, der viele Unternehmen verfallen sind, ist der Gebrauch von hochtrabenden Floskeln in Stellenanzeigen. So wird der Verkäufer im Warenhaus zum „Sales Representative" und der Sachbearbeiter in der Buchhaltung zum „Accounts Payable Manager". Der Trugschluss besteht darin, dass man davon ausgeht, dass Digital Natives zum einen die englische Sprache fließend beherrschen und zum anderen ihre Jobs nur nach der Jobbezeichnung auswählen. Beides ist falsch. Laut einer Allensbach-Studie von 2010 verstehen circa 61 % aller erwachsenen Deutschen Englisch nur schlecht oder gar nicht. Zudem verlieren entsprechende Jobbezeichnungen sehr stark an Wertigkeit, wenn das Autohaus genauso einen „Sales Manager" sucht wie ein DAX-Konzern.
Unternehmen sollten in ihren Stellenanzeigen die fachspezifische Sprache vorziehen und die Erwartungen an die Qualifikation der Bewerber wahrheitsgemäß und verständlich wiedergeben.

- Viele Digital Natives haben oft die Qual der Wahl, bei wem sie sich bewerben sollen. Vor allem gut qualifizierte Digital Natives starten heutzutage keine Bewerbungsorgien mehr. Umso verwunderlicher ist es, wie schwer es viele Unternehmen den Bewerbern machen. Viele Unternehmen setzen immer häufiger ein Bewerbermanagementsystem ein. Zweifelsohne erleichtert ein solches System die Vorselektion und Verwaltung der Kandidaten. Jedoch übertreiben es einige Unternehmen mit der Komplexität dieser Systeme, so dass der Bewerbungsprozess in einigen Fällen mehr als 30 min dauert. Nachweislich verlieren Unternehmen aufgrund dieses Verfahrens Bewerber. Hinzu kommt die Datenschutzproblematik bei obligatorischen Registrierungen und Testverfahren. Allzu oft wird gerade in den Internetmedien über die unzureichenden Datenschutzmaßnahmen und Hackerattacken diskutiert.
Wenn sich Unternehmen nicht den Luxus erlauben können, Bewerber abzuschrecken, sollten sie die klassische Bewerbung per E-Mail weiterhin anbieten.

- Die sozialen Netzwerke wie Facebook und Google+ tragen der Mentalität der Digital Natives Rechnung, weshalb sie ihre Internetauftritte personalisiert haben. Hierbei werden die Nutzer dieser Plattformen per Du und individuell angesprochen. Die Interaktion wird damit auf ein höchstmögliches personalisiertes Level gehoben. Damit schaffen die Netzwerke Vertrautheit und Vertrauen. Unternehmen hingegen neigen dazu, Bewerbern keinen Ansprechpartner zu nennen und den Bewerbungsprozess anonym und damit unpersönlich zu gestalten. Oft wird als Begründung für dieses Vorgehen angeführt, dass damit die Privatsphäre der entsprechenden Personaler bzw. Ansprechpartner gewahrt werden soll. Dabei bieten personalisierte Internetauftritte gerade die große Chance, qualifizierten Digital Natives die Hürde zu nehmen, sich zu bewerben. Menschen bewerben sich bei Menschen, nicht bei Unternehmen. Unternehmen sollten ihre Ansprechpartner benennen und dies als Chance nutzen. Dadurch können Sympathien aufgebaut werden. Die benannten Mitarbeiter müssen selbstverständlich im Umgang mit den privaten und geschäftlichen Social-Media-Möglichkeiten geschult werden.

- Im Vergleich mit den Digital Immigrants, die in den 90ern und frühen 2000ern mit sozialen Netzwerken aller Couleur noch experimentierten, haben Digital Natives eine differenzierte Einstellung. Digital Immigrants haben sich auf fast allen Internet-Plattformen registriert, um das Neue zu erleben. Digital Natives hingegen nutzen Internet-Angebote wesentlich gezielter.
  Digital Natives verwenden deshalb private soziale Netzwerke wie Facebook vornehmlich für private Zwecke und lehnen es in vielen Fällen ab, dort über ihre beruflichen Aktivitäten und Wünsche zu berichten. So ist das aktive eRecruiting von potentiellen Bewerbern über Facebook wesentlich schwieriger. Der Detaillierungsgrad der angegebenen fachlichen Qualifikationen ist bei Facebook annähernd null. Entsprechend schlecht ist die Trefferquote, passende Bewerber über Facebook aktiv zu rekrutieren. Im Gegenzug haben Digital Natives ihre Profile auf Business-Netzwerken wie Xing.de oder Linkedin.com so weit professionalisiert, dass sie vom richtigen Arbeitgeber oder Headhunter gezielt gefunden werden können.

Gerade in Zeiten des Fachkräftemangels hat der „War for Talents" zugenommen. Unternehmen können heute nicht mehr warten, bis sich die richtigen Kandidaten bei ihnen bewerben. Die potentiellen Kandidaten müssen aktiv umworben werden. Dies kann über die Business-Netzwerke sehr effektiv erfolgen. Da die Recherche nach geeigneten Profilen systematisch erfolgen muss, ist dieses Verfahren sehr zeitintensiv. Wenn das aktive eRecruiting über diese Kanäle nicht zum Tagesgeschäft des Unternehmens gehört, bietet sich der Einsatz entsprechender Dienstleister an.

15.5 Das kleine 1 × 1 der erecruiting-Kanäle

Wo lassen sich Digital Natives besser rekrutieren als über das Internet? Vielen Unternehmen fällt es jedoch schwer, den Überblick zu behalten, welche eRecruiting-Kanäle es gibt und welche für sie geeignet sind. Im Folgenden wird ein kurzer Überblick über die wichtigsten Möglichkeiten gegeben.

15.5.1 Die Unternehmenswebseite

Laut einer Umfrage des Bundesverbandes Informationswirtschaft, Telekommunikation und neue Medien e. V. schreiben nur 50 % [1] der Unternehmen ihre Stellenanzeigen auf ihrer eigenen Webseite aus. Bevor Unternehmen andere Kanäle nutzen, sollten sie auf der eigenen Webseite zunächst unbedingt alle offenen Stellen präsentieren. Digital Natives recherchieren ihre potentiellen Arbeitgeber online, unabhängig davon, ob es sich um eine kleine Agentur oder einen Großkonzern handelt. Damit entstehen Chancen, den Digital Natives fast kostenfrei weitere Stellen vorzustellen und nach außen hin professionell und zeitgemäß zu erscheinen.

15.5.2   Der Unternehmensblog

Unternehmensblogs sind nur für solche Unternehmen sinnvoll, die Informationen regelmäßig mit dem Rest der Welt teilen wollen und können. Dazu gehören technologische oder geschäftliche Entwicklungen und Errungenschaften ebenso wie soziales Engagement und Kundenbindungsmaßnahmen. Werbebotschaften und manipulierte Pseudo-Dialoge sind in diesem Kanal jedoch fehl am Platz. Der Blog ist nur für wenige Unternehmen im eRecruiting hilfreich. Ob ein Unternehmensblog sinnvoll ist, hängt jedoch nicht von der Unternehmensgröße ab, sondern davon, ob mit ihm ein Mehrwert an Informationen gewonnen werden kann.

15.5.3   Online-Jobbörsen

Kurzfristig lassen sich über Online-Jobbörsen sehr gute Recruitingerfolge erzielen. Durch ihre Fokussierung erreichen sie kontinuierlich und effektiv die richtigen Bewerberzielgruppen. Die über 1.000 Jobbörsen lassen sich am besten in folgende Kategorien einteilen:

- Allgemeine Jobbörsen, z. B. Stepstone.de, Monster.de, Arbeitsagentur.de
- Branchenbezogene Jobbörsen, z. B. HotelCareer.de, Heise.de
- Berufsbezogene Jobbörsen, z. B. Ingenieurkarriere.de, Wuv.de
- Regionenbezogene Jobbörsen, z. B. MeineStadt.de, Kalaydo.de
- Karrierelevel-bezogene Jobbörsen, z. B. Absolventa.de, Experteer.de
- „Exotische Jobbörsen", z. B. Kununu.de, TalentFrogs.de

Nischenjobbörsen erzielen zumeist qualitativ bessere Ergebnisse, da sie eine natürliche Vorselektion der Bewerber erlauben. Die höheren Kosten, die bei solchen Stellenanzeigen entstehen, zahlen sich umgehend aus.

15.5.4   Meta-Jobsuchmaschinen

Hierbei handelt es sich um Vergleichsportale im Jobbörsenmarkt, die es den Jobsuchenden ermöglichen, mit einer Suchanfrage bis zu 40 unterschiedliche Jobbörsen zu durchsuchen. Unternehmen können ab einer bestimmten Anzahl von Stellenanzeigen pro Monat auch direkt bei einigen Anbietern inserieren. Zu den bekanntesten Anbietern gehören Jobrapido.de und Indeed.de.

15.5.5   Soziale Netzwerke

Soziale Netzwerke sind in die Bereiche Business- und private Netzwerke sowie Nachrichtenblogs zu unterteilen.

Unternehmen können grundsätzlich vier Formen der Präsenz in Business- und privaten Netzwerken wählen:

- Aufbau eines Unternehmensprofils, um gefunden zu werden.
- Aktiven Dialog betreiben, um sich authentisch zu vermarkten.
- Aktive Personalrecherche, um Kandidaten aktiv zu umwerben.
- Stellenanzeigen platzieren und Werbeanzeigen kaufen.

Zu den bekanntesten Anbietern gehören: Facebook.de, Plus.google.com, Xing.de und Linkedin.com.

Nachrichtenblogs wie Twitter.com können sowohl privat als auch geschäftlich genutzt werden. Die eRecruiting-Möglichkeiten in diesem Bereich sind mit denen eines Unternehmensblogs vergleichbar.

15.5.6 Werbung im Internet

Viele Unternehmen setzen bereits auf gezielte Werbeanzeigen/Banner auf zielgruppenorientierten Internetseiten, um für ihre offenen Stellen zu werben. Für diese Art der Werbung bieten sich zielgruppenorientierte Webseiten an, die einen hohen Informationsgehalt besitzen.

15.5.7 Suchmaschinen

Auch die direkte Platzierung von komprimierten Stellenanzeigen als Werbeanzeigen bei Suchmaschinen, z. B. bei AdWords von Google, hat sich als erfolgreich erwiesen. Die Kosten für solche Anzeigen können jedoch hoch ausfallen.

15.5.8 Videoportale

Videoportale wie YouTube.com sind soziale Netzwerke, die ihre Kommunikation über Videos steuern. Für langfristige eRecruiting-Maßnahmen und zur Unterstützung des Employer Branding kann ein Videoportal ein geeigneter Kanal sein. Unternehmensvideos können potentiellen Bewerbern einen ersten Eindruck von einem Unternehmen vermitteln und die Attraktivität des Unternehmens als Arbeitgeber erhöhen. Die Produktionskosten für diese Präsenz dürfen dabei nicht unterschätzt werden. Zudem nutzen bereits viele Unternehmen diese Möglichkeit. Man muss sich darüber im Klaren sein, dass über Videoportale „Wow-Effekte" im Bereich Recruiting nicht umgehend zu erzielen sind.

15.6 Inspiration zum Recruiting: Mittelstand sucht Supertalent

Schon heute tun sich viele mittelständische Unternehmen schwer, die wenigen noch verfügbaren Fachkräfte für sich zu gewinnen. So stehen sie unter anderem im Wettbewerb mit internationalen Großkonzernen und weisen oftmals ungünstige Standortfaktoren auf. 72 % der deutschen Mittelständler fällt es „eher schwer" oder „sehr schwer", neue und ausreichend qualifizierte Mitarbeiter zu finden [2].

Angesichts dieser Situation setzen pfiffige Unternehmen bereits jetzt auf Alternativen in der Personalarbeit. Sie trennen sich von alten Rekrutierungsstrategien, setzen auf motivierte Quer-/Seiteneinsteiger und nutzen gezielt die Erwartungen und Potentiale der Digital Natives für sich.

Wenn der Bewerbermarkt erschöpft ist, müssen Unternehmen neue Wege beschreiten. Hochqualifizierte Digital Natives, die bereits in anderen Branchen und Berufen Erfahrungen und Kenntnisse erlangt haben, lassen sich in vielen Bereichen einsetzen. Vom Sachbearbeiter bis zum Geschäftsführer können mit ihnen eine Vielzahl von Stellen besetzt werden, denn Produkt- und Branchenkenntnisse können erlernt werden. Entscheidende, nicht fachgebundene Qualitäten und Talente wie analytisches Denken, Sprachkenntnisse, Kreativität oder Verhandlungsgeschick sind nicht an Abschlüsse oder bestimmte Branchen gebunden. Ein solcher personalpolitischer Weitblick, der die Erwartungen der Digital Natives in Bezug auf Selbstverwirklichungsdrang berücksichtigt, vergrößert den Bewerbermarkt um ein Vielfaches.

Viele Personalverantwortliche bestätigen, dass es letztendlich die nicht fachgebundenen Eigenschaften sind, die die Qualität des Personals ausmachen. Neben den ökonomischen Vorteilen macht es nachgewiesenermaßen Digital Natives auch zufriedener, wenn sie ihre Talente entsprechend einsetzen können.

Literatur

1. Bitkom (2010) Stellenanzeigen im Internet sind bei Firmen erste Wahl, http://www.bitkom.org/de/presse/66442_62229.aspx. Zugegriffen: 17. Feb. 2012
2. Ernst & Young (2011) Mittelstandsbarometer 2011, Seite 18, http://www.ey.com/Publication/vwLUAssets/Mittelstandsbarometer_Deutschland_-_Maerz_2011/$FILE/Mittelstandsbarometer%20Maerz%202011.pdf. Zugegriffen: 17. Feb. 2012
3. Focus (2012) Studie: Junge sparen mehr als ihre Eltern, http://www.focus.de/finanzen/news/verbraucher-studie-junge-sparen-mehr-als-ihre-eltern_aid_795992.html. Zugegriffen: 25. Aug. 2012
4. Statistisches Bundesamt (Hrsg) Stand und Entwicklung der Erwerbstätigkeit in Deutschland, https://www.destatis.de/DE/Publikationen/Thematisch/Arbeitsmarkt/Erwerbstaetige/StandEntwicklungErwerbstaetigkeit2010411107004.pdf?__blob=publicationFile. Zugegriffen: 25. Aug. 2012
5. MyTrainee.de (2012) Trainee-Gehalt und -Vergütung 2012. http://www.my-trainee.de/Trainee-gehalt/gehalt-und-verguetung-von-trainees. Zugegriffen: 25. Aug. 2012

Printed by Printforce, the Netherlands